AF369770

RECUEIL D'ÉLÉMENTS

D'HIPPOLOGIE.

ERRATUM.

Les tempéraments, qui figurent au chapitre III de la 1re partie, ont été fondus dans le chapitre V; c'est ce qui explique l'absence d'un chapitre IV.

NOTA.

Le harnachement de la cavalerie française n'a pas de modèle définitif. Chaque jour on travaille à l'améliorer sous tous les rapports. Il reçoit constamment des modifications qui rendent sa description superflue dans un Recueil comme celui-ci. Aussi nous nous sommes borné simplement à présenter, sur une planche, quelques figures de brides et de selles, bien que leur description n'ait pas été faite.

PARIS. — TYPOGRAPHIE DE FIRMIN DIDOT FRÈRES,
rue Jacob, 56.

RECUEIL D'ÉLÉMENTS

D'HIPPOLOGIE,

D'APRÈS

MM. GIRARD, LE BARON RICHERAND, MILNE EDWARDS, LECOQ, GRONIER, HURTREL D'ARBOVAL, ET BEUCHER DE SAINT-ANGE,

DESTINÉ

AUX OFFICIERS ET SOUS-OFFICIERS DE CAVALERIE,

DÉDIÉ

A SON EXCELLENCE M. LE MARÉCHAL DUC DE SALDANHA,

PRÉSIDENT DU CONSEIL DES MINISTRES ET COMMANDANT EN CHEF DE
L'ARMÉE DE SA MAJESTÉ TRÈS-FIDÈLE LE ROI DE PORTUGAL;

PAR

LE CHEVALIER L. DE QUILLINAN,

OFFICIER DE CAVALERIE, OFFICIER D'ORDONNANCE DE M. LE MARÉCHAL
DUC DE SALDANHA,
ÉLÈVE DE L'ÉCOLE IMPÉRIALE DE CAVALERIE DE SAUMUR, ETC., ETC.

PARIS,

LIBRAIRIE DE FIRMIN DIDOT FRÈRES,

IMPRIMEURS DE L'INSTITUT,

RUE JACOB, 56.

1854.

A SON EXCELLENCE M. LE MARÉCHAL

DUC DE SALDANHA.

Monsieur le Maréchal,

Je ne saurais mieux adresser les fruits de mon travail et de mes recherches qu'à la science éclairée de Votre Excellence, si positive dans toutes les branches d'industrie et d'instruction qui font l'orgueil d'une nation.

Personne mieux que Votre Excellence ne saurait apprécier ce recueil, composé spécialement pour les officiers et sous-officiers de cavalerie, et destiné à réaliser chez nous les progrès hippiques obtenus en France, et dont, à juste titre, j'ai dû être envieux.

Trop heureux, Monsieur le Maréchal, si le but que je me suis proposé peut se réaliser sous les auspices de Votre Excellence.

Veuillez agréer, Monsieur le Maréchal, l'assurance du plus profond respect et dévouement

De votre subordonné,

L. DE QUILLINAN.

LETTRE

DU GÉNÉRAL COMTE DE ROCHEFORT

A MONSIEUR

LE CHEVALIER DE QUILLINAN.

—

Saumur, le 8 avril 1834.

Mon cher Chevalier,

J'ai lu avec un grand intérêt le manuscrit que vous m'avez fait l'honneur de me communiquer, et je vous félicite d'avoir si bien profité des leçons que vous avez reçues à l'École impériale de cavalerie.

L'intention que vous avez d'offrir à votre pays le fruit de vos efforts et de vos études prouve les sentiments patriotiques dont vous êtes animé, ce qui ne peut qu'ajouter à l'estime, à l'affection que vous vous êtes acquises, tant de la part de vos camarades que de vos chefs, et dont je suis heureux de vous renouveler ici l'assurance.

Votre bien affectionné,

Le Général Comte de Rochefort,

Commandant supérieur de l'École impériale de cavalerie.

PRÉFACE.

Appelé à suivre les cours d'*officier d'instruction* à l'École impériale de cavalerie de Saumur, j'ai pu apprécier la bonté et l'utilité des divers enseignements qui y sont professés, et particulièrement la direction éclairée qu'y reçoivent les instructions hippiques.

Sous tous les rapports, l'École de cavalerie est infiniment au-dessus de sa réputation européenne ; c'est une institution remarquable qui assure d'une manière incontestable la supériorité de la cavalerie française sur toutes celles de l'Europe, et on peut dire même du monde entier.

Le lieutenant-général *Oudinot*, duc de Reggio, que sa science profonde place au premier rang des sommités militaires, a su imprimer à cet établissement, dès sa naissance, une direction que la sollicitude et le zèle éclairé de ses successeurs ont constamment améliorée et maintenue à hauteur des progrès du jour.

M. le général comte de Rochefort n'est pas resté en arrière de sa tâche. Commandant l'École depuis deux ans, il a pu voir chaque jour se réaliser les beaux et durables résultats que ses lumières s'étaient proposé d'atteindre.

Cette École n'a jamais présenté plus d'élan et plus de hardiesse que sous la main de son chef actuel, M. le général comte de Rochefort, merveilleusement secondé par l'écuyer en chef, M. le comte d'Aure, qui, depuis longtemps, a acquis dans toute l'Europe une réputation éclatante.

Le concours de chaque professeur contribue aussi puissamment à faire rayonner les bonnes théories qui ont répandu, dans les corps qui touchent à l'École, les fruits que de telles doctrines portent toujours avec elles. Un des officiers instructeurs qui a le plus contribué à ce résultat, c'est M. le chef d'escadron Micheaux.

Je suis heureux de pouvoir témoigner ici à M. le général comte de Rochefort toute la satisfaction que j'éprouve à me trouver sous ses ordres. Je lui serai redevable toute ma vie d'une reconnaissance profonde pour la bonté avec laquelle il a bien voulu me faciliter les travaux et les études qu'il dirige, et lui donne aujourd'hui la plus parfaite assurance de mon dévouement.

J'adresse les mêmes remercîments à M. le capitaine écuyer Guérin. C'est à cet habile écuyer, dont je me plairais à vanter le mérite supérieur s'il n'était depuis longtemps connu, que je dois de pouvoir traiter aujourd'hui la question qui fait l'objet de ce travail.

Jaloux de la bonté et de l'utilité incontestables de l'hippologie professée par M. le capitaine écuyer Guérin, j'ai voulu doter mon pays d'un ouvrage élémentaire qu'il ne possède pas; trop heureux si mon travail pouvait être un jour de quelque utilité à toutes les armées de l'Europe, et en particulier à l'armée portugaise.

Mais avant de passer aux détails de la préface, je dois dire comment il se fait que j'ai donné mon nom à un recueil dont les éléments ne m'appartiennent pas, et veux justifier ma compilation par l'utilité qui ressort d'elle-même.

La théorie est indispensable à la bonne pratique ; personne ne le saurait nier. Ceci admis, il se présente encore une vérité : pour faire fonctionner une machine, la diriger avec justesse et précision, ne faut-il pas en connaître la nature, la force, la construction et jusqu'à ses plus petits mouvements ? Sans cela ne s'exposerait-on pas à en exiger une vitesse, une force, une durée qu'elle ne comporte pas, et partant à l'user prématurément, à la désorganiser, la détruire même ?

Le cheval est lui-même une machine vivante, organisée, destinée à supporter des fardeaux et à se mouvoir. Il présente différents leviers et des appendices, qui, s'ouvrant et se fermant à la manière des branches d'un compas, opèrent la locomotion en prenant leur point d'appui sur le sol.

Mais de même qu'une machine industrielle ne saurait se déplacer sans le secours d'un moteur, quelle que fût d'ailleurs sa construction et la qualité de ses matériaux, de même aussi le cheval ne saurait opérer sa marche s'il n'était animé d'une force capable de le mouvoir.

On doit donc chercher à connaître les rouages de la machine et leurs qualités, et ensuite découvrir le moteur, apprécier sa puissance, afin de reconnaître si elle est en rapport avec la force de la machine. Ce n'est qu'à l'aide de l'anatomie et de la physiologie que l'on peut y parvenir.

Or, je le demande, quel est l'homme qui pourrait préciser ces différentes questions mieux que les anatomistes et les physiologistes célèbres qui nous ont transmis les résultats de leurs longs et pénibles travaux? Qui, mieux que Girard ou Rigot, pourrait nous indiquer la place, le volume, la texture des différentes parties du cheval? Où, ailleurs que chez eux, pourrait-on trouver des définitions, des descriptions plus précises sur les différentes parties qui doivent faire l'objet des études des officiers de cavalerie et des personnes qui ne doivent que connaître sans approfondir? Qui, mieux que Richerand, pourrait expliquer les phénomènes de la vie, et ferait, d'un ouvrage de ce genre, un roman qui captive passionnément l'attention des lecteurs? Et de même des autres auteurs, dont on verra les propres paroles.

Il y aurait prétention à vouloir dire la même chose avec des phrases différentes. On ne pourrait que ternir la clarté, altérer la précision, embrouiller la démonstration des différents maîtres auxquels on est obligé d'avoir recours pour composer un ouvrage complet d'hippologie.

On doit respecter leurs écrits et les considérer comme des maximes pures et inaltérables. Aussi ne nous sommes-nous point fait scrupule de transcrire littéralement les articles des différents ouvrages qui pouvaient nous prêter un puissant secours (*).

Les études hippiques se font, à l'École de cavalerie, d'après un ouvrage intitulé : *Cours d'hippologie*, par M. Beucher de Saint-Ange, savant écuyer dont l'École s'honore à juste titre.

Chaque jour de théorie, l'écuyer chargé d'une division d'officiers donne un chapitre ou un article comme objet de la leçon ; chaque élève traite ensuite la question à sa ma-

(*) Si le texte n'a pas toujours été conservé, c'est que nous avons été obligé d'élaguer dans certains endroits, de raccorder divers fragments dans d'autres, et nous comptons sur l'indulgence de nos lecteurs pour nous faire pardonner le décousu et même les incorrections que nous n'avons pu éviter.

nière, empruntant à différents auteurs les éléments qu'il croit nécessaires au développement du sujet.

Ce sont ces leçons que je réunis sous le titre de : *Éléments d'hippologie.*

Ce n'est pas que l'ouvrage de M. de Saint-Ange, admis et enseigné à l'École, ne renferme toutes les matières que réclament les études ; tout le monde s'incline devant l'écuyer que le profond savoir, l'observation, l'expérience et une longue pratique ont mis à même de parler en maître.

Si j'ai été conduit à puiser dans des traités spéciaux les leçons qui vont suivre, c'est pour ma satisfaction personnelle, et me prouver à moi-même que je l'ai bien compris, en expliquant ses propres théories par des théories pour ainsi dire étrangères.

C'est ainsi que le résumé d'anatomie tiré de Girard apprendra suffisamment à connaître l'organisation animale.

Les théories ingénieuses de Richerand et de Milne Edwards et les faits qu'ils rapportent à l'appui en expliqueront le jeu.

Les éléments tirés du fameux traité de M. Lecoq apprendront à connaître les beautés et les défectuosités du cheval ; ils démontreront les allures et la manière dont la masse est transportée dans les différents modes de progression.

La théorie de la similitude des angles de M. le général Moris apportera aussi sa part de lumières dans l'étude de l'extérieur.

L'ancien cours d'hippologie de l'École donnera la classification des robes, des particularités, etc., etc.

L'hygiène de M. Grognier établira les principes, les règles et les prescriptions que doit présenter cette partie.

Enfin le cours de M. de Saint-Ange, après avoir fourni différents articles dans le courant du recueil, donnera tous les éléments qui ont rapport aux accouplements, à l'élevage, à l'éducation, à l'alimentation et aux autres questions qui le terminent, parce que c'est à lui seul que je pouvais emprunter le précis des différentes questions qui se rapportent à cette matière.

Mais la difficulté n'était pas dans le recueil des théories et des faits à l'appui ; il fallait les assembler, les coordonner, s'assurer si l'appropriation en était juste et si d'autres ne vaudraient pas mieux pour établir les règles et ne serviraient pas mieux à leur démonstration. J'ai redouté la tâche, et j'ai dû m'adresser à un officier de la division, M. Daudel, sous-lieutenant au 4e de chasseurs d'Afrique, connu depuis plusieurs années à l'École de cavalerie par son intelligence et par sa modestie.

A lui aussi j'adresse publiquement le témoignage éclatant de ma reconnaissance et de ma sympathie.

AVIS AUX PROFESSEURS.

La matière de l'ouvrage est suffisante pour arriver au but qu'on ne doit jamais perdre de vue : *la connaissance du* CHEVAL·

Si, dans le cours des leçons, il arrivait qu'une question quelconque réclamât la lumière du professeur, celui-ci ne devrait s'écarter de la route tracée que pour emprunter, à titre de parenthèse, les documents nécessaires au sujet.

Les élèves sont généralement enclins à faire ressortir, à étaler leur savoir sur les différentes sciences qui se rattachent aux études hippologiques. Il ne faut pas les laisser s'écarter de la leçon : on s'exposerait à se voir déborder par des bavardages inutiles. Ainsi, ayant à parler de l'air, on en fera théoriquement l'analyse chimique ; on citera quelques expériences relatives aux propriétés que ses différents gaz possèdent, à leur influence heureuse ou fâcheuse sur l'économie animale. On doit, pour ainsi dire, prendre à part les articles scientifiques qui ont rapport aux leçons, en faire des applications directes, succinctes, claires et précises, pour rentrer aussitôt dans la voie qu'on avait été forcé d'abandonner.

Le professeur devra se procurer toutes les pièces anatomiques pouvant servir à la démonstration et compléter la théorie de la première partie (*).

Lorsque les élèves seront bien pénétrés de leur théorie, lorsqu'ils sauront ce que c'est qu'un os et quelle est la fonction de chacun dans la machine animale, lorsqu'ils connaîtront la texture des muscles, des vaisseaux, des nerfs, des glandes, etc., lorsqu'ils se seront rendu compte du mécanisme des fonctions, de leur but et de l'importance qu'on doit attacher à les bien connaître, on leur fera des autopsies.

Sans s'astreindre à une trop minutieuse démonstration, on leur donnera un aperçu de la peau, du tissu cellulaire, musculaire, etc. On leur fera voir la place, le volume, la forme des organes intérieurs, tels que le foie, la rate, l'es-

---

(*) Ces pièces sont : un squelette, quelques os séparés et coupés, soit dans leur longueur, soit transversalement.

Un écorché naturel, ou bien celui de M. le docteur Auzoux, avec des membres séparés, et recouverts de leurs muscles, ligaments, tendons, etc.

Les divers appareils (*Auzoux*) des fonctions.

Un pied présentant toutes ses parties vues de plusieurs faces.

Des dents incisives, molaires et canines ; une des premières coupée longitudinalement, les autres en travers et en quatre portions égales.

Des mâchoires supérieures et inférieures réunies, présentant tous les âges du cheval.

Des instruments de maréchalerie ; des fers des différentes extrémités et de toutes les espèces, etc, etc.

tomac, les intestins, les tuniques séreuses, les artères, les veines, etc., etc.

Pendant l'étude de l'extérieur, chaque théorie sera suivie d'une leçon d'application sur des chevaux vivants.

Pour chaque article, on leur présentera d'abord un type, et ensuite toutes les conformations qui en diffèrent et qui constituent des défauts.

La théorie de l'âge étant d'une application extrêmement difficile et l'une des plus utiles, on y reviendra souvent pendant les leçons d'application.

A l'article hygiène, il ne faudra pas s'écarter trop dans les sciences auxquelles on pourra avoir recours pour démontrer la nécessité de la théorie.

A la question des fourrages on se bornera simplement à faire distinguer aux élèves les produits des diverses prairies. Le coup d'œil, le tact et l'odorat en apprennent plus que l'étude des milliers de familles de plantes fourragères.

Les questions des boissons, du vert, des bains, etc., ne peuvent être traitées qu'en chaire.

On s'attachera à faire voir aux élèves le plus de maladies possible, à leur en faire suivre les phases, et surtout le traitement des maladies des pieds.

On leur apprendra à ferrer, à saigner, à faire une ligature, à opérer et traiter quelques maladies des pieds.

Pour la question des races, on s'attachera à produire des modèles, des chevaux types des races des différents pays et des différentes localités, faisant toujours ressortir que les différences, quelquefois si grandes dans deux chevaux de localités voisines, sont dues soit à l'exposition, soit à la nourriture, en un mot, à la nature différente des éléments qui entourent les deux sujets. On en tirera des règles, ou tout au moins des principes pour l'élevage.

Enfin, les professeurs devront bien se persuader que des études de cette nature doivent être traitées autant par le travail des yeux que par celui de l'intelligence.

NOTE DE L'AUTEUR.

Je n'ai pu indiquer que sommairement les matières tirées de divers auteurs; mais avant d'entrer en matière je dois donner un avertissement relatif à mes emprunts.

J'indiquerai par un renvoi l'auteur dont je transcris les propres paroles. Toutefois, je m'abstiendrai de poser des guillemets, parce que maints chapitres sont composés de pensées et de paroles de différents maîtres.

RECUEIL D'ÉLÉMENTS

D'HIPPOLOGIE.

INTRODUCTION.

Sous le titre *Hippologie* (de ἵππος, cheval, et λόγος discours) on comprend l'ensemble de toutes les connaissances relatives au cheval, soit qu'elles aient pour but de nous faire connaître l'individu, soit qu'elles doivent nous guider dans la manière de régénérer son espèce, de l'élever en vue de nos intérêts et de l'employer à nos différents services.

Nous diviserons nos études en cinq parties :

La première traitera de la connaissance tant intérieure qu'extérieure du cheval.

La deuxième comprendra l'étude de l'extérieur, sous tous les rapports.

La troisième enseignera les moyens de conserver le cheval en état de santé et aura pour titre *conservation du cheval*.

La quatrième traitera de la production et de l'élevage sous le titre d'*industrie chevaline*.

Et la cinquième donnera quelques notions sur les haras, les remontes et les courses.

On peut voir par ce simple exposé que l'hippologie, au degré où nous voulons la porter, a besoin du concours puissant des diverses sciences qui peuvent se rattacher à son étude : c'est, du reste, par ce seul moyen que l'on peut établir une théorie rationnelle, positive, capable de nous préserver de l'ornière de la routine.

L'anatomie nous apprendra à connaître la disposition, la place, le volume, la texture, les usages des différentes parties qui entrent dans l'organisation animale.

La physiologie nous en expliquera le jeu, et nous permettra d'apprécier le concours de chacune d'elles à l'entretien de la vie.

Enfin l'hippiatrique, bien qu'elle soit du domaine spécial du vétérinaire, nous apprendra à connaître les maladies les plus fréquentes, et nous indiquera les moyens d'en traiter quelques-unes et de retarder la marche de celles qui s'annoncent sous des symptômes graves, en attendant les secours des hommes de l'art.

L'histoire naturelle ne peut offrir que des considérations générales, et non faire un article à part : aussi nous bornerons-nous à lui emprunter les documents relatifs à l'origine, aux mœurs, aux habitudes du cheval, etc.

Le mot cheval désigne à la fois un genre et une espèce du règne animal. Le genre comprend un groupe parfaitement distinct de quadrupèdes mammifères.

Le type idéal du cheval n'a subi que des modifications légères pour donner naissance aux six espèces que le genre renferme ; ce sont :

1º Le cheval proprement dit ;

2º L'âne

3º L'hémione ou le djiggetai ;

4º Le coouagga ;

5º Le daw ou l'onagga ;

6º Le zèbre.

De l'extrême ressemblance que tous les chevaux présentent entre eux est résulté que les naturalistes ont été généralement d'accord pour en former un genre unique. Les caractères qu'on lui assigne sont les suivants : un seul doigt apparent et un seul ongle ou sabot à chaque pied. Il est essentiellement herbivore, et son estomac est petit et simple. Les intestins sont très-volumineux ; le cœcum en particulier, dans lequel la digestion paraît s'achever, est énorme.

Les mœurs des solipèdes sont à peu près les mêmes. Tous vivent en troupes plus ou moins nombreuses, et leur instinct les porte à choisir ou

accepter pour chef celui d'entre eux que sa force,
son courage et sans doute aussi son expérience rendent digne de ce poste. Cet instinct, effacé en apparence chez nos chevaux domestiques, sans doute
à cause du manque d'occasions de se manifester,
reparaît avec toute son énergie lorsque ces animaux recouvrent leur liberté native en se sous-
trayant à l'empire de l'homme.

Il est à remarquer que le cheval proprement dit,
dont nous avons à nous occuper ici, a les mêmes
caractères que les animaux du groupe ou genre dont
il fait partie; seulement, il diffère des autres espèces par sa taille plus élevée; par la forme de sa tête,
qui est allongée; par les incisives, qui sont aplaties,
et par la queue, qui est garnie de crins dès sa racine.

Toutes les espèces du genre cheval paraissent
très-bien partagées sous le rapport des sens. Leur
toucher est délicat, et, bien que leur corps soit entièrement recouvert de poils très-serrés, on voit leur
peau se froncer et se mouvoir au moindre attouche-
ment, surtout sous le ventre. Leur langue est
douce. Leur lèvre supérieure est susceptible de
s'allonger et d'exécuter des mouvements assez étendus; aussi s'en servent-ils comme d'une main pour
ramasser leur nourriture, et souvent ils l'emploient
pour palper les objets. Le sens du goût est très-
développé chez eux. Leur ouïe est très-délicate; au
moindre bruit ils s'arrêtent avec attention, diri-

geant leurs oreilles du côté où le bruit paraît se produire. Leurs yeux sont généralement grands et à fleur de tête. Leur vue est excellente : pendant qu'ils mangent l'herbe dans les prairies, ils voient très-loin dans une direction horizontale , et quoiqu'ils ne soient pas des animaux nocturnes , ils distinguent nettement les objets dans l'obscurité.

L'odorat semble être le sens le plus exquis chez le cheval : pour reconnaître un objet qui lui inspire de la méfiance, le cheval ouvre largement ses naseaux comme pour ne perdre aucune des odeurs qui peuvent s'en exhaler , et c'est un fait avéré qu'il évente ses ennemis à une grande distance.

L'influence de l'homme , des climats et les circonstances variées dans lesquelles les chevaux ont été placés par suite de leur esclavage ont déterminé parmi ces animaux des différences considérables, qui, se propageant de génération en génération, ont produit une multitude de races diverses.

Quant à l'endroit dont le cheval est originaire, il est difficile de le déterminer. Pendant longtemps on a fait honneur à l'Arabie de ce précieux quadrupède.

Cette opinion, consacrée par l'assentiment universel, a été cependant combattue par Huzard, et les raisons qu'il présente paraissent concluantes.

Les livres de Moïse ne parlent que des chevaux d'Égypte et nullement de ceux d'Arabie. D'après le livre des Rois, c'est aussi de l'Égypte que Salomon faisait venir les siens. Ézéchiel nous dit que les Syriens tiraient les leurs de la Cappadoce et de l'Arménie. Enfin, dans les premières guerres de l'islamisme, en Arabie, la cavalerie ne figure pas dans l'armée de Mahomet ni dans celle de ses adversaires.

La source de l'erreur combattue par Husard vient donc de ce que, depuis nombre d'années, la race la plus parfaite de chevaux nous venait de l'Arabie.

Mais, d'après quelques témoignages historiques, on peut soupçonner comment elle s'y est formée.

Dès le temps d'Arien, et peut-être bien avant lui, on exportait d'Égypte en Arabie des chevaux destinés à être offerts aux princes de ce pays, comme le présent qui pouvait leur être le plus agréable.

Plus tard des empereurs grecs, mus par le même motif, envoyèrent en Arabie un grand nombre de ces chevaux de Cappadoce si estimés des anciens. On est d'ailleurs porté à supposer que les relations commerciales les ont amenés de la Perse et de la Médie, où existe encore une des races les plus estimées.

Ce qui paraît certain, c'est que ce noble animal primitivement ne se trouvait ni en Afrique, ni en Amérique, ni dans la Nouvelle-Hollande, et qu'il doit plutôt sa naissance aux grandes plaines de l'Asie centrale et aussi à quelques contrées de l'Europe.

Le mérite de cet animal est universellement reconnu. La force du corps, la solidité et la souplesse des membres, l'élégance des formes, le courage et la fierté, qualités dont la nature a doué ce noble animal, ont fait que, dans la foule innombrable des êtres qui peuplent le domaine de l'homme, il s'est de bonne heure distingué comme la créature la plus digne d'être soumise à son empire, est devenu le compagnon de l'homme à la guerre, dans les voyages et dans les travaux de l'agriculture, du commerce et des arts. Il a été transporté dans tous les pays, et l'espèce entière a subi l'influence de la domesticité.

PREMIÈRE PARTIE.

CONNAISSANCE DU CHEVAL.

TITRE I.

Caractères de l'animalité. — Définition des éléments qui entrent dans l'organisation animale. — Généralités.

Avant d'entrer en matière nous ne croyons pas inutile d'exposer ici les caractères qui différencient les uns des autres les corps, en nombre infini, qui composent la nature tout entière, afin de faire ressortir d'une manière claire et positive les attributs distinctifs du règne dont fait partie l'espèce qui va faire l'objet de nos études. Les naturalistes reconnaissent aujourd'hui, d'un commun accord, deux grandes classes de corps naturels, savoir : les *corps bruts* ou *minéraux,* composant le *règne minéral,* et *les corps vivants* ou *organisés,* que l'on subdivise en *règne végétal* et en *règne animal.*

Les différences qui séparent les deux grandes classes sont très-nombreuses et faciles à apprécier. Un minéral ne se forme, ne se développe ni ne finit de la même manière qu'un corps vivant. Celui-ci doit son existence à des êtres semblables à lui; il se développe dans un sens déterminé, qui est toujours le même pour chaque espèce, et périt au bout d'un temps nécessaire, qu'il ne peut jamais outrepasser. Un minéral, au contraire, naît spontanément de la réunion de deux ou plusieurs matières qui n'ont souvent aucune ressemblance avec la matière nouvelle qu'elles doivent former : s'il vient à augmenter de volume, ce n'est que par simple juxtaposition, et la matière nouvelle ne s'ajoute à la première qu'en vertu des propriétés chimiques que l'une et l'autre renferment; tandis que l'être vivant se développe au moyen d'un travail intérieur incessant, et par lequel aussi les molécules usées ou détruites par l'action vitale sont remplacées constamment par de nouveaux matériaux puisés dans le monde extérieur.

Enfin, la durée des corps bruts n'a pas de limite; ils existent tant qu'une cause étrangère ne vient pas les désorganiser; tandis que les corps vivants périssent nécessairement au bout d'un temps déterminé, qui varie suivant les espèces.

Nous venons de voir quels étaient les caractères essentiels des corps vivants ou organisés; mais ces caractères, comme on a pu le voir, sont communs au règne végétal et au règne animal : nous devons donc maintenant fixer les limites de ces deux dernières classes.

Parmi le grand nombre de traits qui peuvent faire distinguer les animaux des végétaux, le plus remarquable est la faculté que les premiers ont de ressentir l'impression des corps qui les environnent, et de pouvoir exécuter des mouvements variés qui sont toujours le résultat des impressions reçues. La sensibilité eût été inutile et même nuisible aux végétaux, puisque, privés de mouvement par leur manière d'être, ils ne sauraient obéir aux impressions de ce qui les entoure.

Ainsi les animaux sont des corps qui se nourrissent, se développent, se reproduisent, sentent et se meuvent : de là la classe des *êtres animés*. Les végétaux sont des corps qui se nourrissent, se développent, se reproduisent, mais qui ne sentent pas et ne peuvent se mouvoir : de là la seconde classe des êtres vivants, appelée classe des *êtres inanimés*.

Le corps du cheval, comme celui de tous les animaux, est composé de parties molles ou dures, liquides ou fluides, qui, par leur arrangement, constituent un tout, une machine que l'on appelle *organisation*.

Les parties liquides, contenant de l'eau en proportion assez considérable, sont renfermées dans les solides organiques, que l'on appelle encore *matières organisées*, et sont destinées à entretenir la souplesse, la mollesse qui sont réclamées par les fonctions de ceux-ci.

D'après M. Milne Edwards, les matières organisées seraient composées de diverses substances élémentaires, et particulièrement d'azote, de carbone, d'hydrogène et d'oxygène combinés; et la trame des parties vivantes ne paraîtrait être composée que d'*albumine* ou de *fibrine*, qui ne serait elle-même que de l'albumine légèrement modifiée.

Quoi qu'il en soit, nous laissons aux ouvrages spéciaux le soin de traiter cette matière; la question sort de notre but et ne doit pas trouver place ici.

———❦———

CHAPITRE I(*).

Examen des solides.

Les parties solides, dont nous avons à nous occuper dans ce chapitre, se composent de petites fibres et de petites lamelles arrangées de manière à contenir les parties liquides dans les espaces qu'elles laissent entre elles.

Les parties solides, en raison de leur arrange-

(*) *Anatomie* de Girard.

ment, de leur nature et de leurs usages, ont reçu le nom de :

Tissu cellulaire,
Tissu osseux,
Tissu cartilagineux,
Tissu fibreux,
Tissu séreux,
Tissu tégumentaire,
Tissu muqueux,
Tissu vasculaire,
Tissu glandulaire,
Tissu musculeux,
Tissu nerveux,
Tissu érectile,
Tissu adipeux.

Parmi tous les tissus que nous venons d'énumérer, on distingue :

1° Un élément générateur, le tissu cellulaire ;

2° Deux secondaires, les tissus sarcéux et nerveux ;

3° Des tissus composés, qui ne sont que des modifications des systèmes celluleux, sarceux et nerveux, et qui constituent des genres et des espèces.

L'arrangement combiné de tous ces éléments entre eux forme les viscères et les organes du corps.

Les viscères sont des instruments intérieurs qui jouent un très-grand rôle dans le phénomène de la vie ; celui des organes, tout en prêtant ses fonctions aux viscères, n'est point aussi important. Ainsi, sans le cœur, l'estomac, les intestins, qui sont des viscères, un animal ne saurait exister ; tandis que la vie continue après la perte d'un œil, d'un testicule, des mamelles, qui ne sont que des organes.

Sous le nom générique d'*organes* on désigne les parties ou instruments de la machine animale qui exécutent les actes ou fonctions par lesquels les divers phénomènes de la vie se manifestent : ainsi, les muscles sont les organes du mouvement, les yeux les organes de la vue, etc.

On appelle *fonction* le travail d'un ou de plusieurs organes : ainsi, la locomotion, qui est exécutée par les muscles et les os, est une fonction.

L'ensemble des organes qui concourent à une même fonction se nomme *appareil*.

On appelle, par exemple, appareil de la locomotion l'ensemble des organes qui servent à transporter l'animal d'un endroit à un autre ; appareil de la digestion, l'ensemble des organes à l'aide desquels l'animal digère les aliments.

Tissu cellulaire.

Le tissu cellulaire est un des principaux éléments de l'organisation. Répandu partout et partout continu, ce tissu est interposé entre tous les organes ; il les entoure, pénètre dans leurs parties les plus profondes et concourt à leur formation. Les vides ou *cellules*, *aréoles*, que laissent entre eux ses filaments, sécrètent un fluide particulier que l'on désigne sous le nom de *sérosité*.

Le tissu cellulaire a été divisé en général ou commun, et en spécial ou particulier. Le premier ne s'insinue pas dans la substance des organes ; il se trouve répandu sous la peau et se replie dans les cavités intérieures, où il forme diverses couches. Sa disposition est telle, dit Béclard, que s'il était possible de l'isoler complétement et de lui donner la consistance nécessaire pour qu'il se soutînt dans son état normal, il représenterait la forme générale du corps ainsi que son étendue, et laisserait apercevoir une multitude de loges pour les différents organes.

Le tissu cellulaire spécial offre la même structure que le premier, avec lequel il est continu. Il concourt à former les organes, soit en leur fournissant diverses couches, soit en se combinant d'une manière intime avec la plus petite parcelle de leurs tissus.

Tissu osseux.

Le tissu osseux peut être considéré comme une modification première du tissu cellulaire, dans lequel vient se déposer une matière muqueuse pour se transformer ensuite en matière cartilagineuse et osseuse.

Un os que l'on fait macérer pendant quelque temps dans de l'acide muriatique se ramollit peu à peu et finit par se dépouiller de toutes les molécules pierreuses auxquelles il devait sa consistance. La trame restante offre l'aspect d'une matière cartilagineuse, flexible et réductible en gélatine par la décoction. Si on plonge l'os dans une solution de potasse ou de soude, la liqueur alcaline dissout la partie animale et laisse intacte la matière solidifiante, qui est très-fragile.

Les os forment la base de l'édifice animal, et sont les agents passifs du mouvement.

Tissu cartilagineux.

Le tissu cartilagineux, moins dur que le tissu osseux, se compose d'une substance qui paraît d'abord homogène, mais qui, examinée après une macération un peu prolongée, présente une trame cellulaire dont les mailles sont remplies d'une matière albumineuse.

Les cartilages ont la plus grande analogie avec les os, dont ils finissent souvent par devenir parties intégrantes; moins durs qu'eux, mais plus durs que les autres tissus.

Ils ont pour caractère particulier une élasticité

qui les redresse avec promptitude dès que la cause de flexion cesse d'agir.

Tantôt, sous forme de couche très-mince, ils revêtent les surfaces articulaires pour adoucir le contact et faciliter le frottement, et alors on les appelle *cartilages d'encroûtement*.

Tantôt ils servent de moyen de connexion entre deux ou plusieurs os, et ils sont désignés sous le nom de *cartilages d'ossification*. Enfin, on les rencontre à l'extrémité de certains os qu'ils garnissent, comme les cartilages des côtes et ceux des scapulum, et servent à donner une plus grande flexibilité à la partie, ou bien à préserver les muscles environnants d'un contact trop rude : dans ce cas, ils sont appelés *cartilages de prolongement*.

On a divisé les cartilages en *temporaires* et *permanents* : les premiers s'ossifient avec l'âge, les autres conservent toujours l'état cartilagineux.

Tissu fibreux.

Le tissu fibreux se divise *en tissu fibreux blanc*, *tissu fibreux jaune*, et en *tissu fibro-cartilagineux*.

Le premier est un tissu non élastique, filamenteux, très-dense ; il se présente sous deux états distincts, et constitue ou des *ligaments* ou des *membranes*, selon que ses fibres ou linéaments sont disposés en faisceaux, ou entre-croisés en manière de toiles.

La couleur du tissu fibreux blanc est en général resplendissante ou satinée. Ce tissu est très-peu extensible, et sa résistance à la rupture est énorme et persiste même après la mort. Cette résistance lui était nécessaire pour les usages auxquels il est destiné.

Les ligaments et les membranes qu'il forme servent souvent d'attaches ou d'enveloppes : ainsi on reconnaît, 1° les ligaments osseux, qui servent aux articulations ; 2° les ligaments musculeux, les tendons, dont l'office est de transmettre à des parties éloignées l'effort de la contraction musculaire ; 3° les ligaments destinés à soutenir certains organes. Les membranes principales qu'il forme se nomment *périoste* (celle qui recouvre les os), *aponévroses* (celles qui recouvrent les muscles), *sclérotique* (celle qui forme la partie blanchâtre de la coque des yeux).

Il concourt encore à former les capsules synoviales, espèces de poches ou de gaînes qui sécrètent un liquide visqueux, incolore, destiné à faciliter le glissement des os les uns sur les autres, ou le glissement des tendons dans leur coulisse.

On rencontre ces capsules dans presque toutes les articulations et sur le passage des tendons qui agissent par frottement.

Le tissu fibreux jaune a pour caractère essentiel d'être élastique et constamment coloré en jaune ;

ses filaments très-déliés sont entortillés de manière à former un véritable tissu serpentant.

Il se présente sous la forme de cordons ou de couches membraneuses. Il forme la membrane fibreuse de l'abdomen, connue sous le nom de *tunique abdominale*, ainsi que celle des artères.

Il fournit le *ligament cervical*. On le rencontre encore dans le fourreau, dans les orbites, etc.

Le tissu fibro-cartilagineux, comme l'indique son nom, est un composé de tissu fibreux et cartilagineux. A la ténacité du tissu fibreux il réunit l'élasticité du cartilage, et jouit d'une certaine souplesse, mais d'une souplesse moins grande que celle qu'offre le tissu fibreux.

Les fibro-cartilages se distinguent en *articulaires* et *non-articulaires*. Au nombre de ces derniers on compte les prolongements des os des épaules et des pieds des monodactyles, la cloison nasale, les cartilages des oreilles, de la trachée, de la glotte, qui sont toujours disposés en membranes; les surfaces des coulisses sur lesquelles flottent les tendons, enfin certains cordons, comme celui du *coraco-cubital*.

Les fibro-cartilages articulaires recouvrent les surfaces de certains os aux points où ils s'articulent les uns avec les autres.

On les rencontre dans les articulations *fémoro-tibiale* et *maxillo-tomporale*.

Tissu séreux.

« Considérées en général, les membranes séreuses forment des vessies, des poches fermées de toutes parts, placées entre les organes qu'elles isolent et autour desquels elles entretiennent une espèce d'atmosphère. Les unes forment de petites vésicules, sortes d'ampoules; les autres, plus compliquées, tapissent d'abord les organes, puis se réfléchissent sur les parois des cavités qui les renferment.

Les membranes séreuses ne sont point homogènes; elles ont une apparence fibreuse plus ou moins marquée.

Elles sont le résultat du tissu cellulaire condensé et modifié de manière à former de grandes cavités. Elles sont le siége d'une exhalation séreuse analogue à celle du tissu cellulaire.

Tissu tégumentaire.

Ce tissu comprend la *peau*, membrane très-organisée, qui forme l'enveloppe extérieure de tout le corps, le protége contre les injures des corps extérieurs, et remplit plusieurs fonctions importantes. Elle est composée de plusieurs couches. Son épaisseur varie selon les régions qu'elle recouvre.

Dans le cheval, elle est généralement recouverte de poils. Elle entretient une perspiration abondante, et peut se laisser pénétrer par les fluides environnants. Enfin elle est l'objet d'un sentiment particulier que l'on appelle *tact*.

Tissu muqueux.

Ce tissu forme diverses expansions membraneuses plus ou moins étendues qui tapissent certains organes intérieurs, et communiquent à l'extérieur avec la peau.

Le système muqueux peut se réduire à deux divisions, la membrane *gastro-pulmonaire* et la membrane *génito-urinaire*. La première tapisse les voies digestives, pulmonaires, olfactives, lacrymales et auditives; la seconde, bien moins considérable, est commune aux organes génitaux et urinaires, et n'a qu'une seule ouverture à l'extérieur.

La surface libre de ces membranes est toujours enduite d'un fluide visqueux, appelé *mucus*, qui est sécrété par les saillies papillaires, villeuses ou folliculaires disséminées sur toute leur étendue.

Les papilles sont de petites éminences coniques douées d'une sorte d'érectilité.

Les villosités, productions dont la ténuité est celle d'un cheveu très-fin, paraissent formées de capillaires sanguins et lymphatiques.

Les follicules, ou *cryptes*, se présentent sous la forme de petites ampoules logées dans l'épaisseur du tissu muqueux et terminées par un col très-court.

Tissu vasculaire.

Le système vasculaire se compose d'un assemblage de canaux membraneux, rameux, flexibles, extensibles et élastiques, que l'on nomme *vaisseaux*.

Ces différents vaisseaux forment l'appareil circulatoire, dont le cœur est l'organe central. Tous les organes du corps sont pourvus de ces vaisseaux, que l'on appelle *artères*, *veines*, *lymphatiques* et *capillaires*.

Les artères sont des canaux fermes, contractiles, peu dilatables, qui transportent le sang dans toutes les parties du corps.

Les veines, plus nombreuses, plus extensibles, moins élastiques que les artères, sont des tubes chargés de rapporter le sang au cœur.

Les vaisseaux lymphatiques, quoiqu'en rapport avec les veines, semblent former un ordre de vaisseaux à part. Ils sont destinés à transporter un liquide particulier, la lymphe, dont la couleur et la composition varient; lorsqu'ils charrient le chyle, produit de la digestion, on les nomme *chylifères*.

On appelle *ganglions lymphatiques* les renflements ou les nœuds que ces vaisseaux forment en se réunissant ou en s'adossant les uns aux autres.

Les capillaires tirent leur nom de leur ténuité :
c'est un système de vaisseaux placés entre les artères et les veines pour établir une communication
entre ces deux ordres.

On peut encore mieux définir les capillaires la
fin des artères et le commencement des veines.

Tissu glandulaire.

Les glandes sont des organes préposés à la sécrétion de certaines liqueurs, et ont pour caractères distinctifs d'être pourvues généralement d'un
ou deux canaux excréteurs qui aboutissent à un
réservoir particulier.

Ce genre de solides, peu nombreux, ne comprend que les glandes *lacrymales* et *salivaires,* le
foie, le *pancréas,* les *reins,* les *testicules,* les *ovaires* et les *mamelles.*

Quelques-uns de ces organes glanduleux, tels
que le pancréas, les glandes lacrymales et salivaires, sont composés de petits grains arrondis,
réunis en lobules ou en lobes, et liés les uns aux
autres par un tissu cellulaire serré qui leur fournit
aussi une enveloppe.

Tissu musculeux.

On confond généralement le tissu musculeux
avec les muscles, qui sont les organes actifs de la

locomotion, et qui sont composés de divers éléments.

En effet, on trouve dans les muscles du tissu cellulaire, nerveux, vasculaire, fibreux et musculeux. Celui-ci, essentiellement contractile, y réside en grande quantité, et se présente sous l'aspect d'une fibre linéaire, molle, tomenteuse, rouge, se plissant par l'action nerveuse en zig-zag, et composée presque exclusivement de fibrine. La fibrine est une matière blanchâtre, feutrée, élastique, formée de carbone, d'oxygène, d'hydrogène et d'azote.

Tissu nerveux.

Le tissu nerveux se compose d'un ensemble de parties continues les unes aux autres, et qui ont un élément commun, la substance nerveuse. Ce système peut être comparé à un vaste réseau, dont les filets, que l'on nomme *nerfs*, sont entrelacés de mille manières, grossissent et s'étendent symétriquement des masses centrales, la colonne vertébrale et le cerveau, à la périphérie du corps, où ils reçoivent l'impression des corps extérieurs.

On avait cru pendant longtemps que les nerfs étaient pulpeux, et que leur intérieur ressemblait à de la moelle de sureau : comme nous le verrons à l'article sensibilité, les nerfs sont composés de fibres longitudinales, mutuellement parallèles et enveloppées par des gaînes qui les accompagnent dans tout leur trajet.

Les *ganglions nerveux* sont des renflements formés par la rencontre des nerfs du *grand sympathique*.

Tissu érectile.

On désigne sous ce nom un tissu mou, spongieux, élastique, dans lequel prédominent des ramifications veineuses. Il se rencontre dans un grand nombre de parties; mais il se fait particulièrement remarquer au pénis, où il forme la base du corps caverneux. Il entre non-seulement dans la composition des organes génitaux, mais on le trouve aussi dans les follicules de la peau, des muqueuses, et partout où il y a une certaine érectilité.

Tissu adipeux.

Le tissu adipeux a été longtemps confondu avec le tissu cellulaire; mais aujourd'hui on le considère comme étant un système à part, qui comprend un ordre de vésicules microscopiques, agglomérées et remplies d'une matière que l'on désigne sous le nom de graisse.

On le rencontre en quantité dans les interstices des muscles, autour des gros vaisseaux, à la base du cœur, aux environs des reins, entre les lames du *mésentère* et de l'*épiploon*, où il affecte la forme plate; il existe en pelotons dans les orbites, dans le canal rachidien; il se fait encore remarquer dans les cavités intérieures des os.

Ce tissu n'est nullement sensible dans l'animal vivant.

Des poils, des crins et de la corne.

Les poils sont des productions filamenteuses, très-multipliées, implantées dans la couche inférieure de la peau, et de même nature que la couche supérieure ou extérieure de celle-ci, l'épiderme.

Ils couvrent la peau en lui fournissant un vêtement naturel.

Dans les monodactyles, ce vêtement constitue la robe, dont les nuances varient en raison de la diversité de couleur des poils.

Les crins sont moins répandus que les poils; ils sont plus longs, plus durs que ces derniers, et généralement de couleur plus foncée.

Dans les monodactyles, ils bordent la partie supérieure de l'encolure et forment la *crinière*. A la partie supérieure et un peu antérieure de la tête, ils prennent le nom de *toupet*. Enfin, la queue en est fortement garnie.

La corne est un solide de même nature que les poils; solide qui se développe, se nourrit et se régénère de la même manière que ceux-ci, et qui ne semble être, comme eux, qu'un produit d'excrétion.

La corne revêt l'extrémité des doigts sous le nom de *sabot* pour les herbivores; chez d'autres animaux elle affecte la forme de crochets recourbés en dessous, et prend le nom de *griffe;* chez l'homme elle est appelée *ongle*.

Le cheval présente en outre à la face interne de chaque membre une plaque cornée, que l'on appelle *châtaigne*. Dans les membres antérieurs, la châtaigne existe au-dessus du genou, et, dans les membres postérieurs, elle se trouve au-dessous du jarret.

Un fort mamelon de même nature réside à la face postérieure et inférieure des boulets de chaque membre, et porte le nom d'*ergot*.

CHAPITRE II.

Examen des fluides (*).

Les liquides qui sont contenus dans le corps des animaux servent non-seulement à entretenir la souplesse, la mollesse des solides, comme nous avons déjà eu l'occasion de le remarquer; mais ils sont encore un moyen de transport, un véhicule destiné

(*) Milne Edwards, *Éléments d'anatomie et de physiologie comparées.*

à répartir à chaque solide les matériaux nécessaires à son entretien ou à son accroissement.

Ces liquides sont de l'eau contenant en dissolution différentes substances, et c'est à leur présence que les animaux doivent leurs formes arrondies. Aussi, par le desséchement, le corps d'un animal diminue de volume, sa couleur change, son poids est réduit, et il acquiert de la rigidité.

La proportion des liquides est beaucoup plus considérable qu'on ne serait porté à le croire. Le corps d'un homme en contient à peu près les neuf dixième. Un cadavre de cent vingt livres que l'on fait dessécher dans un four peut être réduit à douze livres. (M. Edw.)

Le *sang* est le liquide le plus important de l'économie. C'est lui qui fournit tous les autres liquides, et de plus tous les matériaux nécessaires à la vie de tous les solides ; ce qui a fait dire à certains physiologistes que le sang était de la chair coulante.

Le sang est un fluide rouge, onctueux, légèrement visqueux, d'une odeur un peu nauséabonde et d'une saveur un peu salée ; sa pesanteur spécifique est supérieure à celle de l'eau.

Le sang des animaux qui se trouvent au bas de l'échelle zoologique n'offre pas les mêmes qualités que celui de l'homme ou des êtres qui se rapprochent le plus de nous. Au lieu d'être rouge et épais, il ne consiste souvent qu'en un liquide incolore, transparent, quelquefois teinté en jaune, en vert, en rose ou en lilas.

La *lymphe* est une liqueur transparente, jaunâtre, inodore, d'une saveur salée. Elle a à peu près la même composition que le sang, sauf la couleur.

Le *chyle* est un produit de la digestion ; c'est la partie la plus alibile des aliments, dont il est séparé par l'action digestive.

Il est d'un blanc laiteux et d'une odeur spermacée chez les carnivores. Chez les herbivores, il a une couleur opaline ou transparente, une saveur légèrement salée, et il ne donne aucune odeur déterminée.

Les liqueurs dont nous venons de parler sont trois éléments particuliers qui, par leur mélange, concourent à former le sang artériel, lorsqu'elles sont passées à l'état de combinaison sous l'influence de l'air atmosphérique.

Toutes les autres liqueurs, que l'on désigne sous le nom d'*humeurs sécrétées*, sont tirées du sang par les organes qui les produisent, en remplissant le rôle d'alambics. Nous nous bornerons à les classer, nous réservant d'en parler plus au long lorsque les fonctions qu'elles remplissent nous amèneront à en traiter.

Quelques-unes de ces humeurs sont le produit des glandes : les *larmes*, la *salive*, l'*humeur pan-*

créatique, la *bile*, l'*urine*, le *sperme* et le *lait*.

D'autres s'échappent sous forme de vapeurs à la surface libre des membranes. Quelques-uns de ces fluides vaporeux sont rejetés au dehors comme matières nuisibles : telles sont, par exemple, les vapeurs quelquefois condensées en gouttelettes qui sont le résultat de la transpiration cutanée ou pulmonaire ; d'autres sont résorbés à l'intérieur et reportés dans le torrent de la circulation.

Les humeurs folliculaires sont le produit des follicules de la peau et des membranes muqueuses ; elles constituent une huile douce et muqueuse, qui entretient la souplesse de la peau aux endroits où il y a beaucoup de mouvements : on les appelle alors *humeurs sébacées*.

Celles qui recouvrent la surface des muqueuses sont dites *mucus*.

CHAPITRE III.

Ostéologie.

L'ostéologie offre un grand secours à l'écuyer militaire, soit comme ressources en équitation, soit comme connaissances indispensables à l'appréciation du cheval.

Pour nous, la partie la plus importante de cette

branche de l'anatomie est la connaissance du squelette; et, bien que l'étude de la structure et de la
conformation des os ne soit pas rigoureusement indispensable, nous en donnerons cependant quelques
notions.

En traitant du tissu osseux, nous avons déjà dit
que les os formaient la base de l'édifice animal. Le
squelette est bien en effet une véritable charpente,
composée d'un grand nombre de leviers qui constituent la machine animale, et renfermant en lui-
même, dans des cavités qui les mettent à l'abri de
toute influence perturbatrice, les organes qui sont
les foyers de la vie.

Le squelette est formé d'une réunion d'os de
formes et de densité différentes, selon leurs usages.

Les os, au nombre de cent soixante-quinze selon
Girard, cent quatre-vingt-onze d'après Rigot, l'auteur le plus moderne, dans les monodactyles, selon
leur consistance et leurs formes, ont été divisés en
os durs, légers, compactes, pesants, peu durs et
spongieux, et en os longs, aplatis et irréguliers.

Ils ont pour base une substance *parenchyma-
teuse*, d'une consistance mi-molle, mi-dure, offrant
une multitude d'aréoles, de cellules, dans lesquelles
la substance calcaire, qui donne la consistance à ces
tissus, vient se déposer par l'effet de la nutrition.

La consistance du tissu osseux n'est pas la même
à toutes les époques de la vie d'un même sujet. Dans

4.

le fœtus, les solides ne commencent à apparaître au milieu des liquides dans lesquels ils se forment qu'au bout d'un temps assez avancé de la gestation. Pendant les premiers moments de la vie, ils se présentent à l'état cartilagineux : très-flexibles et très-mous dans le commencement, à mesure que l'individu avance en âge, ils se durcissent de plus en plus par l'imprégnation du phosphate calcaire ; en sorte que plus les animaux avancent en âge, plus leurs os deviennent durs, et, par cela même, plus cassants.

Le degré de sang des animaux influe énormément sur la densité de leurs tissus ; et c'est une vérité que l'on comprendra facilement lorsqu'il aura été démontré que le sang en est le principe générateur. Les os des chevaux des races distinguées sont moins volumineux, mais plus denses, plus résistants et plus lourds que ceux des chevaux communs.

Les os sont entourés d'une membrane très-fine, de nature fibreuse blanche, qui, à la manière d'un moule, sert à régulariser leur forme normale et à les protéger. On la nomme *périoste*.

On trouve dans le centre des os longs un canal cylindroïde appelé *médullaire* ; et vers les extrémités de ces os, ainsi que dans l'intérieur des os larges et courts, on observe des cellules nombreuses formées par le tissu spongieux.

Toute saillie à la surface d'un os prend le nom

d'*éminence* ; on les distingue en *articulaires* et *inarticulaires*. Les dernières sont rugueuses à leur surface, sur laquelle s'attachent les muscles ; tandis que les premières sont garnies d'un cartilage d'encroûtement, lisse à sa surface libre, afin de faciliter le frottement des os les uns sur les autres.

Les éminences que l'on rencontre à la surface des os des animaux qui n'ont pas atteint leur complet développement, restent à l'état cartilagineux pendant un temps assez long après que les os sur lesquels elles se trouvent ont été eux-mêmes ossifiés. C'est ce qui explique le danger de faire travailler les jeunes chevaux avant qu'ils ne soient complétement formés.

Mais à mesure que les animaux avancent en âge, le cartilage se durcit à son tour, et l'éminence que l'on appelle *épiphyse*, dans le poulain, prend alors le nom d'*apophyse*.

Dès ce moment, on peut sans inconvénient faire travailler le cheval. Cette période arrive pour les chevaux du Nord à cinq ans, et à quatre ans et demi pour ceux du Midi.

On nomme *abouts articulaires* les extrémités ou les bords des os qui se mettent en rapport les uns avec les autres.

On appelle *angle articulaire* l'angle formé par deux os longs, joints par un de leurs bouts, et *rayons articulaires*, les os qui forment l'angle.

Le *sommet de l'angle articulaire* est le point de réunion de deux os.

Deux os réunis constituent donc une *articulation*. On distingue les articulations en *immobiles, mobiles* et *mixtes*.

Les articulations immobiles sont celles qui sont formées par la réunion de plusieurs os, s'engrenant entre eux par leurs bords, de manière à former des voûtes ou des boîtes que nous rencontrerons dans le squelette.

Les articulations mobiles se divisent en articulations par *charnière parfaite*, par *charnière imparfaite*, par *pivot* et par *coulisse*.

La première est une articulation qui ne se prête qu'à la flexion et à l'extension, comme on le remarquera dans les os des membres. (L'avant-bras sur le bras.)

L'articulation par charnière imparfaite est celle qui joint aux mouvements de la précédente des mouvements latéraux. (La mâchoire inférieure sur le crâne.)

L'articulation par pivot est celle d'un os qui tourne autour d'une petite éminence d'un autre os. (La seconde vertèbre cervicale sur la première.)

L'articulation par coulisse est formée par des os dont les surfaces articulaires, aplaties, glissent les unes sur les autres. (La rotule sur le fémur, les vertèbres cervicales les unes sur les autres.)

Les articulations mixtes sont représentées par la réunion de deux os au moyen d'un fibro-cartilage. Ce mode de connexion est favorable à donner une grande solidité aux os, en ne leur permettant toutefois que des mouvements peu étendus, mais souples et variés. (Les vertèbres dorsales et lombaires.)

Description du squelette (*).

On divise le squelette en trois parties, *tete*, *tronc* et *membres*.

La tête est formée par la réunion d'un grand nombre d'os joints entre eux par des articulations presque toutes immobiles.

De leur réunion résultent plusieurs cavités, qui sont, à l'intérieur, le *crâne*, le *nez* et la *bouche;* celles extérieures sont les *orbites* et les *fosses temporales*.

Le crâne forme une espèce de boîte construite en voûte, ce qui lui donne une très-grande résistance, et dans laquelle sont renfermés le cerveau et ses annexes.

La bouche est formée par deux mâchoires, l'une antérieure, l'autre postérieure.

La mâchoire antérieure est formée par plusieurs os liés entre eux et avec ceux de la tête. Ceux que nous devons faire connaître sont les *grands sus-*

______
(*) Voy. la figure de la page 63.

maxillaires (5) dans lesquels sont implantées les grosses dents, et les *petits maxillaires* (7), qui terminent la mâchoire et donnent implantation aux petites dents.

La mâchoire postérieure n'est formée que d'un seul os, le *maxillaire inférieur* (6), qui a la forme d'un V, et qui est le plus grand de tous les os de la tête.

Les cavités nasales sont formées par la réunion de plusieurs os, et séparées entre elles par une cloison cartilagineuse.

Les orbites sont des fosses arrondies dans leur fond, et destinées à recevoir les globes des yeux.

Les fosses temporales sont des enfoncements que l'on remarque au-dessus des orbites; elles sont séparées de celles-ci par l'*arcade orbitaire* (8), espèce d'anse qui va des os temporaux à ceux du front.

Le tronc a pour base, dans son milieu, la colonne vertébrale, composée de *vertèbres* unies entre elles par des fibro-cartilages.

Les vertèbres sont de petits os irréguliers, percés à leur intérieur, et présentant de côté, et en dessus, des éminences, divisées en éminences *transverses* et *épineuses*. Elles comprennent trois régions : les *vertèbres cervicales* (9), les *vertèbres dorsales* (31) et les *vertèbres lombaires* (30).

Les vertèbres cervicales sont au nombre de sept. La première, que l'on appelle *atloïde*, se joint à la seconde, que l'on nomme *axoïde*, au moyen d'une articulation par pivot. C'est le seul exemple de ce genre d'articulation.

La région du dos, ou vertèbres dorsales, au nombre de dix-huit, présente des éminences plus développées que chez la première ; les troisième, quatrième, cinquième et sixième apophyses épineuses forment la base du garrot.

Les vertèbres lombaires, base des reins, sont au nombre de six, et portent des apophyses transverses plus longues que celles de toutes les autres vertèbres.

Le *sacrum* (29) suit les vertèbres du rein et leur ressemble, quoique composé d'une seule pièce (*).

Les os de la queue ou *coccygiens*, au nombre de quinze à dix-huit, font suite au sacrum et terminent la colonne vertébrale.

Toute cette longue série d'os et de fibro-cartilages, depuis le crâne, où elle se lie au moyen de la première vertèbre cervicale, jusqu'au troisième ou quatrième coccygien, est percée d'un long canal destiné à loger le *prolongement rachidien*.

Le *sternum* (11) est un os à moitié cartilagineux qui est destiné à réunir les côtes à la partie antérieure et inférieure de la poitrine.

Les *côtes*, au nombre de dix-huit de chaque côté,

(*) Le *sacrum* est composé de cinq pièces qui se soudent bientôt après la naissance.

sont des os longs, aplatis, légèrement flexibles, qui s'unissent, deux à deux, aux dix-huit vertèbres dorsales par une de leurs extrémités, au moyen d'une tête et d'une petite crête, et d'un autre côté au sternum par un prolongement cartilagineux.

Les huit premières côtes sont dites *sternales* (12) ou *vraies côtes*, parce qu'elles s'unissent plus intimement avec le sternum que les dix dernières, appelées *fausses côtes* ou *asternales* (26). Elles sont aussi plus fortes, plus courtes, moins courbées et moins flexibles que ces dernières.

Les fausses côtes ne s'unissent au sternum que par un prolongement cartilagineux d'autant plus long qu'elles sont plus éloignées de la partie antérieure de la charpente. Cette disposition leur permet des mouvements plus étendus que ceux des premières.

L'ensemble des côtes forme une cage osseuse, conoïde, dont la pointe est en avant : c'est la carcasse de la poitrine, appelée aussi *thorax*.

L'os du *bassin*, *coxal* (*), sert de base antérieurement et supérieurement aux hanches (28), *ilions ;* et postérieurement à la pointe des fesses (27), *ischions ;* sa partie moyenne et inférieure constitue

---

(*) Le *coxal* est composé de deux portions latérales qui se soudent avec le *sacrum* par leur partie supérieure, et qui se réunissent et se soudent également par leur partie inférieure, où elles forment le *pubis*.

le *pubis* (25). Le coxal est pourvu de la cavité cotyloïde, qui reçoit l'os de la cuisse. Il forme en haut la voûte de la cavité placée en arrière de l'*abdomen*, la *cavité pelvienne*.

Les membres sont divisés en membres *antérieurs* ou *thoraciques*, et membres *postérieurs* ou *abdominaux*.

Les os des membres antérieurs sont l'os de l'épaule, *omoplate* (10), qui est aplati à sa partie supérieure où un cartilage de prolongement le termine; à sa partie inférieure, il est arrondi et reçoit l'os du bras dans une cavité qui regarde la terre. On remarque sur sa face externe une longue crête, appelée *acromion*.

L'os du bras, *humérus* (13), dont la partie supérieure, arrondie, s'articule avec l'omoplate. La partie inférieure, arrondie d'avant en arrière, mais tronquée sur les côtés, présente un mode d'articulation par charnière parfaite avec l'os de l'avant-bras.

L'avant-bras est formé par deux os : le *radius* (15) et le *cubitus* (14). Le *radius* est l'os principal; le cubitus est placé en arrière du radius, a la forme d'une pyramide renversée, et se termine supérieurement par une apophyse appelée *olécrâne*. La partie inférieure du radius est disposée pour l'articulation par charnière parfaite.

Au-dessous du radius se trouvent les six os du genou, sur deux rangs (16), et un septième, appelé *os crochu*, est placé en arrière de la rangée supérieure. L'ensemble de ces sept os constitue la base du genou ou *carpe*.

A ceux-ci fait suite l'os du *canon* (17), *métacarpien*; il s'articule par charnière parfaite avec le carpe, en haut, et en bas avec l'os qui lui fait suite. A la partie supérieure et postérieure du canon on remarque deux os fusiformes qui lui sont adhérents. Ils présentent à leur partie supérieure une tête, et vont ensuite en diminuant insensiblement jusqu'à leur extrémité inférieure, où ils sont terminés par une seconde tête plus petite, en forme d'olive, ce qui leur donne l'apparence de baguettes de tambour : ce sont les *péronés*.

L'extrémité inférieure de ces os est libre et flexible.

A la partie inférieure et postérieure de l'os du canon on trouve deux petits os que l'on nomme *sésamoïdes* (grands).

Viennent ensuite l'os du paturon, *premier phalangien*, l'os de la couronne, *deuxième phalangien*, et l'os du pied, *troisième phalangien*, qui, tous plus courts les uns que les autres, s'articulent encore par charnière parfaite.

L'os du pied diffère des autres en ce qu'il n'a pas la même forme.

Les premiers sont cylindroïdes, tandis que celui-ci représente la forme du pied, dont il est la base.

En arrière de l'os du pied est placé un petit os qui a la forme d'une navette, forme qui lui a valu son nom, *os naviculaire* ou *petit sésamoïde*.

Les os des membres postérieurs sont :

L'os de la cuisse, *fémur* (24); son articulation avec le coxal est *orbiculaire* ou *par genou*.

Le fémur est le plus fort et le plus lourd des os du squelette; à sa partie supérieure il se bifurque en deux fortes éminences : l'une, articulaire, dirigée en dedans, porte une tête destinée à être logée dans la cavité orbiculaire du coxal; la partie qui sépare la tête du corps de l'os est appelée *col du fémur*. L'autre éminence, non articulaire, est un levier puissant qui donne attache à des muscles; on lui a donné la dénomination de *trochanter*. La partie inférieure du fémur présente trois grosses éminences arrondies, désignées sous le nom de *condyles*; la surface articulaire de l'éminence antérieure produit une poulie dont la gorge offre deux bords inégaux, et elle s'articule avec l'os de la *rotule*.

La *rotule* (23), os court, très-épais, irrégulier, est la base du grasset, et sert à limiter l'extension de l'angle articulaire formé par le fémur et le *tibia*.

L'os de la jambe, *tibia* (22), comme son nom l'indique, forme la base de la jambe; c'est un grand os prismatique, dont la face supérieure offre deux surfaces articulaires, séparées l'une de l'autre par une éminence. Ces surfaces correspondent aux condyles du fémur, avec lesquels elles s'articulent. Son extrémité inférieure se joint à l'un des os du jarret, l'*astragale*.

Le tibia porte sur son côté externe un os grêle, dont la partie supérieure, plus grosse que l'inférieure, se termine par une protubérance en forme de tête plate : c'est le *péroné*.

Le *jarret*, grosse articulation composée de six os, vient ensuite. On désigne cette articulation sous le nom de *tarse*, et les os qui le composent sont eux-mêmes nommés *tarsiens*.

Le plus considérable est appelé la *poulie* (20), et plus scientifiquement l'*astragale*. Cet os irrégulier s'articule à sa partie supérieure avec le tibia, et par sa partie inférieure il se joint aux os du jarret, appelés os *plats* (19).

Le *calcanéum* (21), le plus grand des os tarsiens, occupe la partie supérieure, latérale, externe et postérieure du jarret, dont il forme l'angle, le sommet ou la pointe. Son extrémité supérieure est terminée par une tête sur laquelle s'insèrent plusieurs muscles; et sa face interne porte une très-grande coulisse qui donne passage aux tendons des fléchisseurs du pied.

Enfin, les os inférieurs au jarret sont les mêmes que dans les extrémités antérieures, avec cette différence qu'ils sont un peu plus longs, plus forts, et que celui du pied est ovale, tandis que dans les membres antérieurs il est arrondi.

Cette différence de forme s'explique par les usages que chaque extrémité doit remplir pendant la marche. Ainsi, les pieds postérieurs, ayant pour fonction de chasser la masse en avant, sont ovales, afin de pouvoir pincer le sol et s'y fixer solidement; tandis que les pieds antérieurs, devant principalement étayer la masse sans beaucoup concourir à la progression, sont arrondis et présentent un support à base plus étendue.

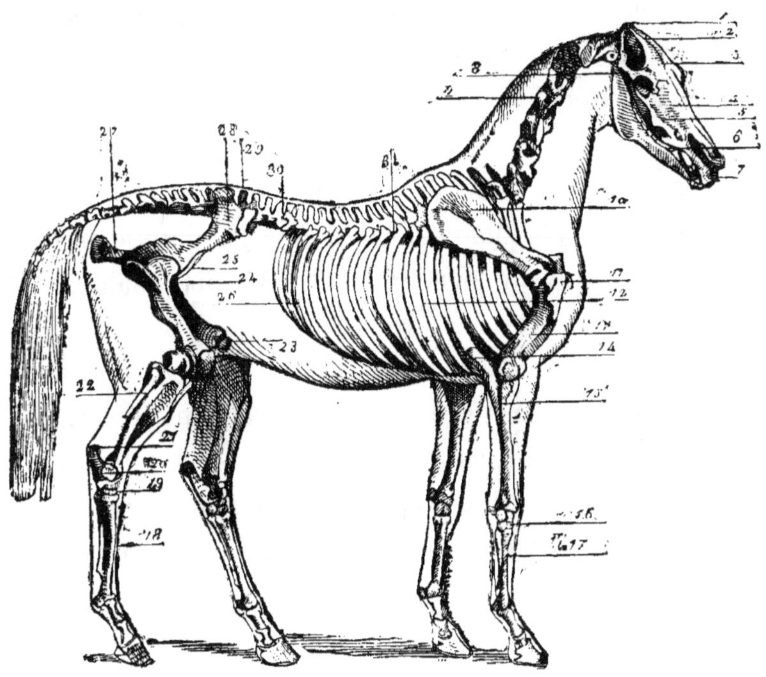

Squelette du cheval avec le contour des formes extérieures.

En examinant l'ensemble du squelette, on voit que la tête est supportée par un long bras de levier formé par les vertèbres cervicales; que toute la charpente de la machine animale a pour clef de voûte la colonne vertébrale, et que le tout est supporté par quatre membres remplissant l'objet de piliers.

Mais le rôle des membres ne s'arrête point là; il en est un encore plus important : c'est la locomotion.

Pour nous en faire une idée plus juste, examinons d'abord les rayons articulaires, chacun dans sa position; nous tirerons ensuite des conséquences. En prenant les membres antérieurs, nous voyons le scapulum dirigé de haut en bas et d'arrière en avant; l'humérus est dirigé en sens inverse; le radius et le métacarpien se font suite suivant la verticale, et le premier phalangien ainsi que les deuxième et troisième suivent tous trois la même diagonale que l'épaule.

Dans les membres postérieurs le fémur a une direction opposée à celle du coxal, et l'angle formé par ces deux os est lui-même opposé à celui que forment entre eux le scapulum et l'humérus. Le tibia et le métatarsien forment entre eux un angle dont le sommet regarde en arrière; les premier, deuxième et troisième phalangiens postérieurs sont dans la même direction que les antérieurs.

Pourquoi toutes ces brisures et ces angles opposés les uns aux autres?

L'anatomiste trouve de suite que la nature prévoyante a brisé les supports de la machine dans le but de diminuer les réactions en décomposant les effets du poids, et aussi pour éviter l'émoussement des os, qui aurait eu lieu inévitablement, si tout le poids du corps avait pesé perpendiculairement sur les abouts articulaires.

Mais l'écuyer et l'homme qui exploite la connaissance du cheval, au point de vue de l'équitation, cherchent et trouvent autre chose dans cet arrangement. Ils voient d'abord que les membres antérieurs, étant spécialement destinés à aller étayer la masse que les membres postérieurs ont projetée, ont, à cet effet, leur partie inférieure rectiligne, depuis l'humérus jusqu'au premier phalangien, à la seule fin d'éviter la flexion des membres, qui aurait lieu, s'ils étaient brisés, au moment où tout le poids du corps, augmenté par la vitesse, tomberait sur eux;

Que ces membres, n'ayant à s'étendre que juste ce qu'il faut pour aller attendre le corps, n'avaient pas besoin d'angles articulaires aussi grands que les membres postérieurs.

Les fonctions des membres abdominaux, au contraire, nécessitaient une puissance considérable pour ébranler toute la masse et lui imprimer la vitesse. Aussi ont-ils deux angles articulaires énormes, mis en jeu par deux forts bras de levier, le trochanter et le calcanéum. On conçoit aisément toute l'impulsion que ces deux puissances réunies peuvent communiquer au cheval.

On trouve encore que les directions opposées des angles articulaires de la partie supérieure des quatre membres sont surtout favorables à l'écartement des jambes du cheval, en les éloignant les uns des autres à la manière des branches d'un compas. En effet, en même temps que les angles *coxo-fémoral* et *tibio-tarsien* s'ouvrent et soulèvent la masse en la chassant en avant, les angles des extrémités antérieures s'ouvrent en sens inverse pour écarter les pieds les uns des autres et embrasser le terrain.

On remarque également que toutes les articulations des membres ne jouissent généralement que du mouvement de flexion et d'extension, ce qui leur assure de la solidité.

Une seule articulation dans chaque membre permet d'exécuter des mouvements en tous sens. Elle est placée tout à fait à la partie supérieure des membres : l'articulation du scapulum avec l'humérus, et celle *coxo-fémorale*.

En plaçant cette articulation aussi haut, la nature a voulu donner plus d'étendue aux mouvements, en allongeant le rayon d'action. Si cette facilité de mouvements en tous sens avait été départie à la portion inférieure des membres, pour que les mouvements eussent été aussi étendus, elle aurait dû être placée dans plusieurs articulations. On comprend combien le support aurait alors perdu de sa résistance.

Si nous avons entamé ces considérations, qui ne devraient être traitées qu'à l'article des allures, c'est pour faire mieux sentir dès à présent l'importance de l'étude du squelette. C'est le point de départ de l'équitation raisonnée; c'est la base des connaissances qui doivent nous fournir des moyens sûrs d'appréciation.

CHAPITRE IV.

Myologie.

Cette branche de l'anatomie nous offre, sous certains rapports, un intérêt tout aussi important que l'étude du squelette, telle que nous venons de la faire.

Ce qu'il nous importe surtout de connaître, ce sont les muscles qui opèrent la locomotion, en produisant l'ouverture et la fermeture des angles articulaires.

Les muscles sont les organes ou instruments actifs des mouvements, et constituent la masse charnue du corps, appelée vulgairement la *chair* des animaux. Ils sont formés par la réunion d'un grand nombre de linéaments ou *fibres musculaires*, rassemblés en faisceaux et enveloppés par du tissu cellulaire spécial. Leur couleur est, en général, blanchâtre ou d'un rose pâle ; chez quelques animaux, elle est d'un rouge foncé.

Sous l'influence de certaines causes, les fibres musculaires jouissent de la propriété de se contracter, c'est-à-dire de se raccourcir sur elles-mêmes : dans leur état de relâchement, elles suivent une direction sensiblement rectiligne ; mais, lorsqu'elles viennent à se contracter, elles se raccourcissent tout à coup, se plissent en zigzag et présentent des ondulations régulièrement opposées. Les deux extrémités se trouvent alors rapprochées, sans que pour cela la longueur totale soit changée en rien.

Or, comme les muscles s'attachent aux os, il résulte nécessairement que les leviers que ceux-ci représentent sont ébranlés par la contraction ; dès lors le mouvement est produit.

Cette insertion des muscles sur les os ne se fait pas d'une manière directe ; elle a lieu au moyen d'une substance intermédiaire, du tissu fibreux blanc, qui paraît n'être que le prolongement modifié des fibres musculaires elles-mêmes.

Le tissu fibreux blanc que l'on rencontre dans les muscles prend quelquefois la forme de membranes, que l'on appelle alors *aponévroses ;* dans d'autres cas, il ressemble à des cordes plus ou moins longues, et constitue ce que l'on nomme les *tendons.*

La propriété de se contracter, avons-nous dit,

appartient aux fibres musculaires; ce sont les seules parties de l'organisation qui possèdent celle qualité, du moins chez les animaux supérieurs; mais cette contractilité ne leur appartient pas en propre : on l'attribue à l'influence du système nerveux, ainsi qu'à celle du sang. Il suffit, en effet, d'interrompre les courants nerveux et circulatoires, dans une partie quelconque, pour en amener instantanément la paralysie.

On peut dès à présent établir que plus les fibres musculaires seront longues, plus la puissance contractile sera grande et produira des mouvements étendus. Ainsi, pour avoir de la vitesse chez un cheval, on désirera que les fibres musculaires soient longues, denses, éminemment contractiles, réunissant toutes ces qualités sous un volume proportionné au reste du corps, sans être trop nombreuses, afin d'avoir de la légèreté, condition indispensable à la vitesse.

Un faisceau musculaire volumineux est capable d'offrir une grande résistance et une solidité mieux assurée, surtout s'il est court.

Les muscles courts s'appliquent toujours à des leviers de peu de longueur, ce qui donne à l'ensemble des rayons articulaires de grandes conditions de résistance et de solidité : cette organisation appartient en propre aux chevaux de trait et aux bêtes de somme, mais elle serait contraire aux chevaux de vitesse.

Nous avons vu plus haut que les muscles se fixaient sur les os, et qu'au moyen de leur contraction ils les mettaient en mouvement.

La partie d'un muscle qui se fixe sur un os de manière à s'y appuyer et à attirer à elle un second os articulé avec le premier, s'appelle *origine* du muscle; elle est pourvue d'expansions tendineuses ou d'aponévroses, qui font corps avec l'os sur lequel elles s'insèrent.

La partie opposée, celle qui cède à la première et entraîne avec elle un ou plusieurs rayons articulaires, se nomme *insertion* du muscle; elle se termine généralement par un tendon plus ou moins long qui va se lier intimement à l'os qui doit être mobilisé. Le renflement produit vers le centre d'un muscle par l'effet de la contraction constitue ce que l'on appelle le *ventre du muscle*.

Selon les mouvements qu'ils produisent, les muscles ont reçu différents noms. On reconnaît des muscles *simples*, *composés*, *pairs* et *impairs*, *congénères* et *antagonistes*.

Les muscles simples sont ceux qui ne produisent qu'un seul mouvement, la flexion ou l'extension.

Les muscles composés sont ceux qui, par exemple, indépendamment de la flexion ou de l'extension, produisent des mouvements latéraux, l'adduction ou l'abduction.

Les muscles pairs sont ceux qui produisent le

même mouvement dans des parties isolées, mais symétriquement placées : tels sont ceux placés à droite et à gauche de l'encolure, à droite et à gauche de la colonne vertébrale.

Les muscles impairs sont peu nombreux et se rencontrent sur la partie médiane du corps ; ce sont des muscles uniques dans leur genre : ainsi la langue, le cœur, sont des muscles impairs.

On appelle *congénères* les muscles qui concourent à produire un même mouvement, et on désigne sous le nom d'*antagonistes* ceux qui contrarient ou contre-balancent les effets d'autres muscles. Les fléchisseurs, par exemple, sont congénères entre eux, dans le même membre bien entendu, et les extenseurs sont leurs antagonistes.

Plusieurs muscles sont à la fois congénères et antagonistes, selon les mouvements qu'ils doivent produire. Ainsi les muscles placés à droite et à gauche de la colonne vertébrale seront congénères lorsqu'ils détermineront le cabrer du cheval, en redressant la partie antérieure sur la postérieure ; mais ils deviendront antagonistes, lorsqu'il s'agira de ployer la colonne vertébrale à droite ou à gauche.

Les rôles d'origine et d'insertion d'un muscle peuvent quelquefois être intervertis, et les usages de l'un devenir ceux de l'autre, et *vice versa*. C'est ce qui a lieu dans le cabrer et la ruade, lorsque les muscles qui les produisent se fixent sur l'une ou l'autre extrémité du levier pour attirer sur le point fixe la partie opposée.

On appelle encore les muscles *fléchisseurs*, *extenseurs*, *abducteurs*, *adducteurs*. Leur nom indique suffisamment leur fonction.

Enfin on a divisé les muscles en *volontaires* et *involontaires*. Les premiers se contractent par la volonté de l'animal; mais les seconds ne sont point soumis au même empire.

CHAPITRE V.

Étude des muscles.

De la tête,

De l'encolure,

Du corps,

Des membres antérieurs,

Des membres postérieurs,

Relativement aux mouvements, aux formes extérieures et à l'équitation.

Muscles de la tête.

Les muscles de la tête contribuent puissamment à donner de la physionomie au cheval. Lorsqu'ils sont trop développés, ils ôtent à ce noble animal les plus belles qualités dont la nature a doué son espèce, la fierté, l'élégance, la hardiesse et la franchise; la tête offre alors un caractère de stupidité et de lourdeur que l'on rencontre généralement chez les chevaux de races communes. Mais ce ne sont point là encore les inconvénients les plus regrettables : les chevaux dont la tête est chargée de chair sont presque toujours lourds dans leurs allures; ils pèsent à la main et sont difficiles à dresser. Il ne faut pas avoir monté beaucoup de chevaux pour apprécier tous les désavantages d'une pareille conformation; elle est un obstacle difficile à surmonter dans le dressage, lorsque surtout les muscles des mâchoires sont très-développés et très-puissants.

De tout temps le liant de la bouche et sa légèreté ont été recherchés comme les qualités les plus indispensables pour obtenir du cheval des mouvements agréables et faciles en équitation. Si nous parcourons les ouvrages des écuyers les plus habiles qui ont écrit sur l'équitation et sur le dressage, nous verrons que tous, sans exception, ont travaillé, par des moyens différents, mais qui tendaient au même but, à donner ces deux qualités aux chevaux qu'ils montaient.

Au temps de Frédéric Grison, on trouve une série de cinquante mors, qui présentent depuis les constructions les plus simples jusqu'aux complications les plus variées et les plus bizarres qu'on ait

jamais imaginées. Frédéric Grison avait des mors
très-légers pour les jeunes chevaux ; il en avait pour
les bouches fraîches et liantes , pour les bouches
trop ou pas assez fendues, etc. ; mais les mors qui
doivent le plus nous intéresser sont ceux qu'il pres-
crivait pour les chevaux qui gagnent à la main,
qui sont *forts en bouche.*

Ces instruments portaient, au-dessus d'une embouchure très-puissante, une chaînette en fer, quelquefois deux, auxquelles étaient attachées plusieurs
espèces de *breloques* de forme et de longueur différentes.

Il est facile de comprendre que les écuyers de
cette époque cherchaient à obtenir, par ces moyens,
le liant de la bouche en obligeant les chevaux à
agiter leur langue et à remuer leurs mâchoires: ce
que l'on exprime aujourd'hui par *jouer avec le
mors* ou *mâcher le mors.*

Plus tard, Pluvinel et Newcastle ont cherché à
donner aux chevaux ce liant et cette légèreté tant
recherchées, par un moyen d'assouplissement plus
étendu, mais qui n'avait pas l'avantage du premier.

Pluvinel obtenait la souplesse de l'avant-main
au moyen d'un pilier autour duquel il faisait
tourner le cheval à l'une et à l'autre main.

L'écuyer anglais agissait d'une manière plus directe sur la tête du cheval : il l'enrênait au moyen
d'un caveçon muni de deux anneaux, auxquels s'a-

daptaient deux rênes, qu'il attachait au pommeau de la selle, après les avoir engagées dans une poulie de renvoi fixée au quartier, à peu près sur la ligne horizontale qui passerait par le bout du nez d'un cheval dont la tête serait bien placée (c'est bien là, ce nous semble, un *hippoflecteur*, inventé il y a cent quatre-vingts ans). On pourrait citer mille et un petits moyens employés par les écuyers pour obtenir ce liant de la bouche ; mais nous avons hâte d'arriver à celui d'une invention toute nouvelle : nous voulons parler des assouplissements de M. Baucher.

Nous ne voulons pas nous poser ici en partisan de tel ou tel système, encore moins en préconisateur : notre intention est tout simplement de livrer notre opinion au lecteur ; libre à lui de l'accepter ou de la combattre.

Nous comptons aussi beaucoup sur son indulgence, pour nous faire pardonner les digressions dans lesquelles nous ont entraîné les matières traitées dans ce chapitre et dans ceux qui vont suivre.

Les moyens d'assouplissement des mâchoires enseignés par M. Baucher nous paraissent les plus simples et les plus rationnels ; il ne faut que voir la manière dont il procède, pour s'en convaincre.

M. Baucher a remarqué, comme tous les écuyers qui l'ont précédé, que la plupart des résistances du cheval avaient leur siége dans les mâchoires, et que par conséquent la première attaque de dressage devait être dirigée sur ce point. Cet assouplissement se pratique à pied, le mors tenu dans les deux mains et le cheval en repos. Cette idée ingénieuse devait porter avec elle tout son fruit. En effet, le cheval en repos et non préoccupé du poids du cavalier, calmé par le regard bienveillant de celui qui sait apprécier ses belles qualités et qui veut s'imposer comme son ami, rassuré par sa voix encourageante, le cheval, disons-nous, doit être infiniment mieux disposé à recevoir sa première leçon, si importante, de dressage. — De plus, faisant agir le mors avec ses deux mains, le cavalier n'a-t-il pas l'avantage de pouvoir mieux en régler les actions que lorsqu'il les envoie à la bouche du cheval au moyen des rênes? Et enfin le cavalier monté pourrait-il faire les oppositions combinées, si nécessaires dans ce cas, pour forcer le cheval à accepter les leçons qu'il ne pourrait pas comprendre autrement?...

Évidemment non.

Muscles de l'encolure.

Les muscles de l'encolure, examinés sous les mêmes points de vue que ceux de la tête, offrent un grand intérêt au connaisseur et à l'écuyer.

Il a été établi en principe, en équitation, que l'encolure du cheval était un gouvernail à l'aide duquel le cavalier pouvait obtenir et diriger les

mouvements, ou encore maîtriser la machine, c'est-
à-dire la soumettre à sa volonté.

Examinons d'abord les muscles de cette partie
sous le rapport des formes extérieures et de la locomotion.

Lorsque ces muscles sont trop développés, ils
rendent l'encolure lourde et massive, et engendrent
les inconvénients qui ont été signalés pour la tête.
Cette partie ne présente plus alors la légèreté
et la grâce qu'on doit lui désirer, et les allures
doivent nécessairement s'en ressentir. Ces vices s'as-
socient presque toujours à des défauts semblables
dans la tête, et sont aussi le partage des chevaux
communs.

Les muscles qui forment la masse charnue de l'encolure ne produisent pas tous les mêmes mouvements. Les uns profonds, les *intervertébraux*, déterminent des mouvements partiels des vertèbres les
unes sur les autres lorsqu'ils agissent isolément;
mais si leur action devient simultanée et qu'elle se
réunisse à celle des muscles latéraux, ils concourent
à déplacer l'encolure dans des directions variées qui
sont déterminées par la contraction prédominante
de l'un de leurs auxiliaires.

Il existe encore, dans l'encolure, des muscles qui
meuvent la tête sur la première vertèbre. Enfin un
muscle puissant qui se rend de l'apophyse mastoïde
à l'humérus, suit les contours des vertèbres du cou

et contribue aux flexions latérales de l'encolure, lorsqu'il porte la tête à droite ou à gauche. Ce muscle, appelé *mastoïdo-huméral*, est encore un de ceux qui attirent la partie inférieure de l'épaule en avant.

L'assouplissement de l'encolure est un puissant moyen de domination que les écuyers ont toujours cherché à perfectionner.

Nous avons déjà vu quels étaient les procédés de Pluvinel et de Neuwcastle; abordons de suite ceux de M. Baucher; car, selon nous, ce sont les seuls auxquels on doive s'arrêter.

Lorsque l'on a obtenu le liant de la bouche, ou autrement dit la souplesse de la mâchoire, le travail de l'écuyer serait à peu près perdu et pourrait même devenir nuisible, si l'on ne soumettait l'encolure au même degré d'obéissance.

Ce principe établi, voyons si les opérations de M. Baucher offrent la même justesse que celles que nous avons déjà examinées.

Les flexions latérales de l'encolure enseignées par cet habile écuyer ont pour but d'obtenir la souplesse de la colonne cervicale, ou, pour parler plus juste, de toute l'encolure, en agissant isolément sur chacune de ses parties. Le principe est rationnel, puisqu'il est d'accord avec la construction de la machine animale. « La pensée qui a dicté ce prin-
« cipe, dit M. de Saint-Anges, a donc été de procé-
« der du simple au composé, et d'arriver à l'assou-
« plissement total de la colonne cervicale, par

« l'assouplissement de chacune de ses vertèbres. »

Cette partie du dressage se pratique à pied, comme celle que nous avons déjà vue pour la tête, et doit conséquemment présenter les mêmes avantages.

Mais l'assouplissement de la mâchoire et celui de l'encolure doivent-ils être appliqués sur tous les chevaux indistinctement et de la même manière ? Nous répondrons à cette question dans le résumé que nous ferons de cette méthode.

Muscles du corps.

Les muscles placés à droite et à gauche des apophyses épineuses du dos et des reins contribuent puissamment à soutenir la colonne vertébrale et participent à la production des mouvements de flexion variés qu'elle peut exécuter. Dans le galop et dans les sauts, ils aident à relever l'avant sur l'arrière-main ou celle-ci sur la première.

Le premier examen doit porter sur cette partie ; car si les muscles qui s'y trouvent offrent du développement, ils peuvent donner, jusqu'à un certain point, la mesure de la force de ces deux régions.

Le dos et les reins offrent alors une forme plane et large. Mais si ces deux régions sont étroites et anguleuses par suite du peu de développement des muscles, on en inférera qu'elles manquent des con-

ditions de force et de résistance qui leur sont nécessaires.

On parvient à donner de la souplesse au dos et
au rein au moyen du reculer, des rotations sur
l'avant et sur l'arrière-main.

Muscles des membres antérieurs.

Les muscles qui font mouvoir l'épaule sont situés
à la base de l'encolure et sur le corps en arrière du
garrot : les uns attirent son extrémité supérieure
en arrière pendant que les autres portent en avant
la partie opposée ; ils produisent son extension ou
sa flexion en la faisant pivoter sur son tiers supérieur.

Lorsque les extenseurs de l'épaule sont bien développés, ils forment un renflement en arrière du
scapulum. L'extension de l'épaule est produite en
partie par l'action d'un muscle que nous avons déjà
examiné à l'article de l'encolure, le *mastoïdo-huméral.*

Les fléchisseurs du pied (perforant et perforé),
que l'on désigne encore sous le nom de fléchisseurs
du doigt, sont les muscles dont le prolongement forme
les cordes tendineuses que l'on remarque en arrière
des canons, et qui descendent de la partie supérieure et postérieure de l'avant-bras au boulet, dans
les membres antérieurs. Dans les membres abdomi-

naux, ils partent de la cuisse ou de la jambe, et se rendent également à la partie inférieure du membre.

Les rotations des épaules autour des hanches amènent la souplesse dans les membres antérieurs.

Muscles des membres postérieurs.

Les muscles fessiers, qui sont les plus volumineux de tout le système musculaire, redressent l'avant-main sur les extrémités postérieures; c'est ce qui a lieu dans le cabrer; ils se fixent alors à la partie supérieure du coxal et sur le trochanter, et pour cela, le cheval a besoin de porter une partie du poids de sa masse sur l'arrière-main. Mais si le poids est dirigé sur les parties antérieures, ils produisent l'extension en arrière du fémur, en le faisant pivoter sur sa tête au moyen du bras de levier du trochanter, qu'ils attirent en avant. Ces muscles forment la partie plate et supérieure de la croupe.

Le développement des muscles des cuisses et des jambes est aussi à rechercher; car de leur force, associée à celle des muscles des hanches, des reins et du dos, dépendent en grande partie toutes les conditions de force et de chasse de l'arrière-main.

Les muscles qui dessinent le mollet sont ceux qui ont pour fonction d'étendre la région inférieure du membre, lorsqu'il n'est pas sur le sol. Mais si le membre se trouve à l'appui, ils soutiennent le cheval sur les jarrets, et au moment du lever ils concourent à la pulsation de la masse en avant par l'effort qu'ils opèrent sur le calcanéum, qui agit lui-même sur la masse à la manière d'un levier de deuxième genre.

Les fléchisseurs des doigts, dans les membres postérieurs, fournissent, comme nous l'avons déjà dit, les cordes tendineuses que l'on remarque en arrière des canons.

On désire que les tendons soient forts, denses, et très-écartés des os derrière lesquels ils descendent; car alors leur direction, se rapprochant davantage de la perpendiculaire à leur point d'insertion, se trouve plus en faveur de la puissance.

Les rotations des hanches autour des épaules, de M. Baucher, sont les moyens les plus propres à donner la souplesse aux membres postérieurs.

Examen des assouplissements. — Conclusion.

Il est des inventions qui captivent tout d'abord l'imagination des hommes, soit qu'elles flattent leurs passions, soit qu'elles plaisent à leurs caprices ou à leurs fantaisies : mais dès que la mousse de l'enthousiasme disparaît, l'expérience fait bientôt raison de celles que l'inconséquence de la mode a imposées ; celles qui sont justes et d'un mérite réel se trouvant délaissées, entrent dans le sanctuaire de la raison, et deviennent alors un objet de méditation pour le petit nombre.

Les moyens d'assouplissement de M. Baucher

ont dû subir le sort qui est réservé à tout ce qui est vraiment juste et rationnel.

A peine les principes de cet écuyer ont-ils été connus, que la mode, avec sa pétulance et son irréflexion accoutumées, s'en est emparée, comme d'une nouveauté qui pouvait faire diversion aux anciennes doctrines; mais il est arrivé ce qui se passe toujours en pareil cas, que ces principes trop subtils n'ont été goûtés que de quelques hommes, et que la majeure partie de ceux qui ont tenté de les appliquer, n'ayant pas réussi, les ont abandonnés en les chargeant de l'écriteau du ridicule et de la nullité.

Qu'un mécanicien donne aujourd'hui des ailes au genre humain, demain, second Galilée, il sera sacrifié, parce que le plus grand nombre aura payé de la vie son ignorance, son irréflexion ou sa témérité.

L'efficacité des moyens d'assouplissement de M. Baucher gît principalement dans la rapidité de leurs résultats, et c'est là aussi que se trouve l'écueil contre lequel sont venus se briser tous les essais que le raisonnement n'a pas conduits.

Nous pouvons donc établir en principe que ces moyens sont bons et prompts, et que de plus ils sont favorables au cheval de selle comme à celui des hippodromes.

Ils sont bons et prompts, parce qu'ils sont d'accord avec le mécanisme de la machine animale, et parce qu'ils permettent de procéder du simple au composé, condition essentielle pour parler à l'intelligence si peu développée de ce précieux quadrupède.

Ils sont favorables au cheval, parce qu'ils sont pour lui une gymnastique qui développe à la fois la force et la souplesse de ses muscles, le rend plus adroit, et, par cela même, capable d'un plus long service.

Personne ne saurait contester l'effet physiologique des assouplissements sur tous les tissus contractiles de l'organisation. Un danseur est toujours plus agile, toutes choses égales d'ailleurs, que l'homme qui ne s'est jamais livré à cet exercice. Un forgeron a plus de force dans le bras qui manie le marteau que dans celui qui tient la pince.

La seule difficulté de cette méthode se trouve donc dans son application ; aussi est-il absolument nécessaire de ne tenter ses premiers essais que sous les yeux d'un maître sûr.

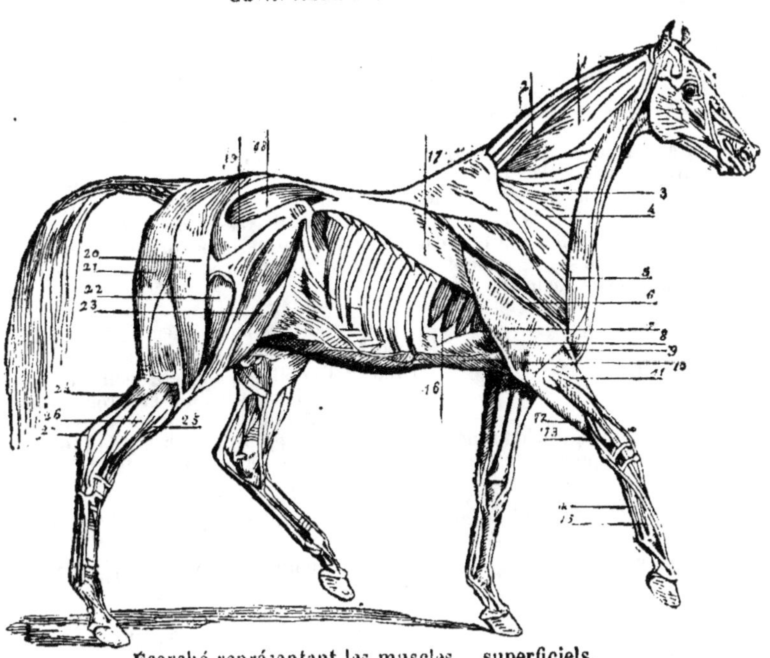

Écorché représentant les muscles   superficiels.

TABLEAU *synoptique des muscles classés d'après leurs usages.*

NOMS.	USAGES ET PARTICULARITÉS.
Panicule charnue.	Ils servent au frémissement de la peau et ajoutent à la force des muscles qu'ils recouvrent en les resserrant.

Muscles moteurs de la tête.

NOMS.	USAGES ET PARTICULARITÉS.
Cervico-mastoïdien, 15.	Il produit la flexion latérale de la tête et de l'encolure.
Atloïdo-mastoïdien.	Fléchisseur de la tête.
Axoïdo-mastoïdien.	Produit le mouvement de rotation de la tête.

Muscles de l'encolure, du dos et du rein.

NOMS.	USAGES ET PARTICULARITÉS.
Mastoïdo-huméral, 5.	Il fléchit la tête et l'encolure, ou porte le bras en avant.
Dorso-occipital.	Releveur de la tête et de l'encolure.
Sterno-hyoïdien, 1.	Fléchisseur de la tête.

NOTA. — Le ligament cervical doit figurer parmi les muscles de l'enco-

NOMS.	USAGES ET PARTICULARITÉS.

lure, en raison de son action sur elle. Il offre un gros tendon, qui d'une part s'attache à la tubérosité de l'occipital, et de l'autre aux apophyses épineuses. De ce tendon naît une expansion qui va gagner les vertèbres cervicales. Quoique d'une nature élastique, il a assez de force de résistance pour soutenir la tête dans son état normal. Lorsque les abaisseurs de l'encolure se contractent, il s'allonge ; il se raccourcit, au contraire, quand ils se relâchent.

Intervertébraux.	Ils produisent les mouvements partiels des vertèbres les unes sur les autres.
Ilio-spinal.	Il relève l'avant sur l'arrière-main et l'arrière sur l'avant-main, et produit les flexions latérales de la colonne vertébrale.
Sous-lombo-trochantinien et sous-lombo-fémoral.	Ils servent à rapprocher le bassin du thorax et à voûter le rein en contre-haut.

Muscles servant à la respiration.

Le diaphragme, 28.	Il sépare la poitrine de l'abdomen, est aponévrotique dans son centre et musculaire à sa circonférence.
Intercostaux internes et externes.	Ils servent aux mouvements d'inspiration et d'expiration.
Dorso et lombo-costal.	Relève les côtes dans l'inspiration.
Costo-abdominal. Ilio-abdominal.	} Concourent à l'expiration.

Nota. — Une large expansion aponévrotique, de nature fibreuse jaune, s'étend du sternum au pubis et sert à soutenir l'abdomen. On l'appelle tunique abdominale.

Muscles servant aux mouvements de l'épaule et du bras.

Cervico-sous-scapulaire, 14.	Porte l'épaule en haut et en avant.
Sous-scapulo-huméral.	Suspend le membre et le rapproche du corps.
Sous-costo-scapulaire, 2.	Il fixe le membre au corps et étend l'épaule.
Dorso-acromien.	Releveur de l'épaule.
Trachélo-sous-scapulaire, 3.	Sert à son extension.
Sterno-scapulaire.	Tire l'épaule en bas.
Sus-acromio-trochitérien.	Extenseur du bras.
Sous-acromio-trochitérien, 4.	Concourt au mouvement de semi-rotation en dehors du bras.
Dorso-huméral, 26. Sterno-trochinien.	} Servent à l'extension du bras et de l'épaule.

Muscles servant aux mouvements de l'avant-bras.

Huméro-cubital.	Fléchisseur de l'avant-bras.
Coraco-cubital, 10.	Il fléchit l'avant-bras dans le lever et l'étend dans le poser.

NOMS.	USAGES ET PARTICULARITÉS.
Le grand scapulo - olécranien, 8. Le court scapulo - olécranien, 9. Le long scapulo-olécranien.	Extenseurs de l'avant-bras.

Muscles servant aux mouvements du canon.

Épitrochlo-sus-carpien, 11. Épicondylo-sus-carpien, 13.	Ils fléchissent le genou et le canon pendant le lever.
Épitrochlo-prémétacarpien.	Extenseur du canon.

Muscles servant aux mouvements des phalangiens.

Épicondylo-phalangien, 12. Cubito-phalangien, 16.	Ils suspendent le boulet pendant le repos, le fléchissent pendant le lever, et l'étendent dans le poser.
Épitrochlo-préphalangien. Cubito-préphalangien.	Extenseurs des phalanges.

Nota. — Le ligament suspenseur du boulet suspend le boulet.

Muscles servant aux mouvements de la cuisse.

Ilio-apovrénotique.	Fléchit la cuisse et resserre les muscles au moyen de son aponévrose.
Grand ilio-trochantérien, 27. Moyen ilio - trochantérien, 17.	Servent à étendre la cuisse en arrière, et à redresser l'avant sur l'arrière-main.

Muscles servant aux mouvements de la jambe.

Ischio-tibial externe, 20. Ischio-tibial interne, 21.	Fléchissent la jambe dans le lever et l'étendent dans le poser.
Ilio-rotulien, 18.	Il concourt à relever le membre.
Tri-fémoro-rotulien, 19.	Ils sont pendant le poser à l'extérieur de la cuisse et de la jambe.

Muscles servant aux mouvements du jarret et du canon.

Tibio-prémétatarsien, 24.	Fléchit le canon.
Bifémoro-calcanéen, 25. Péronéo-calcanéen.	Extenseurs du jarret.

Muscles servant aux mouvements des phalangiens.

Péronéo-préphalangien. Fémoro-préphalangien.	Extenseurs des phalangiens.
Fémoro-phalangien, 22. Tibio-phalangien, 23.	Fléchisseurs des phalangiens.

Note sur la théorie des leviers.

On définit le levier une verge inflexible, droite ou courbe, se mouvant librement autour d'un point fixe que l'on suppose inébranlable, et sur laquelle agissent deux forces auxquelles on donne les noms de puissance et de résistance, qui tendent mutuellement à se vaincre ou à se faire équilibre. Tout levier a pour but, lorsque les forces qui s'y appliquent ne se font pas équilibre, de favoriser la force aux dépens de la vitesse, ou de favoriser cette dernière aux dépens de la force, et l'une ou l'autre de ces conditions résulte de la disposition respective de la puissance, de la résistance et du point d'appui.

On distingue, d'après la disposition de ces trois éléments, trois genres de leviers :

1° Le premier genre, ou levier *interfixe*, présente le point d'appui entre les deux forces agissantes.

2° Dans le levier du second genre, le point d'appui se trouve à l'une de ces extrémités, la puissance à l'autre et la résistance dans le milieu. On le nomme *interrésistant*.

3ª Enfin, dans le levier de troisième genre, c'est la puissance qui se trouve entre le point d'appui et la résistance : ce qui l'a fait appeler *interpuissant*.

On appelle *bras de levier* l'espace existant entre le point d'appui et la puissance ou la résistance.

L'intensité des deux forces qui agissent sur un levier dépend de trois circonstances :

De l'intensité absolue de la force,

De la longueur du bras de levier,

Du degré d'inclinaison du bras de levier de la puissance.

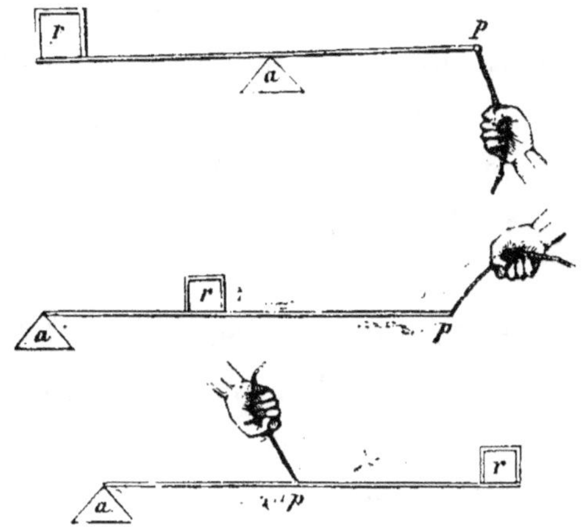

De l'action musculaire sur les leviers du squelette.

Nous avons étudié les os dans leurs positions respectives. La connaissance de leur mode de réunion nous a laissé voir les mouvements qu'ils étaient susceptibles d'exécuter ; nous venons d'apprendre que les muscles sont les agents qui les font mouvoir ; il nous reste encore à voir de quelle manière ces différentes parties de la charpente sont mises en jeu par l'action musculaire.

Dans l'examen qu'on va faire des différents genres des leviers de la mécanique animale, on va être amené à reconnaître que la nature les a employés en raison des qualités qui leur sont propres, et qui répondaient à celles qu'elle voulait départir au cheval.

Pour comprendre cette proposition, il faut d'abord poser en principe que, toutes les fois qu'un muscle agit perpendiculairement à l'os qu'il doit mouvoir, il est dans les conditions mécaniques les plus avantageuses pour produire les plus grands effets possibles : c'est le cas où il s'insère à angle droit sur un os (fig. 1), le muscle *p a* bis est perpendiculaire à *a a* bis.

Or, le muscle *p*, dans le premier cas, n'emploiera que les trois quarts de la force nécessaire au muscle *p* bis, dans le second cas, pour produire sur l'os *a a* bis des effets semblables, parce qu'une partie de la force du dernier sera perdue à agir dans le sens *a* bis *a*.

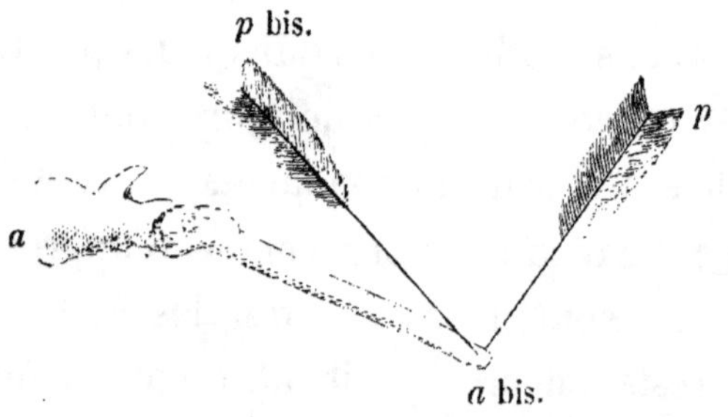

Quoique le levier du troisième genre soit le moins favorable à produire beaucoup d'effets, la nature l'a employé de préférence aux autres leviers dans la mécanique animale, parce qu'il a la propriété de faire parcourir au bras de levier de la résistance des arcs de cercle d'autant plus grands, que le bras de la puissance en parcourt proportionnellement de plus petits; en sorte qu'il est de tous les leviers le plus favorable à la vitesse, qualité qui devait être l'attribut distinct du cheval, comme animal éminemment locomoteur.

Cet ordre défavorable à l'action des muscles semble, au premier abord, accuser d'imprévoyance la nature, dont les combinaisons sont toujours si admirables; mais pour peu que l'on cherche à s'en rendre raison, on trouve ici, comme ailleurs, les traces de cette prévoyance infinie. Plus la puissance s'insère près du point d'appui, moins elle a de chemin à faire pour en faire parcourir un plus grand à la partie mise en mouvement ; et tel est le but principal que la nature s'est proposé, puisqu'elle a pu suppléer à la disposition défavorable de la puissance en multipliant les fibres musculaires et en les douant d'une éminente contractilité. Si, d'un autre côté, les puissances sont presque parallèles à leurs bras de leviers, les parties en sont moins volumineuses, ont des formes arrondies, gracieuses, et les mouvements se font avec plus d'aisance.

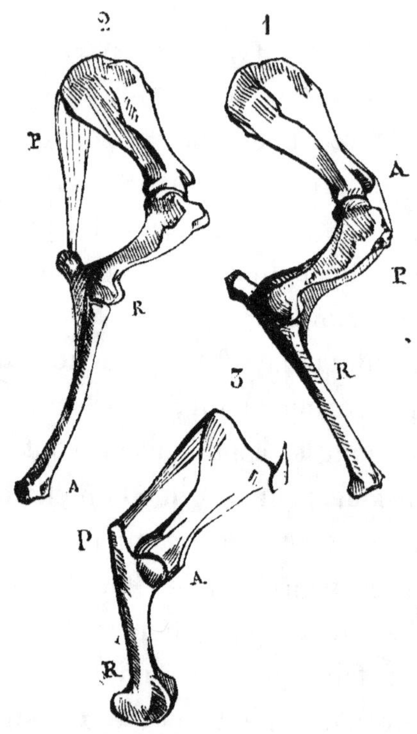

Les os qui agissent par un levier du troisième
genre sont le cubitus, le canon de devant et le doigt
dans la flexion, le tibia dans son extension en arrière. (Voy. fig. 1ʳᵉ.) Le point d'appui est au scapulum *a*, la résistance au cubitus *r*, la puissance aux
corps du muscle *p*.

Après le levier du premier genre celui du deuxième
genre est le plus favorable à la puissance : ainsi le
cubitus, le calcanéum et les boulets opèrent leur
extension par des leviers du deuxième genre. (Voy.
fig. 2.)

La puissance est à l'apophyse olécrane p, la résistance à l'articulation *huméro*-radiole r; l'appui est au pied a.

Mais si les mouvements commandent la plus grande somme de forces possible, on voit figurer le levier du premier genre.

Ainsi le fémur opère son extension sur l'ilion par un levier du premier genre. (Voy. fig. 3.) La puissance est au trochanter p, le point d'appui à l'articulation *ilio-fémorale* a, la résistance au fémur r.

On doit remarquer que les tendons des muscles perforant et perforé, lorsque les membres sont à l'appui, agissent sur les boulets à la manière des leviers du second genre.

L'insertion de ces tendons est rendue favorable par leur écartement des rayons qu'ils sont chargés de mouvoir. Ils en sont éloignés au moyen des sésamoïdes et du naviculaire, qui remplissent les fonctions de chevalet.

On a établi précédemment que, chez les chevaux très-vites, les rayons qui présentent les bras de la résistance et les muscles qui s'appliquent sur eux devaient être très-longs. Mais les agents des mouvements ne doivent-ils pas présenter d'autres conditions que celles de la vitesse ? Ne représentent-ils pas encore des supports qui seront d'autant plus solides et résistants qu'ils seront moins longs et plus épais ? C'est pourquoi les chevaux de trait les mieux appropriés à leur genre de service ont les rayons plutôt courts que longs, et que leurs masses charnues sont très-développées. Les propriétés qui correspondent à cette conformation sont faciles à saisir : les chevaux de trait sont très-lents dans leurs allures, mais susceptibles de supporter des fardeaux sous le poids desquels succomberaient les chevaux d'une conformation opposée à la leur : telle est celle du cheval de course.

On voit maintenant que, pour obtenir du cheval de service ou du cheval de guerre une vitesse moyenne et des conditions de force de support, il faut que leur conformation participe des deux éléments, c'est-à-dire qu'elle tienne le milieu.

TITRE II.

CHAPITRE I.

Fonctions vitales.

Considérations générales.

On vient de voir les muscles s'appliquer aux os pour remuer les masses et exécuter la locomotion ; mais la puissance d'action de ces muscles ne dépend

pas seulement des conditions organiques et mécaniques qu'on a précédemment indiquées ; elle dépend encore de la force vitale qui anime les muscles, ainsi que tous les organes de l'économie, et
élève leurs facultés au plus haut degré de l'énergie
possible.

C'est elle qui constitue les qualités de fond, de
vitesse, d'haleine, qu'on désigne généralement sous
l'épithète de qualités *morales*, ou qualités *de race
ou de sang*. Évidemment elles sont les plus précieuses
de toutes, car elles peuvent jusqu'à un certain
point racheter les qualités physiques, tandis que
celles-ci ne sauraient jamais les remplacer complète-
ment. A l'appui de cette assertion, on dira que le
cheval qui, ayant une conformation régulière, manquerait de qualités morales, serait une locomotive
très-bien construite, mais, qui, étant mise en action par un moteur impuissant, serait incapable de
fonctionner énergiquement.

Comme la force vitale dépend de la manière d'être
des fonctions, il importe donc de les étudier dans
leur source, leur mode d'exécution et leur manifestation.

Les fonctions se divisent en trois ordres bien
distincts, savoir : les *fonctions d'entretien*, les *fonctions de relation*, et les *fonctions de génération*.

Les fonctions d'entretien sont communes à tous
les êtres organisés et vivants, végétaux ou ani-

maux ; par elles ils puisent dans le monde extérieur les matériaux propres à régénérer les parties *que l'usure a détruites.*

Les fonctions d'entretien ou de nutrition comprennent la digestion, la circulation, la respiration, l'assimilation et les sécrétions.

ARTICLE I.

De la digestion.

On donne généralement le nom d'*aliments* à toutes les substances qui, introduites dans le corps d'un être vivant, servent à son accroissement ou à réparer les pertes qu'il éprouve continuellement ; mais on doit restreindre davantage le sens de ce mot, et ne l'appliquer qu'aux matières qui ne sont absorbées et ne servent à la nutrition qu'après avoir été digérées. Pour plus de clarté nous emploierons le mot dans son sens général.

Les aliments ne sont pas moins nécessaires à l'entretien de la vie que l'air que nous respirons, ou que l'eau que notre corps absorbe continuellement, soit à l'état de boissons, soit à l'état de vapeurs.

Lorsque les animaux en sont privés, on voit leur corps diminuer de volume, leur force s'affaiblir et la mort survenir toujours après des souffrances plus ou moins prolongées.

Le besoin d'aliments se fait d'abord connaître par une sensation particulière qui a son siége dans l'estomac : c'est la *faim*. Elle est augmentée par l'exercice, par l'influence stimulante d'un froid modéré, et par l'action que certaines substances amères, telles que le cachou, exercent sur l'estomac. Au contraire, tout ce qui tend à ralentir le mouvement vital, l'immobilité et le sommeil, tend aussi à rendre ce besoin moins impérieux. Les animaux qui s'engourdissent pendant l'hiver ne prennent aucun aliment pendant le temps que dure leur léthargie, et les animaux à sang froid, tels que les poissons et les grenouilles, peuvent supporter une abstinence très-longue lorsque l'exercice de leurs fonctions est ralenti par l'influence d'une température très-basse.

L'abstinence prolongée, chez les animaux supérieurs, occasionne des phénomènes qui peuvent être rangés en trois séries. Dans la première période, la faim se fait souvent sentir, et il survient une faiblesse plus ou moins grande, ainsi qu'une altération profonde de tous les traits. Dans la seconde période, les facultés intellectuelles sont troublées ; on remarque alors chez l'animal de l'inquiétude et même de la fureur, et quelquefois l'aliénation mentale se manifeste par des visions chez l'homme. Enfin, dans la troisième période, l'*inanition*, cette exaltation fait place à un état d'abattement ou à une tupeur complète, et il est à remarquer souvent, lorsque l'abstinence a été prolongée au delà d'un certain temps, que l'usage des aliments ne peut plus sauver la vie de l'animal. Dans ce cas, il meurt toujours, soit qu'il continue à jeûner, soit qu'il reprenne son régime ordinaire.

Les aliments sont tous fournis par le règne organique, et c'est toujours aux dépens des substances qui ont elles-mêmes fait partie d'un être vivant, que la vie est entretenue chez l'homme et chez tous les autres animaux.

Les aliments subissent dans l'intérieur du corps divers changements sous l'influence de l'appareil digestif.

Cet appareil est renfermé dans la cavité buccale, dans la longueur de l'encolure, dans la poitrine et dans l'abdomen.

Nous devons dire ici que la cavité de la poitrine ainsi que celle de l'abdomen sont tapissées dans toute leur étendue chacune par une membrane séreuse, laquelle fournit divers prolongements et même des enveloppes aux organes que ces cavités renferment. Les fonctions de ces membranes sont de laisser transsuder à l'intérieur des vapeurs destinées à entretenir la souplesse nécessaire au jeu de tous les viscères.

On appelle *plèvre* la membrane séreuse de la poitrine, et *péritoine* celle qui tapisse la cavité de l'abdomen.

L'appareil digestif, véritable laboratoire chimique, se compose d'un grand nombre d'organes : les uns ont été rangés en parties principales, et les autres en parties accessoires ou environnantes.

Les parties principales de l'appareil sont le tube digestif proprement dit ; il commence à la bouche et finit à l'anus.

La bouche est tapissée à son intérieur par une membrane appelée *buccale ;* elle recouvre toutes ses anfractuosités, fournit les gencives, recouvre la langue et fournit, au-dessous de cet organe, un petit prolongement que l'on appelle *frein ;* à la partie supérieure, elle tapisse le palais, où elle est ridée en travers ; et tout à fait en arrière, elle forme un prolongement flottant comme un rideau, qui s'abaisse de haut en bas, et d'avant en arrière, pour séparer la bouche de l'arrière-bouche ou pharynx, vulgairement le *gosier.*

Lorsque ce voile se relève pour laisser passer les aliments de la bouche dans l'arrière-bouche, il s'applique contre les cavités nasales, qui aboutissent dans le pharynx, et la respiration est un moment suspendue.

Cette disposition du voile du palais empêche le cheval de respirer par la bouche.

Au fond de l'arrière-bouche, le canal se rétrécit en forme de tube, peu résistant, mais contractile ; il prend là le nom d'*œsophage.* Du pharynx il descend le long des vertèbres cervicales, dont il suit les contours, entre dans la poitrine, la parcourt dans sa longueur en suivant la colonne dorsale jusqu'à peu près sous la troisième vertèbre, où il prend une direction oblique, pour aller se terminer dans l'abdomen, après avoir traversé le diaphragme. Vers son extrémité postérieure, l'œsophage acquiert une épaisseur et une consistance remarquables, et ses fibres musculaires, qui sont tordues en hélice, entre-croisées et dans un état permanent de resserrement, mettent le cheval dans l'impossibilité de vomir.

Arrivé à ce point, le canal se renfle pour former l'estomac.

L'*estomac*, viscère creux, est l'organe essentiel de la digestion. Il est placé dans la cavité abdominale, en arrière du diaphragme, et présente une spacieuse cavité séparée en deux sacs, l'un droit, l'autre gauche.

Les fibres entrelacées de l'œsophage, auxquelles on a donné le nom de *cravate œsophagienne*, ferment l'estomac à sa partie supérieure ou antérieure; à sa partie opposée, l'ouverture, par laquelle il communique avec les intestins, est fermée par un bourrelet qu'on a appelé *pylore;* l'ouverture est dite aussi *pylorique.* Les deux moitiés de l'estomac sont souvent désignées par *portion œsophagienne*, ou *cardiaque*, et *portion pylorique.*

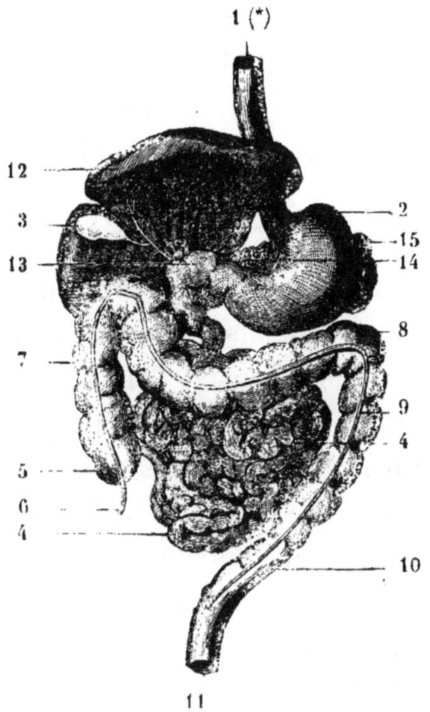

A la suite de l'estomac, le tube digestif se rétrécit et forme les intestins ; là il devient très-flexueux ;
plié sur lui-même en différents sens, il forme une
masse qui pose immédiatement sur les parois abdo-
minales, et occupe la majeure partie de cette grande
cavité.

(*) Appareil digestif de l'homme : 1, œsophage ; 2, estomac ; 13, pylore continuant avec l'intestin grêle ; 4 4, intestin grêle ; 5, cœcum,
première fonction du gros intestin ; 6, appendice vermiforme du cœcum ; 7, côlon ascendant ; 8, côlon transverse ; 9, côlon descendant ;
10, rectum ; 11, extrémité du rectum ; 12, foie ; 3, vésicule du fiel ;
14, pancréas ; 15, rate.

Dans les monodactyles, la longueur totale du canal intestinal équivaut de dix-huit à dix-neuf fois à
la hauteur du corps, prise du sommet du garrot à
terre ; mais ce rapport n'est pas le même chez tous
les animaux.

L'étendue des voies digestives est relative à la
nature des aliments dont les animaux se nourrissent : plus ces aliments sont analogues, par leur
nature, à la substance de l'animal qu'ils doivent
nourrir, moins ils doivent séjourner dans l'intérieur
de son corps. Aussi, on observe que l'intestin des
herbivores est très-long, leur estomac fort ample,
et souvent multiple ; tandis que les carnivores ont un
tube digestif court, étroit et disposé de telle façon
que les substances animales, qui nourrissent davantage sous un moindre volume, dont la digestion est
plus facile et plus prompte, et qui d'ailleurs pourraient s'y putréfier par un trop long séjour, le parcourent avec rapidité. Sous ce rapport l'homme tient
le milieu entre les espèces qui se nourrissent de végétaux et celles qui se nourrissent de chair.

L'intestin se divise en intestins grêles et gros
intestins. Les premiers font suite à l'estomac et emportent une très-grande longueur du tube intestinal.

Les gros intestins font suite aux intestins grêles ;
ils se distinguent par des dilatations nombreuses
que l'on remarque sur leurs parois. Ils se divisent
en *cæcum*, *côlon* et *rectum*.

Le rectum termine le tube digestif : son orifice extérieur, l'anus, est fermé par un muscle construit en bourrelet, qu'on appelle *sphincter*.

Les parties accessoires du tube digestif sont :

Les glandes salivaires divisées en *parotides, maxillaires, sous-linguales*. Les premières sont logées dans le vide qui se trouve entre la grande courbure extérieure du maxillaire inférieur et les premières vertèbres du cou. Les parotides possèdent un long canal qui quitte la glande vers son milieu, d'où il se dirige en bas en suivant le bord postérieur et interne des maxillaires; il se recourbe de dedans en dehors pour gagner la partie aplatie des joues et déboucher au niveau de la troisième dent molaire supérieure.

Les maxillaires, bien moins grosses que les parotides, sont situées dans la cavité intermaxillaire; leur canal vient s'ouvrir à côté du frein de la langue.

Les glandes sous-linguales, plus petites que les précédentes, sont maintenues en long sous la membrane qui revêt le canal de la langue. Elles présentent, de chaque côté, une série de petits mamelons qui forment une crête saillante que l'on aperçoit distinctement en tirant la langue hors de la bouche.

Le tube digestif, à partir de l'arrière-bouche, n'offre plus d'organes accessoires jusque dans la cavité abdominale, où il est entouré du *foie*, du *pancréas* et de la *rate*.

Le foie est un organe glanduleux, brunâtre, d'un volume considérable ; il est situé profondément dans le côté droit de l'abdomen, en avant de l'estomac et du côlon. Il est divisé en trois lobes et pourvu d'un d'un canal excréteur appelé *canal hépatique*, qui se termine dans l'intestin, à cinq ou six travers de doigt du pylore.

Le pancréas est un organe glanduleux, oblong, triangulaire, situé en travers derrière l'estomac. Ce viscère, peu considérable, d'une couleur jaunâtre, porte un canal excréteur qui aboutit à l'intestin, tout à côté du canal du foie.

La rate est un organe vasculaire, d'un tissu mou, ayant une couleur rougeâtre, tirant sur le violet, et un aspect marbré. Ce viscère, assez gros, allongé, fasciforme, occupe le côté gauche de l'abdomen ; il est attaché au rein d'une part, et de l'autre au cul-de-sac de l'estomac, dont il entoure la grande courbure. Cet organe n'a pas de canal excréteur. On ignore encore ses fonctions. Les opinions sont si diversement opposées, que nous n'en parlerons pas.

Enfin la membrane séreuse de l'abdomen fournit divers prolongements, dont un surtout joue un grand rôle dans la digestion : c'est l'*épiploon*.

L'épiploon est constitué par divers prolongements membraneux du péritoine.

Ses prolongements graisseux, sont liés entre eux et flottent autour de l'estomac et au-dessus du côlon.

Cet organe, qui a la forme d'un épervier entourant l'estomac, retient la chaleur nécessaire au travail laboratoire de ce viscère, au moyen de la graisse qu'il contient (*).

Les autres prolongements, sous le nom de *mé-sentère*, sont destinés à maintenir les intestins dans leur position normale et à les empêcher de se nouer.

Mécanisme de la digestion.

L'histoire de la digestion se compose d'une série de phénomènes qui se succèdent, s'enchaînent et s'excitent les uns par les autres; elle comprend neuf opérations : la *préhension des aliments et des bois-sons*, la *mastication, l'insalivation,* la *déglutition, l'action de l'estomac, l'action de l'intestin grêle, l'action du gros intestin, l'expulsion des matières fécales, l'absorption du chyle.*

Le cheval attire et ramasse les aliments avec les lèvres, les saisit et les coupe avec les incisives (dents qui sont en avant); il hume les boissons et les attire dans la bouche par une action d'aspiration, la langue remplissant l'office d'un piston.

Le premier effet des substances admises dans la bouche est de déterminer une sensation, la *gustation,* qui, suivant qu'elle est agréable ou désagréable, dis-pose les organes digestifs à les recevoir favorable-

(*) On sait que la graisse est mauvais conducteur du calorique.

ment ou à les repousser, comme pouvant être nuisibles ou dangereuses.

La mastication s'exécute à l'aide de plusieurs instruments, dont les uns sont actifs et les autres passifs. Par l'action combinée de la langue, des joues et des lèvres, les aliments sont continuellement poussés et retenus sous les dents molaires qui les broient.

L'insalivation commence dès le moment même où les aliments arrivent dans la bouche; mais elle se développe et devient plus parfaite pendant la mastication. Ces deux actions simultanées s'entr'aident et impriment à ces substances des altérations premières, nécessaires pour la digestion gastrique ou stomacale. Ainsi, à mesure que les aliments sont triturés, ils s'imprègnent de salive.

La quantité de salive que les aliments absorbent avant la déglutition est très-considérable; on a constaté que les glandes parotides, seules, fournissent environ dix litres de salive pendant qu'un cheval consomme une demi-botte ordinaire de foin, 2^k, 500 grammes. (Girard.)

La déglutition s'opère à l'aide de la langue, du pharynx et de l'œsophage; au moment de l'exécuter, l'animal suspend la mastication, tend le cou en relevant le bout du nez. Les aliments, roulés en pelote que l'on appelle *bol alimentaire*, sont alors chassés dans l'arrière-bouche par un mouvement d'ondulation de la langue, dont la pointe se fixe au palais;

ils sont ensuite dirigés par le pharynx dans l'œsophage, dont la contraction vermiculaire d'avant en
arrière les fait promptement glisser dans l'estomac.
C'est ici que se passe le plus grand acte digestif.

Au fur et à mesure que les aliments arrivent dans
l'estomac, ils dilatent ce réservoir, font varier sa
forme et sa position, et se placent dans l'ordre de
leur admission. La faim apaisée fait place à un sentiment agréable. La circulation gastrique s'établit.

Le suc gastrique est un produit des follicules gastriques, que l'on rencontre en grande quantité sur la
surface interne de l'estomac. Ce liquide est un des
agents principaux de la digestion ; c'est lui, et l'action spéciale de l'estomac, qui transforment les aliments en une pâte homogène appelée *chyme*. Il contient de l'acide hydrochlorique libre, une substance
particulière appelée acide *lactique*. On y trouve encore du sel marin, du phosphate de chaux, etc., et
environ dix-huit centièmes d'eau. Enfin, on vient d'y
signaler la présence d'une matière particulière qui a
reçu le nom de *pepsine*.

Pendant que la chymification s'opère, des contractions circulaires des parois de l'estomac se manifestent et se passent de manière à pousser le chyme
vers le pylore, puis jusque dans l'intestin grêle.

En général, les aliments séjournent pendant plusieurs heures dans l'estomac, avant d'être transformés complétement en chyme.

Ainsi, c'est par l'action de la salive, et surtout du suc gastrique, que les aliments sont transformés en chyme; mais certaines substances alimentaires peuvent résister à ces liquides et traverser l'estomac sans avoir été dissoutes. Pour la digestion de celles-là, l'influence d'un autre agent est nécessaire ; c'est en avançant plus loin dans le tube digestif qu'elles le rencontrent.

L'intestin grêle, dans lequel s'achève la digestion, présente à sa surface intérieure une foule de petits follicules et de petits appendices saillants, nommés *villosités*, qui paraissent servir spécialement à l'absorption des produits de la digestion. On y remarque aussi un grand nombre de plis transversaux, dont l'usage est de retarder la marche du chyme. Après avoir pénétré dans l'intestin, les aliments s'y mêlent avec les humeurs sécrétées par ses parois et avec deux liquides particuliers, la *bile*, sécrétée par le foie, et le *suc pancréatique*, qui est le produit d'un organe glanduleux qu'on appelle *pancréas*.

La bile est un liquide visqueux, filant, verdâtre et d'une saveur amère; elle est toujours alcaline et a beaucoup d'analogie avec le savon.

Le suc pancréatique a beaucoup d'analogie avec la salive.

Par l'influence de la bile et du suc pancréatique, le chyme devient jaunâtre, amer, et il s'en sépare une matière plus ou moins épaisse, tantôt blanche, tantôt grisâtre, qui s'attache à la membrane muqueuse intestinale, et qui est désignée sous le nom de *chyle*.

Les parties les plus fluides de la masse chymeuse sont en même temps absorbées par les parois du tube intestinal, et vers le tiers postérieur de l'intestin grêle il ne s'en trouve presque plus. La pâte formée par le résidu du chyme acquiert, dans les parties postérieures du tube alimentaire, plus de consistance, prend une couleur plus foncée, et passe dans le gros intestin pour être rejetée au dehors sous la forme d'*excréments*.

C'est, comme nous le voyons, dans cette partie de l'intestin grêle que s'achève la digestion; et pendant ce travail il se dégage de la masse alimentaire des gaz qui distendent plus ou moins l'intestin. Ces gaz sont principalement de l'acide carbonique et de l'hydrogène pur; quelquefois on y trouve aussi de l'azote.

En traversant le gros intestin, les matières prennent plus de consistance, changent de couleur et prennent une odeur particulière. Il se développe en même temps, dans cet intestin, une quantité plus ou moins considérable de gaz qui diffèrent de ceux de l'intestin grêle par l'existence presque constante d'hydrogène carboné et quelquefois d'hydrogène sulfuré.

Le sphincter est continuellement contracté et s'oppose à la sortie des matières. Pour que leur expulsion ait lieu, il faut que les muscles de l'abdomen et le diaphragme compriment les viscères et surmontent la contraction du muscle qui termine le canal digestif.

ARTICLE II.

De la circulation.

Le chyle a besoin d'être porté aux poumons pour se modifier au contact de l'air. C'est au moyen de la circulation que ce transport a lieu ; il s'exécute sur d'autres fluides de l'économie, tels que le sang, la lymphe, etc.

Le sang des animaux vertébrés est constamment fourni de deux parties distinctes, d'un liquide jaunâtre et transparent auquel on a donné le nom de *sérum*, et d'une foule de corpuscules solides, réguliers, et d'une belle couleur rouge, qui nagent dans le fluide dont nous venons de parler : ce sont les *globules sanguins*.

La forme et le volume des globules varient avec les espèces.

Ainsi, chez l'homme, et chez presque tous les animaux de l'espèce mammifère, le chien, le cheval, le bœuf, par exemple, les globules du sang sont circulaires ; tandis que, chez les oiseaux, les reptiles et presque tous les poissons, ils sont elliptiques.

Ces globules sont toujours aplatis et présentent une tache centrale, entourée d'une bande de couleur beaucoup plus foncée. Si on examine au microscope les globules d'un animal chez lequel ils sont très-volumineux, on verra qu'ils sont composés de deux parties distinctes, d'un noyau central et d'une enveloppe.

En général, cette enveloppe est déprimée et forme autour du noyau un rebord plus ou moins mince, de façon que le tout offre l'aspect d'un petit disque renflé au milieu.

Chez l'homme et beaucoup d'autres mammifères, la portion centrale est moins saillante que le bord.

Ces globules rouges ne sont pas les seuls que l'on rencontre dans le sang ; il existe aussi des globules incolores, qui sont très-difficiles à apercevoir.

La chimie nous apprend que le sang se compose de substances différentes. On y trouve de l'eau, de l'albumine, de la fibrine, une matière colorante rouge, contenant du fer, une autre matière colorante jaune, de la cholestérine, une matière grasse dans laquelle il entre une grande quantité de phosphore, et un grand nombre de sels, tels que l'hydrochlorate de soude ou sel marin, de l'hydrochlorate de potasse, de l'hydrochlorate d'ammoniaque, du sulfate de potasse, du carbonate de soude, du carbonate de chaux, du carbonate de magnésie, des phosphates de soude, de chaux et de magnésie, des lactates de soude, des sels alcalins, formés par des acides gras; enfin, on y rencontre aussi la présence de l'acide carbonique libre, du gaz azote et du gaz oxygène. Mais cette complication, toute grande qu'elle paraisse, est encore au-dessous de la réalité.

Pour s'en faire une idée, il faut se figurer que le sang est le principe générateur de tous les liquides et de tous les solides de l'organisation.

La fibrine est le principe constituant des muscles; les sels contenus dans le sang se rencontrent aussi, soit dans les os, soit dans les humeurs. L'albumine forme la base d'un grand nombre de tissus. On est donc en droit de penser que les principes constituants de l'organisation entière sont contenus dans le sang; que les organes qui doivent se les approprier les puisent dans ce liquide et ne les créent pas.

Le sang ne sert pas seulement à réparer les pertes des tissus et à les nourrir, mais aussi à produire dans ces parties une excitation sans laquelle la vie ne saurait s'y maintenir. En agissant ainsi sur tous les organes avec lesquels il est en contact, ce liquide éprouve à son tour des modifications, et il perd bientôt ses qualités vivifiantes. Le sang qui arrive aux diverses parties du corps est de couleur vermeille, tandis qu'après les avoir traversées il présente une teinte sombre, d'un rouge noirâtre. Dans cet état il ne possède plus la faculté d'entretenir la vie ; aussi revient-il au foyer central puiser de nouveaux principes, en se mêlant avec le chyle, qui apporte de la matière nouvelle ; avec la lymphe, et en se mettant en contact avec l'air atmosphérique.

Le sang qui a subi l'action de l'air et qui est propre à l'entretien de la vie est appelé *sang artériel ;* celui qui a déjà agi sur les organes, et qui ne peut plus continuer d'exciter l'action vitale, se nomme *sang veineux.*

La fonction à l'aide de laquelle le sang éprouve son changement important est la *respiration.*

Mais, pour suivre l'ordre que nous nous sommes tracé, nous allons l'amener dans l'appareil respiratoire en le faisant circuler.

La circulation s'opère à l'aide d'un instrument puissant, le *cœur*, qui agit sur les fluides circulatoires à la manière d'une pompe aspirante et foulante ; il les distribue à toute la machine, au moyen d'un système de canaux que l'on appelle *artériels*, et les reçoit par l'intermédiaire d'autres canaux que l'on désigne sous le nom de *veines.*

Le cœur est logé dans la poitrine, et fixé aux parois thoraciques à peu près à la ligne médiane du corps, sous la sixième vertèbre dorsale, par le péricarde, la plèvre et les gros vaisseaux qui en par-

tent et qui y aboutissent; sa pointe regarde en arrière, un peu à gauche et en bas.

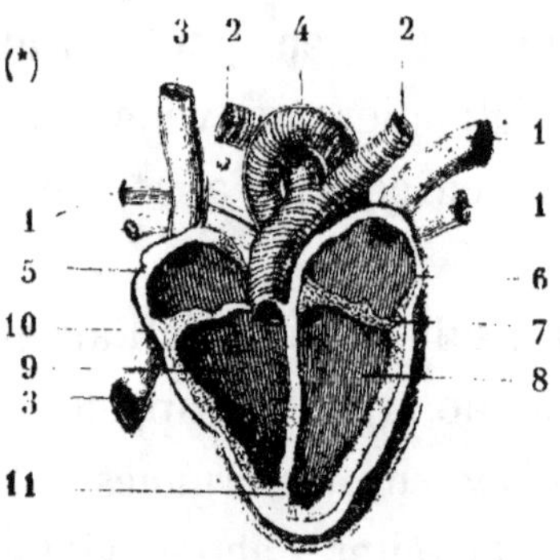

La forme du cœur est celle d'un cône renversé.
C'est un muscle creux, comprenant quatre cavités,
deux oreillettes et deux ventricules. Ces dernières
cavités sont situées au-dessous des premières. Il est
divisé longitudinalement par une grande cloison. Il
est entouré par un prolongement de la plèvre, appelé
péricarde, qui entretient sa souplesse et limite ses
mouvements.

Les ventricules possèdent des parois bien plus
fortes que les oreillettes. Cette utilité est évidente,
puisque les oreillettes ne doivent chasser le sang que

(*) Section du cœur : 1 1 1, veines pulmonaires; 2 2, artères pulmonaires; 3 3, veine cave; 4, artère aorte; 5, oreillette droite; 6, oreillette gauche; 7, valvule mitrale qui sépare l'oreillette du ventricule;
8, ventricule gauche; 9, ventricule droit; 10, valvule tricuspide, qui
sépare les cavités droites du cœur; 11, cloison médiane et longitudi-
nale du cœur.

dans les cavités situées au-dessous, tandis que ces dernières doivent l'envoyer à des distances plus considérables. Le ventricule gauche est aussi bien plus fort que le droit; celui-ci ne devant envoyer le sang que dans les poumons, qui sont très-voisins, et le premier devant le pousser jusque dans les parties les plus éloignées du corps.

Les cavités du cœur sont séparées entre elles, et avec les gros vaisseaux qui y aboutissent, par des *valvules*, espèces de soupapes qui s'ouvrent dans le sens du courant des liquides et les empêchent de rétrograder.

Les vaisseaux dans lesquels le sang circule communiquent tous avec le cœur par l'intermédiaire d'un petit nombre de gros troncs.

Les artères et les veines sont formées intérieurement par une membrane séreuse et lisse, qui se continue avec celle qui tapisse les cavités du cœur. Dans les artères, cette tunique interne est entourée d'une gaîne épaisse, jaunâtre et élastique. Dans les veines, on ne trouve pas cette tunique élastique, et leur membrane interne est enveloppée de fibres musculaires longitudinales, lâches et extensibles (ces vaisseaux sont entourés extérieurement d'une couche celluleuse); aussi existe-t-il une différence très-grande dans les propriétés physiques de ces vaisseaux. Les veines ont des parois minces et flasques, qui s'affaissent lorsqu'elles ne sont pas distendues

par le sang, et qui se cicatrisent facilement lorsqu'elles ont été divisées. Les artères, au contraire,
conservent toujours leur calibre, même lorsqu'elles
sont vides, comme cela arrive toujours après la
mort. Enfin, lorsque ces derniers vaisseaux sont
ouverts, les bords de la plaie tendent toujours à
s'écarter par l'effet de l'élasticité de la tunique
moyenne, et la cicatrisation ne s'effectue que très-
difficilement, à moins qu'on ne détermine l'oblité-
ration de l'artère dans le point divisé : aussi, pour
arrêter le sang qui s'écoule d'une veine, suffit-il de
maintenir pendant quelque temps les bords de la
plaie en contact; tandis que, lors de l'ouverture
d'une artère, il faut lier le vaisseau et l'oblitérer
au moyen de la compression.

Les veines ont en outre, dans leur intérieur, de
nombreuses valvules qui s'ouvrent du côté du cœur ;
dans les artères, il n'en existe pas.

Les veines et les artères affectent la forme d'un
arbre dont le tronc se lie au cœur, et les branches
et ramuscules se répandent dans toute la périphérie.
Ces deux ordres de vaisseaux communiquent entre
eux par un système de vaisseaux si déliés, qu'ils ont
reçu le nom de *vaisseaux capillaires.*

Voyons maintenant comment les fluides circulent
dans cet appareil.

Le chyle, la lymphe, le sang veineux, avons-
nous dit, sont amenés par les veines dans l'appa-

reil respiratoire pour s'y transformer en sang artériel, au contact de l'air atmosphérique.

Le chyle, après avoir été absorbé par les villosités des intestins grêles, est porté dans le torrent
de la circulation par un ordre de vaisseaux particuliers : ce sont les vaisseaux *chylifères*.

Ils aboutissent à l'intestin, montent à travers les
lames du mésentère, traversent les glandes mésentériques, qui sont disséminées dans leur réseau, et
vont aboutir à un canal placé sous les lombes, qui
lui-même va se verser dans la veine brachiale gauche, chez le cheval, et dans la veine sous-clavière
gauche, chez l'homme.

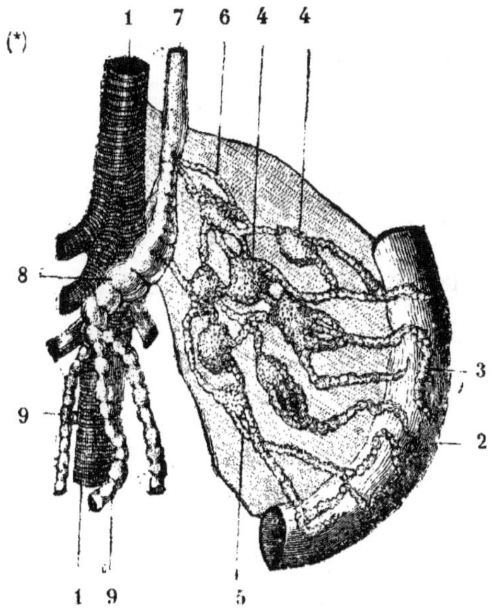

(*) Portion des intestins grêles avec les vaisseaux qui en naissent
et le commencement du canal thoracique : 1 1, portion de l'artère

La lymphe est un liquide qui est porté par les vaisseaux lymphatiques, et pris par les radicules de ces vaisseaux dans la profondeur et sur tous les points de toutes nos parties. Ce liquide, d'un blanc laiteux, se compose des débris de tous nos organes. Il entre dans la composition du sang artériel qui est destiné à nourrir l'économie, ce qui a fait dire que l'animal vivait de sa propre substance.

Sortis des réseaux cellulaires dans lesquels ils serpentent, et qu'ils concourent à former, les vaisseaux lymphatiques se réunissent en troncs assez gros, parcourent tout le corps, tantôt très-déliés, tantôt dilatés au point d'égaler en grosseur le canal thoracique, auquel ils vont aboutir. Le fluide absorbé par ces vaisseaux ne peut être versé dans le torrent de la circulation qu'après avoir traversé une multitude de glandes et de ganglions que l'on rencontre plus particulièrement dans les creux du jarret, de l'aine, du coude, etc., etc.

Enfin, ce système vasculaire est si compliqué, qu'en l'injectant de mercure on voit que nos organes en sont recouverts, et le corps entier paraît enveloppé d'un filet à mailles étroites et rapprochées.

aorte antérieure; 2, portion de l'intestin; 3, extrémités des vaisseaux chylifères; 4 4, glandes mésentériques; 5, mésentère: 6, vaisseaux chylifères se rendant des glandes au canal thoracique; 7, canal thoracique; 8, portion renflée du canal, réservoir de Pecquet; 9 9, vaisseaux lymphatiques se rendant au canal thoracique.

Le sang veineux, les débris des organes charriés par les lymphatiques, et les matières nouvelles provenant des aliments, sont apportés des différentes parties du corps par les veines dans l'oreillette droite du cœur. Leur poids abaisse la valvule qui ferme cette cavité ; mais l'oreillette, stimulée par le sang, se contracte sur lui par un mouvement que l'on appelle *systole*. Le sang, ainsi comprimé, fait effort sur la valvule supérieure, qu'il relève, abaisse la valvule inférieure ; il provoque le même effet dans le ventricule situé au-dessous, et s'en va aux poumons par l'artère pulmonaire, pour s'y oxygéner (*). Il revient de ce laboratoire au cœur par les veines pulmonaires, passe dans l'oreillette gauche, de là dans le ventricule gauche par un mécanisme analogue au précédent, pour être ensuite projeté dans toutes les parties du corps par des ondées successives qui mettent en jeu l'élasticité des artères et produisent le *pouls*.

(*) On fera remarquer que, dans cette phase de la circulation, ce sont des artères qui portent le sang veineux, la lymphe et le chyle aux poumons, et que le sang artérialisé est ramené du poumon au cœur par des veines. Ces vaisseaux ont une texture particulière qui diffère beaucoup de celle que présentent les canaux du même nom : les artères pulmonaires sont bleues, très-résistantes près du cœur ; mais bientôt elles deviennent moins dures et se rapprochent de la texture des veines, Les veines pulmonaires ont la couleur rouge des artères, et ne possèdent pas de valvules.

Il est probable que c'est par pure convention qu'on a consacré à ces différents vaisseaux des noms qui ne conviennent ni à leur texture,

Le sang artérialisé, vivifié, parcourt tout le vaste réseau des artères, pénètre les parties les plus profondes, traverse les capillaires, et revient par les veines, dépouillé de ses principes vitaux, subir la même métamorphose pour recommencer ensuite son trajet.

Le mouvement de dilatation des cavités du cœur (*diastole*) pour recevoir le sang en l'aspirant, pour ainsi dire, ne se manifeste pas dans toutes les cavités à la fois. Lorsqu'une oreillette se dilate, le ventricule du même côté se resserre, de telle sorte que les deux cavités correspondantes ont toujours un mouvement alternativement opposé.

On distingue trois sortes de circulation :

1° La circulation pulmonaire;

2° La grande circulation;

3° La circulation fœtale.

On appelle circulation pulmonaire le cercle que suit le sang du cœur aux poumons et des poumons au cœur.

La grande circulation est le cercle qui embrasse tout le reste de l'organisation.

La circulation qui a lieu pour le fœtus, pendant la vie utérine, est destinée à porter à l'embryon le

---

ni à leur couleur, ni à leurs usages: on aura voulu donner le nom générique d'*artère* à tout vaisseau portant le sang du cœur à la circonférence, et désigner par celui de *veine* tous ceux qui le ramènent de la périphérie au centre.

fluide nourricier que sa mère a formé, et qui est approprié à la délicatesse de son organisation. Le fluide, au lieu de passer par les poumons du fœtus, va directement de l'oreillette droite dans l'oreillette gauche, au moyen d'un trou nommé *trou de Botal*, qui établit la communication entre les deux cavités ; il passe ensuite dans le ventricule gauche qui, par sa contraction, le distribue dans toutes les parties du corps. Ce mode de circulation est parfaitement approprié au fœtus ; car les poumons, ne pouvant communiquer au dehors, ne sauraient fonctionner ; ce serait, du reste, inutile, puisque le sang est préparé par les organes de la mère.

ARTICLE III.

De la respiration.

Comme on a pu le voir, c'est à l'aide de la respiration que le sang acquiert les qualités vitales qui lui sont propres et indispensables pour ses fonctions.

Mais avant de faire connaître comment l'hématose ou artérialisation du liquide nourricier s'effectue, nous devons prendre en considération la composition de l'air atmosphérique.

L'air atmosphérique est un fluide invisible, transparent, élastique, pesant, compressible, sans odeur ni saveur, qui, sous le nom d'atmosphère, entoure de toutes parts la terre, et s'élève à une hauteur de six myriamètres à six et demi.

Il se compose de soixante-dix-neuf parties d'azote, de vingt et une d'oxygène; on y rencontre quelques traces d'acide carbonique. L'atmosphère contient, en outre du calorique du gaz acide carbonique, de l'électricité, de la lumière, et dans ses couches inférieures, de la vapeur d'eau en suspension, des particules de substances étrangères qu'on nomme odeurs, miasmes, effluves, poussière, etc.

La première question qui se présente à l'esprit, lorsqu'on aborde l'étude de la respiration, est donc de savoir si les gaz propres de l'air atmosphérique agissent de la même manière, ou bien si c'est à l'un d'eux qu'appartient spécialement la propriété d'entretenir la vie. Pour la résoudre, il suffit d'un petit nombre d'expériences. Si l'on place un animal vivant dans un vase rempli d'air atmosphérique, on voit qu'au bout d'un certain temps, plus ou moins long, l'animal périt par asphyxie. L'air qui l'entoure a donc perdu la faculté d'entretenir la vie; si on en fait alors l'analyse chimique, on s'aperçoit qu'il a perdu en même temps la majeure partie de son oxygène. Si on place ensuite un autre animal dans un vase rempli de gaz azote, on le voit périr également; tandis que si on l'enferme dans de l'oxygène, il y respire avec plus d'activité que dans l'air, et ne présente aucun symptôme d'asphyxie.

Il est donc évident que c'est à la présence de l'oxygène, dans des proportions définies, que l'air atmosphérique doit ses propriétés vivifiantes.

La découverte de ce fait appartient à Lavoisier (1777).

Le phénomène de l'hématose s'effectue au moyen d'un appareil d'organes qui comprend les *cavités nasales*, la *trachée-artère* et les *poumons*.

Les cavités nasales, au nombre de deux, sont séparées par une cloison cartilagineuse; elles contiennent deux os très-minces, roulés en manière de *cornets*, ce qui les a fait désigner sous ce nom. Au fond des cavités nasales, on voit les cellules de l'ethmoïde, os impair, caverneux et situé à la partie inférieure du crâne, qu'il sépare d'avec les cavités nasales, dont l'ouverture extérieure dans le cheval est appelée *naseau*.

On trouve dans les naseaux, à leur partie externe et latérale, deux culs-de-sac que l'on nomme *fausses narines*, et qui concourent, dit-on, au hennissement (*).

Les cavités nasales se terminent à la partie supérieure de l'arrière-bouche ou pharynx. Elles sont

---

(*) Lorsqu'on fend les narines à leur partie supérieure, on empêche le cheval de hennir, ou tout au moins on diminue l'intensité du bruit qu'il fait entendre.

tapissées à leur intérieur par une membrane muqueuse, de couleur vermeille, que l'on désigne sous
le nom de *pituitaire;* et cette membrane s'étend
aussi dans toutes les cavités et sinuosités des cornets et des sinus.

Le grand développement de cette membrane, et
les sinuosités qu'elle recouvre, ont pour usage, la
première, d'échauffer et d'animaliser l'air, et les
replis, de seconder ces fonctions en brisant les
colonnes aériennes et les retenant plus longtemps
en contact avec la membrane.

Au fond du pharynx, on voit le *larynx,* ouverture
du conduit de l'air, la *trachée-artère.* Le larynx est
formé de plusieurs cartilages; l'un d'eux, l'*épiglotte,* est destiné à fermer ou à ouvrir l'appareil
laryngien, selon que le cheval a besoin de manger
ou de respirer. Le conduit alimentaire étant placé
dans l'arrière-bouche en arrière de la *trachée-artère,*
lorsque le cheval opère la déglutition, l'épiglotte
s'abaisse sur le larynx, pour empêcher les aliments
d'y pénétrer, et facilite leur arrivée dans l'œsophage.

(*)

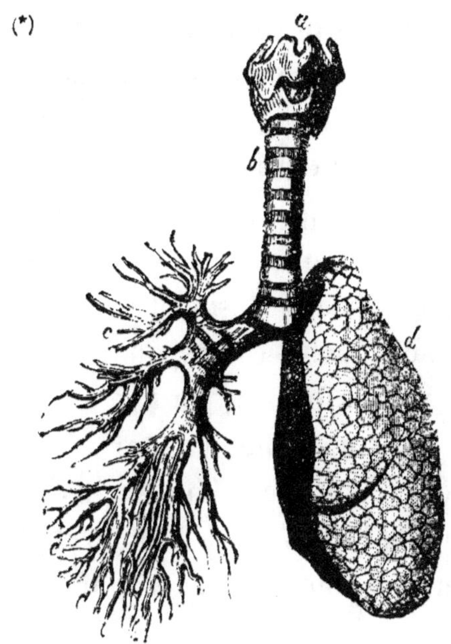

La trachée-artère est un canal d'assez fort calibre qui suit le même trajet que l'œsophage, jusque dans la poitrine. Il a pour base une longue file de segments cartilagineux (de cinquante-deux à cinquante-cinq), placés les uns au-dessous des autres, et qui ont pour fonction de tenir toujours ouvert l'appareil respiratoire. Une fois dans la poitrine, la trachée-artère se divise en deux bronches qui se ramifient dans l'intérieur des poumons comme les racines d'un arbre dans l'intérieur du sol. Chacun de ces ramuscules se termine brusquement en cul-de-sac ou en bulle microscopique.

(*) Appareil respiratoire : *a*, larynx; *b*, trachée-artère; *c*, divisions de la branche droite de la trachée (bronche): *d*, poumon entier.

Les poumons forment deux lobes conoïdes qui occupent chacun un côté de la poitrine, et sont enveloppés par la plèvre, membrane séreuse de la poitrine, qui les entoure et les isole l'un de l'autre. Les poumons, comme nous l'avons vu, présentent dans leur intérieur une multitude de vésicules aériennes, dans chacune desquelles s'ouvre un petit rameau de la bronche correspondante. Les parois de ces cavités sont formées par une membrane très-mince, fine et très-molle, et sont creusées d'une multitude de canaux capillaires qui reçoivent le sang veineux et l'exposent à l'action de l'air. Cette organisation des poumons leur donne l'apparence d'un corps spongieux.

L'air est introduit dans les poumons par un mécanisme analogue à celui d'un soufflet. Cette opération s'effectue à l'aide des parois de la poitrine. Les espaces que les côtes laissent entre elles sont occupés par des muscles qui s'étendent de l'un de ces os à l'autre; des muscles se portent aussi des premières côtes à la portion cervicale de la colonne vertébrale.

La dilatation de la poitrine peut se faire de deux manières : ou par le déplacement du diaphragme, ou par l'élévation des côtes.

En effet, puisque le diaphragme forme une cloison lâche, mobile, entre la poitrine et la cavité abdominale, il est facile de comprendre que, lorsqu'il sera déplacé et porté en arrière, la cavité de la poitrine sera agrandie d'autant.

Le jeu des côtes est un peu plus compliqué. Ces os décrivent chacun une courbe dont la convexité est dirigée en dehors et un peu en arrière : or, lorsque les côtes s'élèvent par la contraction des muscles qui les lient entre elles, elles tendent à se placer dans une direction perpendiculaire au plan médian ; elles tournent un peu sur elles-mêmes, de façon que leur courbure n'est plus dirigée en arrière, mais en dehors ; il en résulte que les parois de la poitrine s'éloignent de la colonne vertébrale et que la cavité s'agrandit. Cet acte produit le vide à l'intérieur, et force les poumons à céder à cette action, en distendant leur corps spongieux, et l'air se trouve amené dans le fond de l'appareil. Ce premier mouvement se nomme *inspiration*.

Dans le mouvement d'*expiration*, le diaphragme se relâche ; lorsque les muscles qui ont produit l'élévation des côtes cessent de se contracter, le poids de ces os, et la torsion qu'avaient subie leurs cartilages, déterminent aussitôt leur abaissement. Le poumon, cédant alors à la même puissance, se resserre sur lui-même, et l'air est expulsé au dehors.

Le sang contenu dans les gros vaisseaux veineux qui sont dans la poitrine subit les mêmes effets que l'air contenu dans la trachée-artère : lors des mouvements d'inspiration, la portion des veines qui est renfermée dans la cavité thoracique se gonfle par l'abord du sang aspiré ; et par la même cause les veines qui communiquent au dehors, et qui sont soumises par conséquent à l'action de l'air atmosphérique, se vident plus ou moins complétement, d'où l'on peut conclure que l'acte respiratoire doit contribuer puissamment à l'accomplissement de celui de la circulation.

Le sang veineux, qui arrive de toutes les parties du corps, tient en dissolution du carbone en quantité assez considérable, un peu d'azote et quelques traces d'oxygène. En traversant l'organe respiratoire, ce liquide se met en contact avec l'air et en dissout une portion ; de l'oxygène et une certaine quantité d'azote sont ainsi absorbés, et ces fluides, en se dissolvant dans le sang, en chassent une quantité correspondante de gaz qui s'y trouvaient déjà, et qui consistent principalement en acide carbonique mêlé à un peu d'azote ; il en résulte donc un dégagement d'acide carbonique et d'azote, en même temps qu'il y a absorption d'oxygène et d'azote, et cela dans des proportions telles, que l'acide carbonique exhalé égale presque en volume l'oxygène absorbé, et que l'azote, également exhalé, remplace souvent exactement la quantité d'azote absorbé ; enfin, une portion de l'eau contenue dans le sang s'exhale sous la forme de vapeurs et constitue la transpiration pulmonaire.

On est parfaitement assuré que le sang artériel tient en dissolution une portion beaucoup plus considérable d'oxygène que le sang veineux ; et c'est à la présence de cet oxygène que ce liquide doit ses propriétés vivifiantes et sa couleur vermeille.

La respiration consiste donc essentiellement dans un phénomène d'absorption et d'exhalation, par suite duquel le sang, venant en contact avec l'air atmosphérique, se débarrasse de son acide carbonique et se charge d'oxygène. C'est le phénomène appelé *hématose*.

Mais néanmoins, si on réfléchit à la consommation énorme d'oxygène que tous les êtres doivent faire chaque jour, on voit que l'atmosphère en serait bientôt dépouillée et que tous les animaux périraient asphyxiés, si la nature n'employait des moyens puissants pour renouveler sans cesse la quantité de ce gaz répandue autour de la surface du globe.

C'est, en effet, ce qui a lieu ; et, chose digne de remarque, c'est que ce moyen est précisément un phénomène de même ordre que celui dont il est destiné à contre-balancer les effets ; c'est la respiration des plantes.

Les végétaux absorbent l'acide carbonique répandu dans l'atmosphère, et, sous l'influence de la lumière solaire, ils en extraient le carbone et mettent l'oxygène à nu. Ainsi, c'est le règne végétal qui donne aux animaux l'oxygène qui leur est nécessaire, et c'est la respiration des animaux qui fournit sans cesse aux végétaux l'acide carbonique indispensable à leur accroissement.

Pour compléter les fonctions d'entretien, il reste à démontrer comment se nourrissent les tissus composant la machine animale. Quelques-uns des phénomènes qui contribuent à l'accomplissement de l'assimilation ont été saisis, expliqués, même démontrés ; mais il en est encore qu'il n'est pas permis à l'intelligence humaine de pénétrer.

— — —

ARTICLE IV.

De l'assimilation et de la décomposition nutritive (*).

En étudiant les diverses fonctions dont l'histoire vient de nous occuper, nous avons vu que les animaux attirent continuellement dans l'intérieur de leur corps des matières diverses, puisées dans le monde extérieur et destinées à servir à la composition de leurs organes. Ce passage du dehors au dedans est effectué par l'*absorption*.

Mais comment le liquide nourricier, enfermé dans des cavités closes de toutes parts, cède-t-il aux organes les matériaux qui leur sont propres ? C'est ce que la théorie de l'exhalation nous démontrera.

(*) Milne Edwards, *Éléments*, etc.

L'absorption est l'acte par lequel les êtres vivants pompent, en quelque sorte, et font pénétrer dans la masse de leurs humeurs les substances qui les environnent, ou qui sont déposées dans la profondeur de leurs organes.

Si l'on introduit une quantité d'eau connue dans l'estomac d'un chien, et qu'à l'aide de deux ligatures on ferme les deux orifices de cet organe, le liquide disparaîtra au bout de peu de temps, car il sera absorbé par les parois de l'estomac, et sera ainsi mêlé au sang. Ce n'est qu'en vertu de la perméabilité, résultant elle-même de la porosité, que ce liquide peut disparaître (*).

Nous devons aussi admettre que, si les parois des cavités se laissent pénétrer par les liquides, l'eau et les matières fluides contenues dans les vaisseaux ne peuvent pas y être emprisonnées d'une manière complète. Cette espèce de filtration de l'intérieur à l'extérieur a lieu, en effet, et elle a reçu le nom d'*exhalation*.

L'eau contenue dans le sang peut donc se répandre au dehors en entraînant avec elle une petite quantité des sels et des autres matières solubles du sérum. Dans quelques circonstances, une portion du

---

(*) Tous les corps de la nature sont poreux et plus ou moins perméables. Quelques savants anciens, ayant introduit de l'huile dans une sphère en or, virent, au bout de plusieurs années, l'huile suinter et former une goutte au-dessous de la sphère.

sang lui-même s'échappe des vaisseaux avec toutes ses parties constituantes, et il peut arriver que cet épanchement sanguin s'effectue sans que les parois des vaisseaux offrent des ouvertures qui établissent une communication directe du dedans au dehors; mais ce phénomène a lieu bien rarement. Lorsqu'on injecte du prussiate de potasse dans les veines d'un chien, on ne tarde pas à retrouver ce sel dans le liquide aqueux qui s'accumule dans la poitrine et dans l'abdomen, par la sécrétion des membranes séreuses.

L'absorption ne peut guère s'exercer que sur des substances à l'état fluide; par conséquent, lorsque l'animal ne trouve pas sous cette forme toutes les matières nécessaires à son existence, il doit pouvoir les y amener, et c'est pour cela que la nature l'a pourvu de la faculté de digérer les aliments solides dont il se nourrit en partie.

Les matières que les animaux puisent ainsi à l'extérieur étant destinées à devenir des parties constituantes de leurs organes, il est évident qu'elles doivent renfermer tous les principes élémentaires dont ces organes sont eux-mêmes composés. Or, les substances qui constituent en quelque sorte les matériaux de l'organisation sont formées essentiellement de carbone, d'azote, d'hydrogène et d'oxygène; il en résulte que c'est aussi du carbone, de l'azote, de l'hydrogène et de l'oxygène que ces êtres vivants doivent s'emparer.

C'est dans l'atmosphère que les animaux puisent une partie de cet oxygène, et son absorption constitue un des principaux phénomènes du travail respiratoire; une certaine quantité d'azote, provenant de la même source, paraît aussi entrer par cette voie. De l'hydrogène, combiné avec une nouvelle partie d'oxygène, est en même temps introduit dans l'économie sous la forme d'eau, et pénètre tant par la surface respiratoire que par les voies digestives.

Ces aliments nutritifs se mêlent au sang et en deviennent des parties constituantes. Ce liquide, élaboré par des procédés qui nous sont inconnus, devient riche de tous les composés dont les tissus sont à leur tour formés; et, poussé par l'action circulatoire, il distribue à chacune des parties du corps les matières nécessaires à leur entretien, à leur vie, à leur accroissement. C'est ce dépôt des molécules nouvelles dans la substance des parties vivantes, leur arrangement en tissu organisé, et leur admission au partage des propriétés vitales, qui constitue le phénomène de l'assimilation.

Pendant que les parties vivantes s'approprient ainsi, par attraction, des molécules nouvelles, il se fait dans ces mêmes parties un mouvement de décomposition qui amène un résultat inverse, c'est-à-dire la séparation d'une portion des molécules constituantes des tissus organisés, et leur expulsion au dehors. Quelques faits nous portent à croire que c'est sous l'influence du contact de l'oxygène absorbé par la respiration que les matières organisées dont se composent les tissus vivants sont peu à peu détruites et transformées en acide carbonique, en eau et en quelques produits très-azotés, tels que l'*urée* ou *acide urique*.

C'est, en effet, sous ces trois formes que les animaux expulsent au dehors la presque totalité des matières dont ils ont à débarrasser leur corps.

ARTICLE V.

De la chaleur animale, produit des fonctions précédentes.

La cause de la production de la chaleur dans le corps des animaux paraît être l'action que le sang artériel exerce sur les tissus, sous l'influence du système nerveux.

On a constaté par l'expérience que tout ce qui tend à affaiblir considérablement l'action du système nerveux tend de même à diminuer la chaleur; aussi, lorsqu'on détruit le cerveau ou la moelle épinière d'un chien, et que pendant quelque temps on entretient la vie de l'animal en suppléant au mécanisme des poumons, par un moyen artificiel, la production de la chaleur cesse néanmoins.

D'un autre côté, l'action du sang sur les organes paraît également indispensable à la manifestation de ce phénomène ; car la suspension de la circulation dans une partie du corps est suivie du refroidissement.

La production de la chaleur est encore intimement liée à la digestion et à la respiration. Pour que le sang , aidé de l'action nerveuse, puisse développer la chaleur pendant son travail réparateur, ne faut-il pas en effet que la digestion lui ait fourni des matériaux propres, et que l'hématose vienne ensuite parfaire le tout?

On voit donc que la chaleur est une conséquence directe du principe vital qui met en jeu les divers appareils qui la produisent.

Lorsque la force vitale s'affaiblit, la chaleur diminue; et elle disparaît entièrement dès que la mort arrive.

La vitalité est donc aussi en raison directe de la perfection des appareils que le principe vital met en jeu, puisqu'à mesure que les rouages se rouillent, elle perd de son intensité.

La chaleur animale dans les mammifères ne varie guère que de 34 à 40 degrés ; celle des oiseaux s'élève environ à 42 degrés.

CHAPITRE II.

Fonctions de relation (*).

Généralités.

En faisant l'énumération des diverses facultés dont les animaux sont doués, nous avons vu que les unes étaient exclusivement destinées à assurer l'existence de ces êtres, tandis que d'autres servaient à leur faire connaître et à les mettre en rapport avec les objets qui les entourent. Les premières constituent les fonctions de nutrition, dont nous venons de faire l'étude; les secondes sont les fonctions de relation, dont nous allons nous occuper.

Lorsqu'on examine ce qui se passe chez un animal vivant, on remarque d'abord qu'il se meut et que les mouvements qu'il exécute sont déterminés par une cause intérieure. Parmi ces mouvements il en est qui se répètent de la même manière et qui ne peuvent être modifiés par lui; mais il en est d'autres qui varient suivant les besoins de l'animal et sont soumis à l'empire de la volonté.

Ces deux phénomènes sont le résultat de la *contractilité*, et produisent des mouvements tantôt spontanés et involontaires, tantôt volontaires.

(*) Milne Edwards.

Il est une autre propriété inhérente à tous les êtres animés, et qui est encore plus remarquable : c'est la sensibilité ou la faculté de recevoir l'impression des corps extérieurs et d'en avoir conscience.

Ces facultés sont communes à tous les animaux, mais ce ne sont pas les seules qu'on leur observe : on remarque que chez tous il existe une force intérieure qui les porte à faire certaines actions utiles à leur conservation. Ainsi une foule d'animaux construisent avec l'art le plus admirable des demeures destinées à recevoir leur progéniture, et ils les font toujours de la même manière et avec la même habileté, même lorsque, éloignés de leurs semblables depuis le moment de leur naissance, ils n'ont jamais vu exécuter des travaux analogues.

On donne le nom d'*instinct* à la cause qui porte les animaux à faire certains actes qui ne sont pas le résultat du raisonnement.

D'autres animaux, plus privilégiés, jouissent encore de facultés intellectuelles, ou du pouvoir de rappeler à l'esprit les idées produites précédemment par les sensations, de les comparer, d'en tirer des idées générales et d'en déduire des motifs de conduite.

Enfin, il est aussi quelques êtres animés qui jouissent de l'expression, ou faculté de communiquer à leurs semblables les idées qui les occupent, soit à l'aide de certains mouvements, soit en produisant des sons divers.

Les fonctions de relation peuvent donc se rapporter à six facultés diverses : la *sensibilité*, la *contractilité*, la *volonté*, l'*instinct*, l'*intelligence* et l'*expression*.

Chez l'homme et chez tous les animaux, les facultés sont dépendantes d'un système particulier, le *système nerveux*.

———

ARTICLE Ier.

Du système nerveux.

Ce système est formé par une substance particulière, molle, et qui acquiert plus de consistance à mesure que l'animal avance en âge.

L'aspect de cette substance, que l'on appelle *tissu nerveux*, varie beaucoup : tantôt elle est blanche, et on l'appelle *médullaire ;* d'autres fois elle a la couleur grise ou cendrée, et on lui donne le nom de substance *corticale ;* tantôt aussi elle forme des masses plus ou moins considérables, et d'autres fois elle constitue des cordons allongés et ramifiés : ces derniers portent le nom de *nerfs*, et les masses centrales celui de *ganglions* ou *centres nerveux*, car ils servent de point de réunion à tous les filaments dont il vient d'être question.

Dans l'homme et tous les animaux qui s'en rapprochent le plus, l'appareil nerveux se compose de deux parties, appelées *système nerveux de la vie animale*, et *système nerveux de la vie organique*.

Les parties centrales du système nerveux de la vie animale sont désignées sous le nom de *système cérébro-spinal* ou d'*encéphale*; elles se composent essentiellement du cerveau et de la moelle épinière, et se trouvent logées dans une gaîne osseuse formée par le crâne et la colonne vertébrale ou épine du dos.

La cavité du crâne occupe toute la partie supérieure de la tête, et se continue avec le canal creusé dans la colonne vertébrale jusqu'aux premiers coccygiens.

Diverses membranes entourent aussi l'encéphale, et servent à fixer ou à protéger cet organe.

La première de ces tuniques porte le nom de *dure-mère*; son nom indique assez sa consistance et sa fonction : elle adhère d'une part aux parois des cavités, et de l'autre elle est en rapport avec une seconde enveloppe appelée *arachnoïde*, dont la finesse et la transparence l'ont fait comparer à une toile d'araignée, comme son nom l'indique; elle est de nature séreuse. Enfin, on trouve encore, au-dessous de l'arachnoïde, une troisième membrane celluleuse, qui manque dans certaines parties, et qui est appelée *pie-mère*. Ce n'est pas une membrane proprement dite, mais une trame cellulaire dans laquelle se ramifient et s'entrelacent dans des directions différentes une multitude de vaisseaux sanguins qui proviennent de l'encéphale ou qui s'y rendent. Dans cette partie de l'organisation, la circulation ne se fait pas de la même manière que dans le reste de l'économie; le sang ne pénètre dans la substance nerveuse que par des capillaires, afin que les ondées du liquide nourricier n'y produisent point des secousses qui pourraient troubler son travail important.

Le cerveau est la partie la plus volumineuse de l'encéphale; il occupe toute la partie supérieure du crâne. Il est divisé en deux lobes latéraux, nommés *hémisphères du cerveau.* Le cerveau présente des circonvolutions qui le font ressembler à une masse intestinale qui aurait été fondue, mais dont la compacité laisserait apercevoir encore les replis tortueux.

Le *cervelet* est placé en arrière de la partie postérieure du cerveau (*), et n'a pas le tiers de son volume. On y distingue aussi deux hémisphères ou lobes latéraux. Postérieurement, le cervelet se continue avec la moelle épinière au moyen de deux pédoncules courts et gros. Tous les tubercules et protubérances du cerveau et du cervelet fournissent des fibres qui s'entre-croisent avant d'arriver à la moelle épinière, pour continuer ensuite leur trajet

(*) Chez le cheval.

en conservant entre elles un parallélisme qui n'est dérangé aucune autre part.

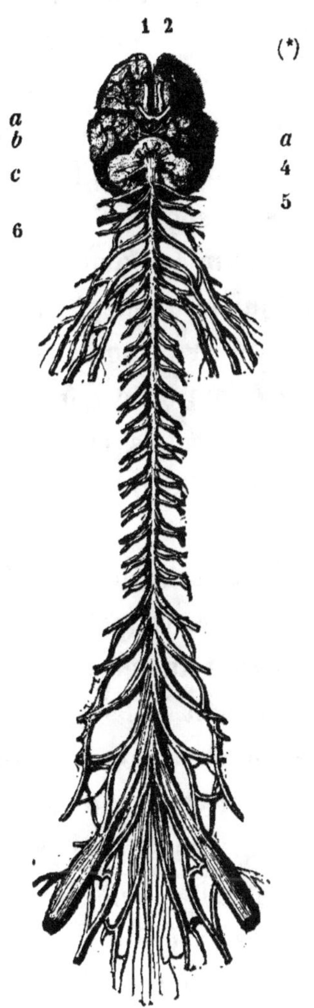

La moelle épinière est, comme on le voit, un prolongement du cerveau et du cervelet. Elle a la forme

(*) Système cérébro-spinal de l'homme.

d'une grosse corde, et présente en dessus comme en dessous un sillon qui la divise en deux moitiés latérales et symétriques. Il n'existe pas de pie-mère autour de la moelle épinière, et la gaîne formée par la dure-mère est distendue par une quantité considérable de liquide, au milieu duquel la substance nerveuse est suspendue, disposition admirablement calculée pour lui éviter des pressions ou des commotions qui pourraient résulter des mouvements violents de la colonne vertébrale.

Les parois du crâne et le corps de chaque vertèbre présentent des trous pratiqués symétriquement de chaque côté, et qui sont destinés à livrer passage aux nerfs.

Les nerfs qui naissent de l'encéphale sont au nombre de quarante-trois paires. Les douze premières paires naissent du cerveau ; les trente et une paires suivantes sortent de la moelle épinière.

Chacun de ces nerfs se compose de faisceaux de fibres médullaires enveloppés par une membrane appelée *névrilemme*. Ces fibres sont parallèles entre elles, comme celles de la moelle auxquelles elles correspondent. Les nerfs quittent la moelle épinière par deux racines qui se réunissent en un seul cordon peu après leur sortie ; à mesure qu'ils s'éloignent, les faisceaux se séparent et se dirigent dans des parties différentes, se divisent en rameaux, ramuscules, et quelquefois, après s'être séparés de la sorte, les faisceaux ou leurs fibres se réunissent aux fibres d'un nerf différent, s'adossent contre celles-ci, pour se séparer ensuite et aller se répandre dans les organes, où ils se terminent toujours en formant des anses.

Le système *nerveux ganglionnaire*, appelé aussi *nerf grand sympathique* ou *système nerveux de la vie organique*, se compose d'un certain nombre de petites masses nerveuses bien distinctes, liées entre elles par des cordons médullaires et divers nerfs qui vont s'anastomoser (*) avec ceux du système cérébro-spinal.

Ces masses nerveuses portent le nom de *ganglions;* on en trouve à la tête, au cou, dans le thorax et dans l'abdomen.

Les nerfs du système cérébro-spinal se rendent aux organes des sens, à la peau, aux muscles, etc.; ceux qui font partie du système ganglionnaire se distribuent aux poumons, au cœur, à l'estomac, aux vaisseaux sanguins, aux intestins; en un mot, les premiers appartiennent spécialement aux organes de relation, les derniers aux organes de nutrition.

(*) De ἀνά, à travers, et στόμα, bouche. Le nom d'*anastomose* convient particulièrement aux vaisseaux; mais pour les nerfs, qui ne sont pas creux, cette expression paraît impropre, bien que beaucoup de physiologistes aient appelé ainsi le point de rencontre des nerfs.

Telles sont les diverses parties dont se compose l'appareil nerveux des animaux supérieurs. Voyons maintenant quels en sont les usages, et occupons-nous en premier lieu de l'étude de la sensibilité.

ARTICLE II.

De la sensibilité.

La sensibilité, avons-nous dit, est la faculté de recevoir les impressions et d'en avoir la conscience. Elle appartient à tous les animaux.

Toutes les parties du corps ne sont pas également douées de sensibilité; quelques organes jouissent de cette faculté à un très-haut degré, tandis que d'autres peuvent être excités de toutes les manières, et même déchirés, sans que l'animal éprouve la moindre sensation.

De ces diverses manières d'être du système nerveux résulte la classification des cinq sens en·sens du *toucher*, de l'*ouïe*, de l'*odorat*, du *goût* et de la *vue*.

Le premier sens est répandu dans presque tout le corps, et particulièrement à la périphérie; tandis que les autres sont plus limités et sont en même temps le siége d'une sensation différente. Ainsi la lumière ne saurait frapper l'appareil de l'ouïe, et l'odorat diffère considérablement de la gustation.

ARTICLE III.

Du sens du toucher.

C'est surtout par l'intermédiaire de la membrane cutanée que cette faculté s'exerce.

La surface extérieure du corps est revêtue d'une membrane tégumentaire plus ou moins épaisse; elle se replie à l'intérieur et tapisse les parois internes du tube digestif. La peau se compose de deux couches principales, le *derme*, ou *chorion*, et l'*épiderme*.

Le derme forme la couche la plus épaisse et la plus profonde de la peau; c'est le derme de la peau de certains animaux qui, préparé par le tannage, constitue le cuir.

L'épiderme est une espèce de vernis semi-transparent, qui recouvre le derme et se moule exactement sur sa surface. Il est composé de plusieurs couches superposées, et sa couche interne conserve toujours de la mollesse et renferme la matière colorante de la peau. Elle a été considérée par plusieurs anatomistes comme constituant une troisième membrane désignée sous le nom de *réseau muqueux de la peau* ou *tissu réticulaire*.

Le principal usage de l'épiderme est d'opposer des obstacles à l'évaporation trop grande des liquides, et de protéger la peau du contact immédiat

des corps étrangers. Ce solide est lui-même insensible.

Mais la peau est le siége d'une fonction de première importance , qu'il est utile d'étudier au point
de vue de l'hygiène : c'est la transpiration.

L'économie fait, avec les vapeurs de l'atmosphère, un échange continuel de matières, dont
une grande partie s'échappe sous forme de vapeurs
à travers les porosités de la peau. Lorsque ces exhalations ne sortent pas de leur état normal, la
transpiration est dite *insensible*, et on en trouve le
résidu sous la forme de crasse blanchâtre que le
pansage enlève chaque jour; mais un travail forcé
active l'émission des vapeurs, qui se condensent en
gouttelettes: la transpiration devient alors *sensible*
et produit la sueur.

La sensibilité dont la peau est le siége réside
dans le derme et dépend des nerfs qui se distribuent dans sa substance, et qui appartiennent à la
série des nerfs du *tact* (mieux défini le *toucher* chez
le cheval), lesquels émanent de la moelle épinière.

La sensibilité tactile suffit pour faire juger de la
consistance, de la température des corps qui arrivent en contact avec elle.

Si les nerfs sont les agents passifs de la sensibilité, ils ont aussi la faculté de déterminer des
mouvements. Ainsi, selon l'impression perçue,
l'animal sera appelé à fuir les objets qui l'ont pro-

duite ou à s'en rapprocher; et la vitesse avec laquelle ces deux effets se produisent est si prompte, qu'on peut la comparer à celle de l'électricité.

Les nerfs exécutent donc une double fonction : ils reçoivent les impressions du dehors pour les porter au cerveau qui les perçoit, et obéissent ensuite aux déterminations de ce viscère en les transportant aux organes chargés de les exécuter.

Si on se rappelle que les nerfs quittent la moelle épinière par deux racines dont les fibres, réunies ensuite, ne se confondent jamais, on pourra concevoir facilement qu'une de leurs portions transmette les impressions, et que l'autre détermine les mouvements. Un fait rendra cette théorie évidente. Lorsqu'on coupe les racines inférieures d'un nerf rachidien, l'animal perd sa sensibilité, mais conserve la faculté de se mouvoir; tandis que, si on coupe la racine opposée, on change la manière d'être de ces deux facultés : l'animal sent, mais ne peut plus se mouvoir.

———

ARTICLE IV.

Du sens de l'ouïe.

La faculté de recevoir l'impression des rayons sonores constitue l'audition.

Son appareil se compose de l'*oreille externe*, de la *caisse du tympan* et de l'*oreille interne*.

L'oreille externe est formée d'un cornet, dont la partie la plus extérieure, appelée *conque*, se continue avec un tube intérieur appelé *conduit auditif;* il est destiné à recueillir les sons.

(*)

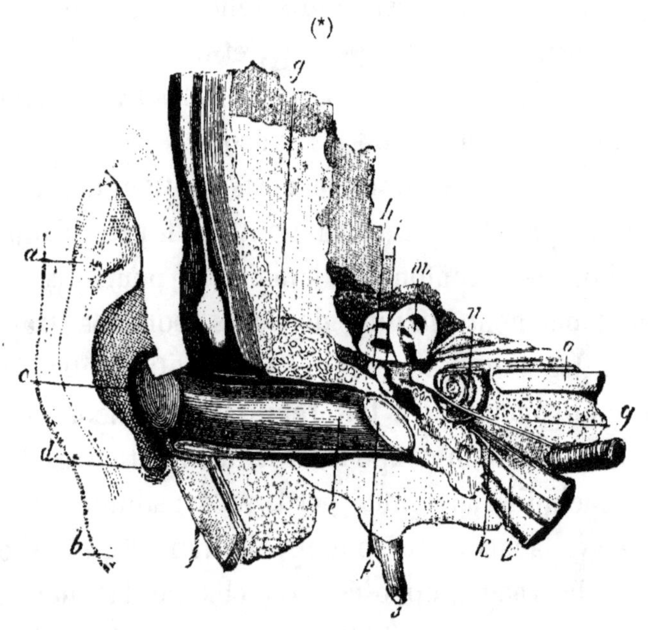

L'*oreille mitoyenne*, ou la *caisse du tympan*, est une cavité faisant suite au conduit auditif. Elle est séparée de celui-ci par une membrane appelée *membrane du tympan*, sur laquelle s'appuie l'ex-

(*) Coupe de l'appareil auditif de l'homme : *a*, conque ou pavillon de l'oreille ; *b*, lobule du pavillon ; *c*, conduit auditif ; *d*, petite éminence nommée *antitragus* ; *e*, conduit auditif; *f*, tympan ; *g*, coupe de l'os du rocher dans lequel est creusé l'appareil ; *h*, vestibule ; *i*, ouverture de la trompe d'Eustache ; *k, l*, trompe d'Eustache ; *m*, canaux semi-circulaires ; *n*, limaçon ; *o*, nerf acoustique.

trémité d'une chaîne osseuse composée de quatre osselets ; l'autre extrémité de la chaîne va s'adapter sur une petite membrane qui sépare la caisse de l'oreille interne.

L'oreille interne est une cavité tortueuse, remplie d'un liquide particulier dans lequel baignent les extrémités du nerf acoustique.

Lorsque le son d'un corps mis en vibration se propage jusqu'à l'oreille au moyen de l'air, toutes les parois extérieures de la conque sont ébranlées ; la portion des rayons sonores qui pénètre dans le conduit auditif met en même temps la membrane du tympan en vibration, et cet effet se propage ensuite dans tout l'appareil jusqu'aux extrémités du nerf acoustique, qui transmet la sensation au cerveau chargé de l'élaborer.

On est bien parvenu à expliquer physiquement ce phénomène ; mais, quant à dire comment le cerveau analyse et perçoit les sons, c'est ce qu'il est interdit à l'esprit humain de pénétrer.

L'impression du froid, de la chaleur, de la lumière, des molécules odorantes, sont autant de mystères impénétrables.

ARTICLE V.

Du sens de l'odorat.

L'appareil de ce sens est des plus simples.

Il se compose seulement de la membrane pituitaire et du nerf olfactif, dont les ramifications se répandent dans la membrane.

Les effluves odorants, qui sont en suspension dans l'air, se fixent sur la pituitaire pendant l'inspiration, se dissolvent dans le mucus dont cette membrane est toujours enduite, et l'impression des odeurs perçues par les radicules du nerf olfactif est de suite transmise au cerveau.

ARTICLE VI.

Du sens du goût.

Le goût, ou la faculté d'apprécier les saveurs, a son siége dans la bouche, et spécialement sur la langue.

La membrane buccale est hérissée d'une multitude de papilles, qui sont surtout très-apparentes sur la portion qui recouvre la langue, et qui paraissent être les filets terminaux des nerfs de la gustation.

Toutes les substances n'agissent pas sur l'organe

du goût : on a remarqué que les corps qui ne se dissolvent pas dans l'eau ne produisent aucune sensation sur l'appareil gustatif. La dissolution paraît même une condition indispensable à la perception des saveurs ; on connaît des substances insolubles dans l'eau, qui sont insipides à leur état ordinaire, mais qui acquièrent une saveur forte, si on parvient à les dissoudre dans quelque autre liquide, dans de l'esprit-de-vin par exemple.

Le sens de l'odorat se lie assez étroitement à celui du goût, sans que celui-ci puisse influer sur le premier. L'odorat, pouvant apprécier à distance les substances dont l'odeur fait présumer la saveur plus ou moins agréable, remplit, à l'égard du goût, les fonctions d'avant-coureur ou de sentinelle avancée, et porte l'animal à s'en servir ou à les laisser.

L'organe de l'odorat reçoit des nerfs de la première et de la cinquième paire, et dans le sens du goût, le même nerf de la cinquième paire est chargé de transmettre au cerveau l'impression des saveurs : eh bien ! si on fait la section de ce nerf à sa sortie de l'encéphale, la langue et toute la bouche perdent aussitôt leur faculté gustative, et l'odorat est en même temps considérablement diminué ; tandis que, si on pratique la même opération au nerf de la première paire, la sensibilité diminue, sans que le goût soit changé en rien.

ARTICLE VII.

Du sens de la vue.

La vue est une faculté qui nous rend sensible à l'action de la lumière, et qui nous fait connaître, par l'intermédiaire de cet agent, la forme des corps, leur couleur, leur position et leur grandeur.

L'appareil chargé de cette fonction se compose, chez l'homme et les animaux les plus voisins de nous, du nerf de la deuxième paire, de l'œil et de diverses parties destinées à protéger cet organe et à le mouvoir.

Le globe de l'œil, dont nous nous occuperons d'abord, est une sphère creuse, remplie d'humeurs plus ou moins fluides ; son enveloppe extérieure se compose de deux parties bien distinctes : l'une blanche, opaque et fibreuse, nommée *sclérotique ;* l'autre transparente et semblable à une lame de corne, qu'on appelle pour cette raison la *cornée :* celle-ci occupe le devant de l'œil, et ressemble à une portion de sphère plus petite placée sur une portion de sphère plus grande. A une petite distance derrière la cornée, se trouve une membrane qui est tendue transversalement et fixée, par ses bords, au point de jonction de la sclérotique et de la cornée : c'est l'*iris.* Cette espèce de diaphragme, coloré diversement chez l'homme, presque toujours brunâtre chez le cheval, est percé, dans son milieu, d'un trou circulaire (chez l'homme), elliptique (chez le cheval), appelé *pupille*. On distingue dans son tissu des fibres musculaires rayonnantes et concentriques, disposées de telle façon que, lorsque celles-ci se contractent, le trou pupillaire est diminué, et que la pupille est, au contraire, agrandie lorsque les fibres rayonnantes viennent à agir. La pupille, chez le cheval, porte à son bord supérieur trois ou quatre petits corps, en forme de nuages, qu'on a appelés *fungus* ou *goutte de suie*.

L'espace compris entre la cornée et l'iris constitue la chambre antérieure de l'œil. Elle communique par la pupille avec la chambre postérieure, située derrière l'iris, et sont occupées l'une et l'autre par l'*humeur aqueuse*.

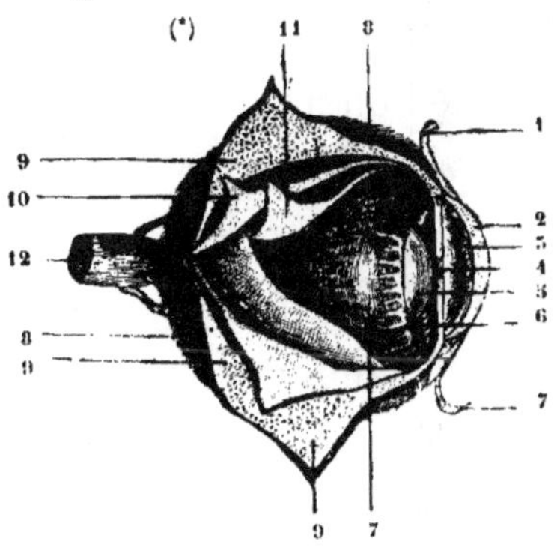

(*) Œil laissant voir tous ses tissus : 1 1, portions de la conjonctive, qui, après avoir tapissé la partie antérieure du globe de l'œil, se replie pour former les paupières; 2, cornée lucide; 3, chambre antérieure; 4, pupille, 5, cristallin; 6, chambre postérieure; 7, humeur vitrée; 8 8, sclérotique; 9 9 9, portions de la sclérotique relevée; 10, choroïde; 11, rétine; 12, nerf optique.

Presque immédiatement derrière la pupille, se trouve une lentille transparente, dont la partie postérieure est plus bombée que la partie antérieure : c'est le *cristallin*. Derrière celui-ci on trouve une masse gélatineuse, diaphane, qui est enveloppée d'une membrane d'une ténuité extrême, dont un grand nombre de lamelles se plient au dedans pour former des cellules dans lesquelles est enfermé le liquide de l'humeur vitrée.

C'est ainsi que se nomme la masse gélatineuse dont nous venons de parler, et on appelle *hyaloïde* la membrane qui la contient.

Partout, excepté en avant, l'humeur vitrée est en rapport avec une membrane mince, qu'on désigne sous le nom de *rétine*, et qui n'est autre chose que l'expansion du nerf optique. Celle-ci est séparée de la sclérotique par une autre membrane également mince, que l'on appelle *choroïde*. Cette dernière est formée par un lacis de vaisseaux sanguins et imprégnée d'une matière noire, qui donne au fond de l'œil la couleur foncée qu'on voit à travers la pupille, et qui manque chez les personnes et les animaux appelés *albinos*.

Le nerf optique se termine dans le globe de l'œil, et la sclérotique paraît être formée par un prolongement évasé de la membrane dure-mère qui enveloppe l'encéphale, et qui accompagne le nerf. La rétine est aussi l'épanouissement de la substance médullaire de ce nerf.

Les diverses parties destinées à mouvoir le globe de l'œil et à le protéger sont sept muscles, dont six disposés pour le mouvoir dans tous les sens, et le septième (*) sert à l'enfoncer dans la cavité orbitaire.

Un *coussinet graisseux* rembourre les cavités osseuses, et présente un appui très-moelleux au globe de l'œil.

En avant, l'œil est protégé par trois paupières (**), dont deux principales, appelées *paupières supérieure* et *inférieure;* leurs commissures sont dites *angle nasal* et *angle temporal.*

La troisième paupière est située dans l'angle nasal, au-dessous et en travers des deux autres. Elle n'est pas apparente lorsque l'œil est ouvert; mais lorsque celui-ci se ferme, elle se glisse sur le globe de l'œil, et sert ainsi à le nettoyer (***). On l'appelle *corps clignotant*, ou *paupière nasale.*

Les paupières sont formées par la peau qui se replie à l'intérieur par-dessus un chapelet de petits cartilages, que l'on nomme *tarses*, et qui sont destinés à empêcher les paupières de se plisser verticalement. A la face interne de la paupière, la peau, dénuée de poils, prend une couleur vermeille, et va s'insérer, en arrière, sur le grand cercle vertical

(*) Ce muscle n'existe pas chez l'homme.

(**) L'homme n'a que deux paupières.

(***) Elle tient lieu de main au cheval, quand il veut se débarrasser d'un corps étranger déposé sur l'organe de la vue.

de la sphère de l'œil, sous le nom de *conjonctive*.

Le bord libre des paupières est garni d'une rangée de *cils*, et présente derrière ces poils des petits trous appelés *points ciliaires*, qui communiquent avec les petites glandes de *Méibomius*. Sous la paupière supérieure, près de l'angle temporal, et au-dessous de l'arcade orbitaire, est logée la *glande lacrymale*, qui verse les larmes sur le globe de l'œil, au moyen de six ou sept petits canaux. Les larmes sont formées d'eau, tenant en dissolution quelques millièmes de matière animale et des sels. Elles sont l'objet d'une sécrétion continuelle, et circulent sous les paupières pour laver et lubrifier le globe de l'œil.

Quand cette sécrétion n'est pas surexcitée, les larmes sont maintenues sous les paupières au moyen d'un produit graisseux provenant des glandes de Méibomius; c'est ce produit qui, en se durcissant au contact de l'air, pendant le sommeil, produit la chassie (*); mais si, par une cause quelconque, la sécrétion devient anormale, les larmes s'échappent au dehors sous forme de gouttelettes.

Après avoir lubrifié l'organe de la vue, les larmes se dirigent vers l'angle nasal, où elles s'écoulent dans

(*) En enduisant les bords d'un vase avec un corps gras, on peut le remplir d'eau, et dépasser même le niveau des parois, sans que le liquide s'échappe. Le produit des glandes de Méibomius a la même destination pour l'œil.

le nez au moyen de 'deux petits canaux, dont on trouve l'ouverture dans le même angle. On trouve encore, au même endroit, la *caroncule lacrymale*, petite pyramide qui remplit l'office d'une digue, et force les larmes à passer dans les *trous lacrymaux*, pour suivre ensuite la marche que nous leur connaissons.

Les conduits lacrymaux débouchent, à la partie inférieure des cavités nasales, par un trou qui semble fait à l'emporte-pièce dans la membrane pituitaire.

C'est par l'intermédiaire de la lumière, avons-nous dit, que les corps placés à l'entour de nous agissent sur notre vue. Ceux qui émettent la lumière, le soleil et les corps en ignition, par exemple, sont visibles par eux-mêmes; mais les autres ne le deviennent que lorsque la lumière qui les frappe est réfléchie par eux, de façon à arriver jusqu'à la rétine située au fond de l'œil. Les corps opaques la réfléchissent ou l'absorbent; mais les corps transparents lui livrent passage.

On voit donc que la première condition, pour l'exercice de la vision, est l'absence de tout corps opaque entre les objets extérieurs et le fond de notre œil : aussi la cornée, qui recouvre la partie antérieure de cet organe comme un verre de montre, est-elle complétement transparente, et la lumière qui la traverse, et qui passe par la pupille, arrive-t-elle facilement sur la rétine, car elle ne rencontre sur sa route que le cristallin, qui est diaphane, et des humeurs, qui le sont également.

Mais dans les maladies il en est autrement, et cette perte de transparence entraîne presque toujours la cécité. Dans l'affection connue sous le nom de *cataracte*, le cristallin devient opaque et s'oppose au passage de la lumière. Lorsque des taches blanches, ou *taies*, surviennent sur la cornée, elle devient une espèce d'écran qui empêche les rayons lumineux d'arriver au fond de l'œil et rend la vision impossible, ou tout au moins imparfaite. L'opacité de l'humeur vitrée, connue sous le nom de *glaucôme*, est encore une cause de cécité, lorsqu'elle est complète.

Il est enfin une maladie, connue sous le nom de *goutte sereine*, *amaurose*, ou *emydrias*, qui ne change pas la diaphanéité des membranes et des humeurs de l'œil. Elle provient de la paralysie du nerf optique. Au premier abord, la parfaite transparence des humeurs et l'intégrité de toutes les membranes n'annoncent point de cécité; mais si l'on considère attentivement la pupille, on voit bientôt qu'elle ne se dilate ni ne se contracte; elle est toujours immobile et plus grande que celle de l'œil bien portant.

Les parties diaphanes du globe de l'œil ne servent pas seulement à livrer passage à la lumière; leur principal usage est de changer la direction des rayons lumineux qui pénètrent cet organe, de façon à les rassembler sur un point quelconque de la rétine.

Nous n'entrerons pas dans les considérations physiques relatives à cette question, car leur application, trop longue et trop compliquée, nous éloignerait de notre but.

CHAPITRE III.

ARTICLE Ier.

Fonctions de génération (*).

Les fonctions de nutrition ou d'entretien, et les fonctions de relation, servent à la vie des individus ; celles de la reproduction sont chargées de maintenir et de conserver les espèces.

Les organes générateurs du mâle sont les *testicules* et le corps caverneux appelé *pénis*.

Les testicules sont deux glandes de forme ovoïde, suspendues sous le pubis par un prolongement particulier, appelé *cordon spermatique*. Ils sont chargés de sécréter la liqueur séminale, le *sperme*, qui est ensuite transporté dans de petits réservoirs pla-

(*) *Anatomie* de Girard.

cés dans l'abdomen, près du col de la vessie et sur le passage du canal de l'*urètre*.

Les testicules sont enveloppés de plusieurs tuniques, qui forment à l'intérieur deux bourses isolées. La plus extérieure est élastique et ridée lorsque les testicules sont remontés ; elle se nomme *scrotum*.

Le corps caverneux est un tissu érectile, spongieux, très-complexe. Il est percé d'un canal par lequel s'effectue l'émission du sperme, et s'appelle *canal de l'urètre* ; sa surface extérieure est tapissée par la peau (*).

Lorsque le pénis est relâché, il est enfermé dans un repli de la peau, appelé *fourreau*, et qui correspond au prépuce de l'homme.

L'appareil générateur de la femelle comprend la *vulve* et le *vagin*, plus particulièrement organisés pour le coït, et l'*utérus*, les *trompes utérines* et les *ovaires*. Un troisième ordre particulier est destiné à l'alimentation du nouveau-né : ce sont les *mamelles*.

La vulve, située au-dessous de l'anus (chez la jument et tous les autres quadrupèdes), comprend les lèvres ou parties latérales. On rencontre, près de la commissure inférieure, un tubercule hémisphérique, appelé *clitoris*, qui paraît être le siége du plaisir que la femelle éprouve pendant le coït.

Le vagin est un long canal membraneux, pro-

(*) C'est par ce même canal que s'effectue l'écoulement de l'urine.

longé depuis la vulve jusqu'au col de l'utérus, qu'il embrasse exactement.

L'utérus, ou la matrice, est un viscère creux, *musculo-membraneux*, destiné à contenir les produits de la conception.

Il présente deux branches, ou mieux les *cornes de la matrice*. La cavité de l'utérus est analogue à sa conformation extérieure et se prolonge jusqu'à l'extrémité des cornes.

Dans le milieu du cul-de-sac formé par les cornes utérines, on voit un petit tubercule blanchâtre assez ferme : c'est l'orifice des conduits flexueux appelés *trompes* de *Fallope*. Ces conduits portent à leur extrémité un pavillon frangé, qui est destiné à embrasser les ovaires.

Les ovaires sont des organes parenchymateux, ovoïdes, au nombre de deux, et sont situés sous les lombes et en contact avec les trompes pendant les copulations fécondantes. Avant le développement des premières chaleurs, les ovaires sont blancs, très-petits ; pendant la période du rut, ils se gonflent et offrent diverses stries ou traînées noirâtres.

Les mamelles sont au nombre de deux, chez la jument, et situées l'une contre l'autre sous le pubis. Elles présentent chacune un corps et un mamelon. Le corps contient une substance glandulaire qui donne la forme à l'organe.

ARTICLE II.

Phénomène de la reproduction.

Les organes génitaux du mâle et de la femelle, dans leur rapprochement intime, produisent une action simultanée dont le résultat le plus ordinaire est le développement d'un être semblable à eux. Cette grande opération par laquelle la nature renouvelle continuellement toutes les espèces d'animaux, comprend la *copulation*, la *fécondation*, la *gestation*, le *part* et l'*allaitement*.

La copulation s'opère à peu près de la même manière chez tous les animaux domestiques, et, lorsqu'elle est fécondante, il en résulte la procréation d'un être semblable à ceux qui se sont unis.

Toutes les théories imaginées jusqu'à ce jour sont loin de révéler le mystère de la génération, qui sera peut-être toujours impénétrable à l'intelligence humaine. Nous nous contenterons de donner un aperçu de l'hypothèse des *ovaristes*.

Le fœtus (*) préexiste dans l'ovaire, à l'état amorphe. L'ovule, produit de l'élaboration du sang, contient en lui-même les linéaments du nouvel être ; mais ce n'est en quelque sorte que le dessin ou le cadavre, si on peut employer cette expression pour

(*) Richerand, *Physiologie.*

désigner un être qui n'a jamais vécu. Il est besoin que l'esprit séminal vienne le faire sortir de cet état d'inactivité et lui donner d'une manière en quelque sorte électrique l'éveil de la vie.

Si l'on en croit les travaux du célèbre Spallanzani, qui a tout fait pour dévoiler les mystères de la génération et faire connaître la part que chaque sexe apporte dans cette fonction importante, le mâle n'y coopère qu'en fournissant le principe vivifiant qui doit animer les individus dont la femelle contient le germe.

Ce sont les animalcules spermatiques, ou *zoospermes*, qui vont trouver l'ovule et le fécondent. Il se produit alors dans l'ovaire un grand travail, et peu après, l'œuf fécondé, ébranlé par les trompes de Fallope, descend dans la matrice, où il subit toutes les phases embryonnaires (*).

La théorie qui vient d'être expliquée sur la fécondation, bien qu'elle ait été adoptée par plusieurs physiologistes, n'a pourtant pas autant de partisans que celle qui admet que, pendant le coït, l'ovule se détache de l'ovaire et vient se mettre en rapport avec les animalcules spermatiques dans l'intérieur de la matrice, où la fécondation se produit.

Dans le principe, le résultat de la fécondation ne présente qu'une matière gélatineuse, transparente,

(*) *Recherches* de Prevost et de Dumas, de Genève.

qui devient peu à peu opaque, moins fluide, prend la forme d'une vésicule ovoïde, dont les parois offrent deux ou trois membranes et le centre un germe, l'*embryon*. A mesure que le développement avance, on voit successivement se former les parties nécessaires à l'entretien du petit sujet, qui reste peu de temps à l'état d'embryon, pour passer à celui de fœtus, qu'il conserve jusqu'à la naissance. Au terme moyen de la gestation on trouve dans l'utérus diverses parties qui, prises collectivement, composent le *délivre* ou *arrière-faix*. Ces parties sont le *placenta*, le *chorion*, l'*allantoïde* et l'*amnios*.

Le placenta est une expansion vasculaire qui adhère à la paroi interne de l'utérus, et avec le fœtus, au moyen du cordon ombilical; il entretient la circulation fœtale. Le jeune sujet est, en outre, enveloppé de diverses membranes qui sont préposées à sa vie utérine: ce sont le chorion, l'allantoïde et l'amnios.

Ces différentes poches, dont le fœtus est entouré, sécrètent des humeurs abondantes qui ont pour but de le maintenir dans une température douce et uniforme.

Le cordon ombilical est un gros faisceau vasculaire qui s'étend depuis l'ombilic du fœtus jusqu'au placenta, et établit la communication avec la mère,

Le fœtus trouve dans l'antre utérin tous les éléments nécessaires à son développement et à son entretien jusqu'au terme de la grossesse, qui varie suivant les espèces d'animaux (chez la jument, la durée de la gestation est de onze mois, près de douze mois). A ce terme, le jeune sujet ne saurait plus vivre dans le ventre de sa mère. Par une révolution naturelle, les organes qui l'ont abrité et nourri emploient la plus grande somme de leurs efforts possibles pour l'expulser au dehors. Sous les efforts considérables de toute l'organisation de la femelle, les enveloppes du fœtus sont rompues, et donnent écoulement aux humeurs qui, en s'échappant au dehors, relâchent le col de l'utérus et l'entrée du vagin. Un effort puissant arrive, et le fœtus passe les défilés étroits des voies génératrices, en présentant sa tête et ses pattes, ou ses mains, les premières; il voit le jour et commence sa vie par une longue et pénible inspiration.

Il existe entre les mamelles et l'utérus une étroite sympathie, connexion intime en vertu de laquelle ces organes entrent en exercice à la même époque de la vie, se développent ensemble et cessent en même temps leurs fonctions, lorsque la femelle devient incapable de concourir à la reproduction de l'espèce.

Pendant les premiers moments de sa vie, le nouveau-né trouve dans les mamelles de sa mère les éléments nécessaires à son existence. Il subit ensuite, pendant sa jeunesse, diverses phases qu'il est utile de signaler.

En venant au monde, le cheval peut, après quelques moments, se tenir debout, marcher et se rapprocher des mamelles. Cette dernière action est si instinctive, que l'on a vu des poulains chercher les mamelles de leur mère, lorsqu'ils étaient à demi sortis. Le duvet dont il est couvert n'est pas de la couleur que la robe aura plus tard ; son corps est peu volumineux, ses extrémités très-longues, ses articulations empâtées et fort volumineuses ; la crinière et les crins de la queue sont très-courts ; les muscles, à l'état encore gélatineux, ne sont pas accusés ; la peau paraît être collée aux os.

Pendant les premiers mois, le corps du poulain prend de l'accroissement, les muscles se développent aussi, mais sans acquérir beaucoup de densité, et le duvet qui recouvre le corps commence à tomber.

Les changements les plus notables qu'éprouve le jeune animal se manifestent dès qu'il commence à pouvoir se passer de sa mère, et qu'il puise ses aliments dans des éléments qui servent à nourrir son espèce.

Avant cette époque, il gambadait, il sautait et caracolait sans jamais perdre de vue sa nourrice ; mais, dès ce moment, il s'éloigne, il court à droite et à gauche, et va brouter des petites herbes, sans beaucoup s'inquiéter des hennissements de sa mère.

L'ensemble du poulain acquiert alors de nouveaux caractères; ses formes, quoique encore empâtées, commencent à se dessiner, la corne de ses pieds prend de la consistance, et le duvet dont tout son corps était recouvert au moment de sa naissance disparaît complétement et laisse apparaître la robe réelle.

Le jeune cheval est toujours monté sur de longues jambes jusqu'au moment où il entre dans l'âge adulte, c'est-à-dire où il devient cheval : cette époque varie de quatre ans et demi à cinq ans et demi, suivant les climats.

En même temps que le poulain grossit, il grandit, mais non des deux trains à la fois; l'accroissement a lieu tantôt dans l'avant-train, tantôt dans l'arrière-train; et cela se passe d'une manière si frappante, qu'un poulain, que l'on aura vu parfaitement d'aplomb, ne sera plus reconnaissable trois mois plus tard.

Cette crue successive de l'avant et de l'arrière-main continue jusqu'au moment où le cheval a atteint à peu près toute sa taille, mais d'une manière d'autant moins apparente qu'il avance plus en âge.

Jusqu'à l'époque de l'entier développement, on ne peut guère se prononcer sur les qualités physiques et morales d'un poulain; il est même un grand nombre de chevaux qui ne deviennent réellement capables d'un bon service qu'à huit ans, et quelquefois à neuf. Toutefois, un cheval est réellement fait à l'âge de cinq ans. On peut, dès ce moment, le soumettre à un travail modéré, dont la bonne et judicieuse direction sera toujours favorable à l'animal et développera toutes ses facultés.

Profitons de cet âge, pendant lequel les caractères des espèces, simplement ébauchés dans l'enfance et dans la jeunesse, se fixent et se prononcent d'une manière moins fugitive, pour dessiner les traits, jusqu'alors indécis et mobiles, des races et des individus.

On donne le nom de *tempéraments* à certaines différences physiques et morales, et à la manière d'être particulière qui distingue les individus les uns des autres.

La prédominance de tel ou tel système d'organes modifie l'économie tout entière, et imprime des différences frappantes aux résultats de l'organisation : de là le *tempérament sanguin*, le *nerveux*, le *lymphatique* et le *musculaire*.

Le tempérament sanguin est celui que l'on rencontre dans les meilleurs chevaux. C'est ce qui doit avoir lieu, parce qu'il est dû à l'abondance et à la qualité du sang, qui est le principe de toutes les facultés de l'animal ; il suppose un juste équilibre et toute l'énergie possible des fonctions d'entretien ; car il est constant que, pour que le sang soit abondant et éminemment vital, il faut que l'acte digestif élabore efficacement la substance alimentaire, que son produit rencontre dans l'appareil respiratoire une quantité d'air suffisante pour l'hématose, que la circulation ait un cours prompt et rapide, et enfin que l'assimilation s'effectue d'une manière avantageuse. Les signes qui l'annoncent sont la coloration vermeille des membranes des yeux et du nez, l'injection des vaisseaux sous-cutanés, la profondeur de la poitrine, l'élégance des formes et leurs traits bien accusés.

Le tempérament nerveux peut se manifester par la vigueur ou par l'irritabilité de l'animal. Quand on dit qu'un cheval est nerveux, on veut exprimer qu'il a de la vigueur. Il faut observer que cette épithète sert à désigner particulièrement les chevaux qui, sous une apparence grêle et parfois défectueuse, ont du fond et de l'haleine.

Mais les chevaux dont le tempérament nerveux est dû plutôt à l'irritabilité qu'à la puissance nerveuse, sont ceux qui ont de l'aptitude au travail et qui sont incapables d'y résister. Cette constitution se traduit généralement en disant que le cheval a *plus d'énergie que de fond.*

Si l'on voit un cheval avec des extrémités empâtées, chargées de crins de couleur pâle ainsi que les poils de la robe, les membranes des yeux pâles et décolorées, il offrira le triste portrait du tempérament lymphatique. La prédominance de la lymphe, en pénétrant les tissus, les ramollit, distend les fibres, énerve toute la constitution.

On reconnaît le tempérament musculaire au développement considérable des masses et des formes; c'est ce qui constitue le *gros*. Cette constitution doit être recherchée pour le trait.

Il est cependant des chevaux qui cachent, sous des formes massives, une finesse qui les rend propres au service de la selle.

———◆———

CHAPITRE V.

Des sexes.

Avant de poursuivre l'examen des diverses époques de la vie, il nous reste à parler de l'influence que les sexes exercent sur la constitution.

Le cheval entier, comme les mâles de tous les animaux, a été doué d'une force supérieure à celle de la jument, pour la défendre et la protéger.

Il a l'encolure épaisse, le garrot élevé, la poitrine profonde; son attitude est fière, son regard plein de feu: il a la conscience de sa force.

La jument offre une disposition différente de celle du cheval. Elle a la croupe large, par suite du développement de son bassin, qui doit renfermer le produit de la fécondation. Ses défauts sont souvent un garrot bas, la poitrine très-étroite, et une encolure mince. Elle est aussi plus frêle et plus délicate.

Le cheval qui a été castré perd les caractères distinctifs de la force qui est l'attribut du mâle : son encolure s'effile, ses formes s'arrondissent, son caractère, quelque fougueux qu'il fût avant la castration, s'adoucit; il revêt toutes les formes et le caractère de la jument.

CHAPITRE VI.

Décroissance, vieillesse, caducité, décrépitude, mort, putréfaction (*).

Le corps des animaux, ayant cessé de croître en hauteur, augmente dans toutes les autres dimensions pendant quelques années ; après quoi, loin de s'accroître il dépérit et perd chaque jour des forces qu'il avait acquises.

Le décroissement suit la même marche que l'accroissement, puisque le cheval qui a mis de onze à douze ans pour arriver à l'apogée de sa vigueur et de ses facultés, emploie un même espace de temps pour arriver à la mort, lorsqu'un accident ne hâte pas cette époque (**).

(*) Richerand, *Physiologie*.

(**) La durée de la vie peut se mesurer par celle de l'accroissement; un chien, qui ne croît que pendant deux à trois ans, ne vit que

Le volume total du corps diminue, le tissu cellulaire s'affaisse, la peau se ride, les lèvres deviennent flasques et tombantes, les poils grisonnent; l'action organique devient languissante, les humeurs sont plus disposées à la putréfaction. (Hunter.)

La caducité succède à la vieillesse : la sensibilité des organes est émoussée, les forces morales et physiques baissent sensiblement; l'animal cesse d'être affecté de la même manière par les objets qui l'environnent; les digestions sont mauvaises, le pouls lent et faible, l'absorption difficile, les sécrétions languissantes, la nutrition imparfaite. L'animal met de la lenteur dans toutes ses actions, de la roideur dans tous ses mouvements; les dents abandonnent leurs alvéoles, les cartilages s'ossifient, les os poussent des végétations irrégulières et se soudent les uns aux autres; leur cavité intérieure s'agrandit; ils deviennent plus légers, comme tous les autres tissus; ils perdent plus qu'ils ne réparent; les cartilages intervertébraux se durcissent et se racornissent.

Dans la décrépitude, l'animal retombe dans l'enfance : réduit à une existence végétative, il dort la

dix à douze; l'homme, qui est trente ans à croître, vit quatre-vingt-dix ou cent ans; le cheval, qui a toujours atteint son complet développement vers huit ans, ne vit guère au delà de vingt-cinq à vingt-six ans. Les poissons vivent des siècles, parce qu'ils mettent un grand nombre d'années à se développer.

plus grande partie de la journée, ou ne se réveille que pour satisfaire à ses besoins physiques, pour prendre des aliments qu'il digère avec peine. Les sources de la salive, des sucs gastriques et intestinaux, sont presque taries; la bile et toutes les liqueurs ont moins d'activité; le tube intestinal est sans vigueur et sans force.

Les facultés intellectuelles et la mémoire s'éteignent en premier lieu. Il cesse de sentir. Le goût et l'odorat ne donnent plus aucun signe de leur existence. Les yeux se couvrent d'un nuage terne et prennent une expression sinistre. L'oreille est encore sensible aux sons et au bruit. Le mourant ne flaire, ne goûte, ne voit et n'entend plus, qu'il lui reste encore la sensation du toucher. Il s'agite, remue les jambes, change de position; il exécute des mouvements analogues à ceux du fœtus dans le ventre de sa mère. Il finit de vivre comme il avait commencé, sans en avoir la conscience.

Le corps meurt donc par degrés, dit l'éloquent Buffon; la vie s'éteint par nuances successives, et la mort n'est que le terme de cette suite de degrés, la dernière nuance de la vie.

Nous avons vu que l'animal, en naissant, commençait sa vie par une longue et pénible inspiration; eh bien! c'est par une longue expiration qu'il cesse de vivre. Après le dernier soupir, le sang continue encore à circuler pendant quelques instants; mais bientôt il s'arrête et se refroidit.

Telle est la mort naturelle. Le corps meurt de la périphérie au centre. Dans la mort accidentelle, au contraire, ce sont les poumons, le cœur, ou le cerveau, qui sont frappés les premiers. (Richerand, *Physiologie.*)

Entièrement dépouillé, par la mort, de ses propriétés vitales, le cadavre jouit encore des propriétés des tissus jusqu'au moment où l'organisation s'efface par l'effet de la putréfaction.

Après que les gaz se sont dégagés, la matière animale, réduite à un résidu contenant des huiles et des sels de différentes espèces, forme un terreau dans lequel les plantes puisent les principes d'une végétation très-riche et très-vigoureuse. Les os, ces parties les moins altérables de la machine organisée, sont à la longue réduits en poussière.

C'est ainsi que s'efface peu à peu tout ce qui pouvait rappeler l'idée de notre existence matérielle.

La putréfaction, philosophiquement envisagée, paraît un moyen employé par la nature pour ramener nos organes privés de la vie à une composition plus simple, afin que leurs éléments puissent être employés à de nouvelles créations.

Circulus æterni motus.   (BECKER.)

DEUXIÈME PARTIE.

DE L'EXTÉRIEUR DU CHEVAL (*).

TITRE I.

Généralités.

L'étude de l'extérieur apprend à connaître le cheval dans ses formes, ses aplombs, ses proportions; elle nous indique les services qu'il peut rendre et les usages auxquels il est propre.

Et disons-le tout d'abord, la partie que nous allons traiter constitue et résume toute l'hippologie.

Les études précédentes étaient indispensables pour nous mener à notre but. Les quelques considérations anatomiques que nous avons examinées rapidement suffisent pour nous faire connaître la bonne qualité des tissus, leur position, et partant leurs conditions de force, de solidité, de légèreté ou ou lourdeur.

La partie physiologique a été traitée d'une manière moins restreinte parce que, indépendamment

(*) Lecoq, *Traité d'extérieur.*

de l'intérêt que présente l'étude de cette science en nous découvrant les divers phénomènes de la vie, elle nous apprend à juger sainement des conditions auxquelles un cheval doit satisfaire pour que son organisation laisse le moins possible à désirer.

L'étude des fonctions d'entretien et de relation, en faisant ressortir l'importance de leur rôle, nous a donné la mesure des rouages qui sont chargés de les accomplir.

Voici une observation au moyen de laquelle on pourra presque toujours conclure que les rouages des fonctions sont parfaitement en rapport entre eux et qui nous indiquera que tel ou tel cheval se nourrit plus ou moins bien et devra avoir plus ou moins de fond et d'haleine : c'est l'examen de la poitrine.

Une poitrine large et vaste renferme toujours des poumons forts et développés, et un cœur volumineux et puissant. Ces deux conditions supposent elles-mêmes une grande quantité de sang que l'appareil respiratoire pourra facilement hématoser. La digestion devra s'accomplir efficacement pour jeter dans le torrent de la circulation une assez grande quantité de matières nouvelles nécessaires à réparer les pertes considérables que doit éprouver continuellement une machine si fortement organisée. Aussi cette organisation privilégiée est-elle le partage des beaux chevaux de sang et de race.

Mais, par contre, une poitrine étroite est toujours l'indice d'une petite quantité de sang et du peu de puissance de l'appareil digestif. Des poumons trop restreints ne sauraient en effet artérialiser la même quantité de sang dans un temps donné, et une grande puissance digestive deviendrait inutile à fabriquer une quantité de chyle que les poumons ne sauraient animaliser.

On voit donc que la condition *sine qua non*, pour avoir un bon et long service d'un cheval, est la capacité de la poitrine; on peut la considérer comme la garantie de la force et de la puissance des organes qui sont les foyers de la vie.

Mais il arrive parfois que la cavité abdominale n'est pas en rapport avec la cavité de la poitrine, et qu'au lieu de présenter des parois à hauteur des parties environnantes, et des flancs pleins, elle diminue tout d'un coup et se retrousse comme le ventre des lévriers. Une telle conformation est toujours à craindre; car les organes digestifs, trop petits ou trop resserrés, ne peuvent pas fonctionner d'une manière assez puissante pour fournir aux organes respiratoires la quantité de matériaux nécessaire et en rapport avec leur puissance.

Le sang est riche dans un cheval ainsi organisé, mais il n'est pas assez abondant pour compenser les pertes que peut amener la vigueur qu'il lui donne; aussi voit-on toujours de pareils chevaux ne pas résister à un travail ordinaire, qui ne ferait qu'entretenir et même étendre les facultés d'un cheval bien conformé.

On doit donc désirer que la cavité abdominale soit spacieuse sans être volumineuse, c'est-à-dire sans dépasser le niveau des hanches.

Ces questions, que nous ne donnons ici que comme application des études précédentes, trouveront leur place dans l'examen de l'extérieur.

Mais, avant d'entamer cette partie, il nous reste deux questions à traiter que nous ne pouvons renvoyer plus loin, à cause des considérations anatomiques qu'elles présentent, quoique cependant faisant partie de l'extérieur : ce sont l'étude de l'âge, au moyen des dents, et l'étude du pied.

CHAPITRE I.

ARTICLE I.

Étude de l'âge au moyen des dents (*).

On est parvenu aujourd'hui à déterminer l'âge du cheval, depuis sa naissance jusqu'à sa vieillesse la plus avancée. Les dents ne sont plus, comme au-

(*) M. Beucher de Saint-Ange, d'après Girard.

trefois, un *chronomètre* qui s'arrêtait à huit ans; grâce aux découvertes de MM. Pessina et Girard, on est parvenu à déterminer chaque année de la vie du cheval par des signes corrélatifs, mais qui ne sont pas toujours faciles à reconnaître.

L'étude des dents comprendra :

La description,

L'anatomie,

Et les signes indicatifs de l'âge.

—————

ARTICLE II.

Description des dents.

Les dents, au nombre de trente-six à quarante chez le cheval, sont des substances osséiformes, enfermées dans les os maxillaires; elles sont disposées sur deux lignes courbes qui forment deux arcades dentaires.

La position et les usages particuliers des dents les ont fait classer en trois séries, savoir : les *incisives*, les *crochets*, les *molaires*.

Les incisives, situées aux extrémités des maxillaires, se divisent en deux *pinces*, qui sont situées au centre de l'arcade; deux *mitoyennes*, sur les côtés de celles-ci, et deux *coins* qui terminent l'hémicycle.

Les incisives et les avant-molaires comportent deux dentitions : l'une répond aux dents de lait, et l'autre aux dents de cheval ou de remplacement.

Sur l'espace compris entre les incisives et les molaires on trouve les *crochets*, au nombre de deux dans chaque mâchoire : généralement les juments n'en portent pas.

Les molaires, au nombre de vingt-quatre, sont disposées par rangées de six de chaque côté des deux mâchoires. Les trois dernières molaires sont dites *persistantes*, parce qu'elles ne sont jamais remplacées. Le cheval les apporte presque toujours en naissant.

Les incisives ont la forme d'un cône aplati et recourbé d'avant en arrière.

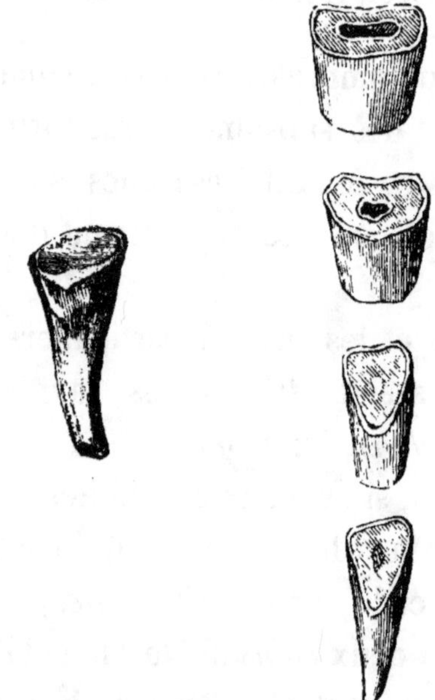

On distingue, dans une dent, sa partie libre et sa

partie enchâssée : la partie libre comprend les *murailles* antérieure et postérieure, les *côtés*, la *table* et les bords externes et internes.

La partie de la dent que renferme l'alvéole est dite *enchâssée*. La configuration des incisives offre des différences sensibles dans leur étendue. Que l'on coupe, par exemple, en quatre parties égales une pince, et l'on observera que la première portion est oblongue et aplatie d'avant en arrière; que la seconde est arrondie, la troisième triangulaire, et la quatrième aplatie d'un côté à l'autre. Chacune de ces formes correspond à un certain nombre d'années de la vie du cheval. Puisque la dent sort de l'alvéole à mesure qu'elle s'use par le frottement, il s'ensuit que la partie libre, qui a été usée, est successivement remplacée par la partie enchâssée qui lui fait suite, et la forme avec laquelle elle se présente successivement devient une donnée sur laquelle on établit l'âge.

Les incisives de lait se distinguent de celles de cheval, ou de remplacement, par leur couleur plus blanche, leur volume moindre, et une dépression plus marquée à l'endroit où se termine la gencive. Cette dépression se nomme *collet*.

Les crochets, qui sont aussi des dents persistantes, se reconnaissent à la forme en cône qu'affecte leur partie libre, et n'ont qu'une racine, comme les incisives.

Les molaires ont la forme d'un quadrilatère allongé, leur table offre des bandes en zigzag, pour faciliter la trituration des aliments. Elles sont pourvues de trois à quatre racines.

ARTICLE III.

Anatomie des dents.

Les dents sont formées de deux substances, l'une appelée *ivoire*, l'autre *émail ;* l'ivoire ressemble à la substance qui lui a donné son nom. L'émail est d'une dureté telle, qu'il fait feu avec le briquet ; sa couleur est d'un blanc mat.

L'ivoire forme la base de la dent ; il est recouvert par l'émail, qui, arrivé au bord de la table, se replie vers son centre, pénètre dans l'intérieur de la dent en formant une cavité nommée *cornet dentaire.* Ce cornet va toujours en s'amincissant depuis son ouverture jusqu'à son fond ou cul-de-sac, qui est très-rapproché de la muraille interne de la dent.

La partie de l'émail qui est repliée vers l'intérieur prend le nom de *duplicature*. Or, si on remarque que l'ivoire est compris entre les deux couches de l'émail, il s'ensuivra que, lorsque la duplicature aura été détruite sur les bords de la dent, on verra se dessiner sur la table de la dent, ainsi rasée (*), une zone d'ivoire entre deux cercles d'émail. L'existence de la duplicature ou sa disparition, et l'apparition de l'ivoire, seront donc deux signes indicatifs de l'âge.

On a vu le cornet dentaire venir de la table et s'enfoncer dans l'intérieur de la dent ; mais il existe un autre cornet, nommé *radical*, qui part de l'extrémité enchâssée, s'élève dans l'intérieur de la dent, passe en avant du cornet dentaire, qu'il rencontre à la partie moyenne de la dent, et va se terminer par un cul-de-sac, près du bord externe. Ce cornet renferme la pulpe de la dent.

L'apparition du cornet inférieur, la disparition du supérieur, sont autant de symptômes indicatifs de l'âge.

(*) On entend par *rasement* l'égalité de hauteur des deux murailles et l'apparition de la zone d'ivoire entre deux cercles d'émail.

TABLEAU *synoptique de*

SIGNES INDICATIFS DE L'AGE.	AGE.	PINCES.	MITOYENNES.	CO...
ÉRUPTION DES DENTS DE LAIT.	de 5 à 8 jours...	Sorties......	....	......
	de 30 à 40 jours...	....	Sorties........	......
	de 6 à 10 mois...	....	....	Sortis.
RASEMENT DES DENTS DE LAIT.	de 8 à 10 mois...	Rasées.......	....	......
	à 12 mois...	....	Rasées.......	......
	de 15 à 24 mois...	....	....	Rasés.
ÉRUPTION DES DENTS DE CHEVAL.	de 2 ans 1/2 à 3 ans.	Sorties.......	....	......
	de 3 ans 1/2 à 4 ans.	....	Sorties.......	......
	de 4 ans 1/2 à 5 ans.	....	....	Sortis.
RASEMENT DES DENTS.	à 6 ans.........	Rasées.......	....	......
	à 7 ans.........	Triangularité du cornet dentaire.	Rasées.......	......
	à 8 ans.........	Apparition du cornet radical.	....	Rasés.
PÉRIODE D'ARRONDISSEMENT.	à 9 ans........	Arrondies et le cornet dentaire arrondi.	....	......
	à 10 ans........	....	Arrondies et le cornet dentaire arrondi......	......
	à 11 ans.........	....	....	Arrondi, cornet taire rondi
PÉRIODE DE TRANSITION.	à 12 ans........	Disparition du cornet dentaire.......	Disparition du cornet dentaire.......	Disparit cornet taire.
PÉRIODE DE TRIANGULARITÉ.	à 14 ans........	Triangulaires..	....	......
	à 15 ans........	....	Triangulaires..	......
	à 16 ans.......	....	....	Triangu
PÉRIODE DE TRANSITION.	à 17 ans........	....	....	......
	à 18 ans........	....	....	......
PÉRIODE D'APLATISSEMENT PAR CÔTÉS.	à 19 ans........	Aplaties par côtés........	....	......
	à 20 ans........	....	Aplaties......	......
	à 21 ans........	....	....	Aplatis.

la naissance jusqu'à 21 ans.

OBSERVATIONS.

incés se montrent quelquefois à la naissance.
eux avant-molaires sont toujours sorties.

sement des dents de lait est très-irrégulier.

ns 1/2 les deux premières avant-molaires tombent et sont remplacées par les mo-
e cheval. La première molaire persistante sort à 1 an, la deuxième à 2, la troi-
4.

lents de cheval qui viennent de sortir sont plates d'avant en arrière, courtes et
diculaires ; leur cornet dentaire est très-allongé par côté ; le bord externe de la
ture est de deux millimètres plus élevé que l'interne.
rochets sortent de 4 à 5 ans.

indiqué, d'après Girard, que le rasement des incisives n'était terminé que trois ans
eur sortie, mais l'expérience atteste qu'il est souvent terminé avant cette épo-
nsi, on voit des pinces rasées dès l'âge de 4 ans, ou de 5 ans.

ernière dent sortie ou rasée offre des signes plus certains à consulter que ceux de
qui l'a précédée.
ans apparaît ordinairement la queue d'hirondelle.

ans l'émail central, ou cul-de-sac du cornet, se rapproche du bord interne ; à
il touche le bord interne ; à 12 ans, il disparaît de toutes les incisives à la fois.

passent, pendant cette période de transition, de la forme ronde à la forme trian-
, en sorte qu'à 12 ans les pinces commencent à devenir triangulaires ; elles le
vantage à 13 ans, enfin à 14 ans leur triangularité est bien marquée.

rtir de 13 ou 14 ans les incisives s'allongent, deviennent horizontales, et en
issant par côté s'écartent les unes des autres.

servation que l'on a faite, relativement à la période de transition de la rondeur à
gularité, est applicable à celle de l'aplatissement par côté.

ARTICLE IV.

Signes indicatifs de l'âge.

Il serait très-facile de reconnaître l'âge, si les signes que les dents portent avec elles offraient des
caractères parfaitement identiques; mais leurs ano-
malies sont assez fréquentes pour apporter des difficultés dans la manière de les interpréter.

Lorsqu'on a des doutes sur l'âge, les principes
auxquels il faut recourir pour arriver à une juste
appréciation consistent à ne pas se prononcer sur
l'existence d'un symptôme, mais bien à les mettre
tous à contribution, les comparer entre eux, juger
ceux qui se contredisent, et se prononcer ensuite
sur le plus grand nombre de ceux qui sont identiques.

Ainsi, en ouvrant la bouche d'un cheval, il faut
regarder le coin : si celui-ci n'est pas encore rasé,
on pourra dire que le cheval n'a pas encore huit ans
et qu'il doit en avoir sept. On passera à l'examen
des mitoyennes, qui, dans ce cas, seront complétement rasées. Le cornet dentaire des pinces aura
une forme triangulaire; les coins de la mâchoire
supérieure auront la queue d'hirondelle.

Il est utile d'interroger encore les caractères des
formes extérieures, celles de la tête, l'expression
de la physionomie, la manière d'être des allures, la

souplesse ou la roideur des mouvements, car cet examen pourra concourir à la solution de la question de l'âge.

Comme les poulains naissent ordinairement au printemps, c'est aussi dans cette saison que l'on compte le commencement de chaque année.

Les pinces se montrent parfois chez le poulain qui vient de naître, où elles commencent à poindre de cinq à huit jours; les mitoyennes, de trente à quarante jours, et les coins de six à dix mois. Aussitôt que la sortie d'une incisive est effectuée, elle commence à raser, et par conséquent à s'user; mais comme le bord extérieur est plus élevé d'un à deux millimètres que le postérieur, il résulte que ce n'est que lorsque le premier s'est abaissé au niveau du second que celui-ci commence à s'user.

L'usure des dents de lait est très-irrégulière; du reste, nous n'entamerons pas leur examen, parce que le cheval avant quatre ans ne peut rendre aucun service et n'est pas acheté pour l'armée.

Au delà de vingt-quatre mois, l'âge est déterminé par l'éruption des dents de cheval.

Les dents de cheval, placées dans les mêmes alvéoles que celles de lait qu'elles doivent remplacer, font effort sur celles-ci et déterminent leur chute.

Lorsqu'une incisive commence à apparaître, on ne voit que le bord externe, et on dit alors que le cheval prend ou trois ans, ou quatre ans, ou cinq; et quand toute la partie libre est dégagée de la gencive, on dit que le cheval a trois, ou quatre, ou cinq ans faits; alors la dernière dent sortie est à hauteur de celle qui la précède.

A deux ans et demi les pinces de lait tombent, et sont remplacées à trois ans par les dents de cheval.

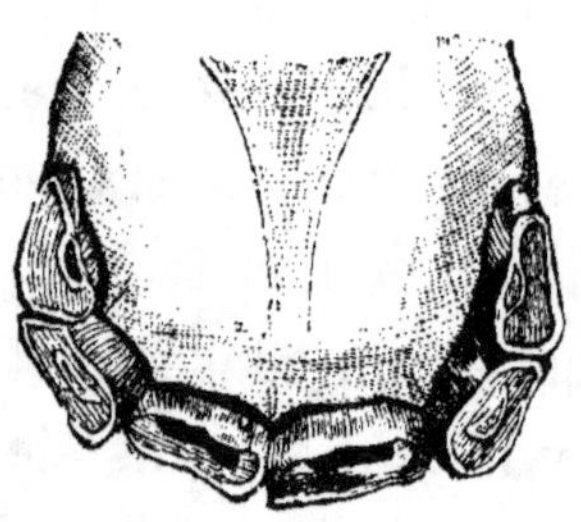

La chute des mitoyennes a lieu à trois ans et demi, et leur remplacement à quatre ans.

Les coins tombent à quatre ans et demi, et sont remplacés à cinq ans.

Au delà de cinq ans, l'âge est accusé par le rasement.

Mais il ne faut point oublier que les différents degrés de dureté des dents tendront à avancer ou à retarder leur usure.

Un principe à poser, c'est que la dernière dent usée est celle que l'on doit consulter de préférence pour déterminer l'âge, et encore, que le coin fournit de cinq à six ans de meilleurs renseignements que les autres incisives.

Le rasement est fixé, d'après Girard :

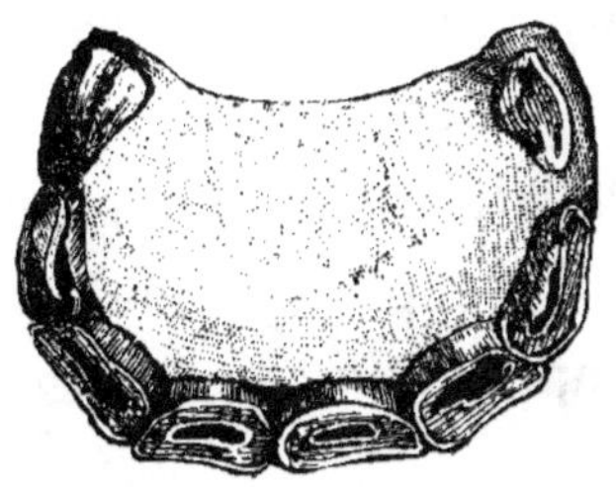

A six ans dans les pinces;

A sept ans dans les mitoyennes;

A huit ans dans les coins.

On remarque souvent que le cornet dentaire devient triangulaire à sept ans dans les pinces, à huit ans dans les mitoyennes, et à neuf ans dans les coins.

Le cornet radical, à huit ans, apparaît en avant du cornet dentaire dans les pinces.

Lorsque l'usure des dents est plus avancée, le cornet radical apparaît seul sur la table. Pour ne pas le confondre avec le cornet dentaire, il suffit de se rappeler que celui-ci se rapproche par son extrémité de la muraille externe; mais ce qui préviendra toute erreur sera de remarquer que le cornet radical n'a pas la paroi interne tapissée par de l'émail, tandis que, dans le cornet supérieur, l'émail, beaucoup plus dur que l'ivoire, s'use moins vite que celui-ci, et forme au milieu de la dent, comme à son pourtour, une crête qui domine l'ivoire.

Au delà de huit ans, l'âge est déterminé par la forme des dents, la manière d'être de l'émail central, et par la direction et la longueur des dents.

Après huit ans, les dents commencent à s'arrondir ; à neuf ans, les pinces sont arrondies ; à dix ans, les mitoyennes, et à onze ans les coins.

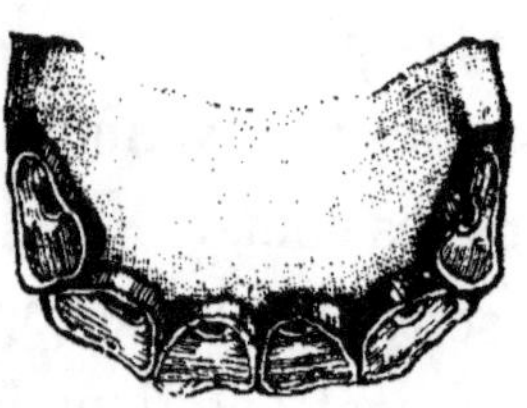

A douze ans, l'émail central disparaît de toutes les incisives à la fois. Cette disparition simultanée du cornet dentaire, bien que les incisives sortent et rasent un an plus tard les unes que les autres, tient à la différence de sa longueur : ainsi le cornet des pinces est plus long que celui des mitoyennes, et celui des mitoyennes plus long que celui des coins.

La période de triangularité, qui succède à celle de la rotondité, n'est bien accusée qu'à quatorze ans dans les pinces ; en sorte qu'il existe de douze à quatorze ans une époque de transition. C'est pourquoi les pinces, à douze ans, présentent leur bord interne assez proéminent pour ajouter à l'épaisseur de la dent et diminuer proportionnellement sa lar-

geur, et partant se rapprocher de la forme triangulaire.

Ce changement s'opère graduellement de la dou-
zième à la quatorzième année ; enfin, à quatorze ans
les pinces seront triangulaires ; elles offriront un
angle postérieur bien marqué en deux angles latéraux.

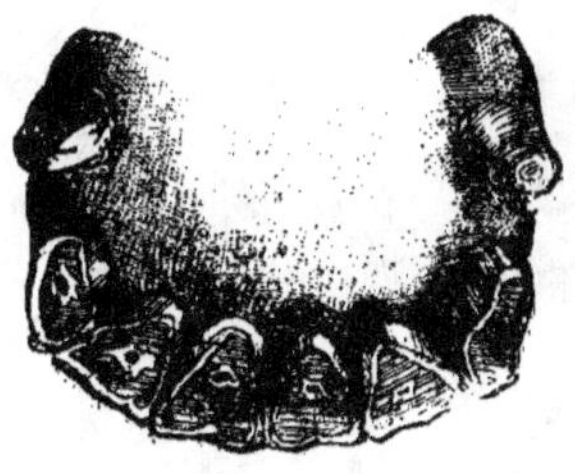

Les mitoyennes seront triangulaires à quinze ans,
les coins à seize.

De dix-sept à dix-neuf ans, les dents incisives,
qui se rapprochaient de la perpendiculaire à l'axe
longitudinal de la tête, prendront une direction
parallèle à ce même axe, se déchausseront et pa-
raîtront éloignées l'une de l'autre, parce que leur
partie la plus aplatie d'un côté à l'autre commencera à se montrer.

A dix-neuf ans, les pinces seront parfaitement
aplaties d'un côté à l'autre.

A vingt ans, les mitoyennes, et à vingt et un
ans les coins.

Au delà de vingt et un ans, ce n'est plus par les
dents qu'il faut juger les services que le cheval peut

rendre, mais bien par l'état de ses membres et par ses facultés de tempérament.

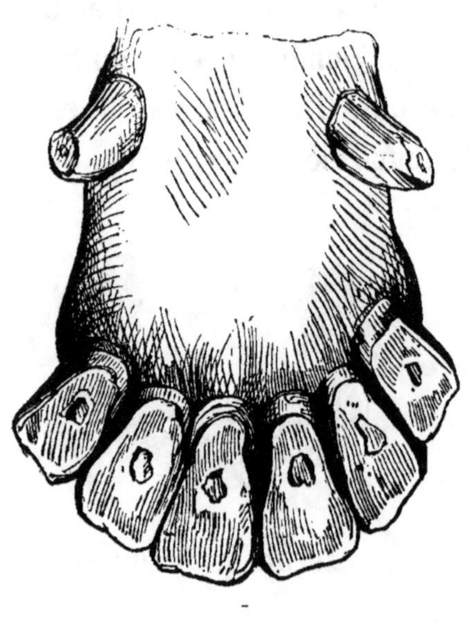

CHAPITRE II.

Étude de l'âge au moyen des plis des lèvres.

Nous allons essayer d'établir en théorie les signes auxquels les Arabes reconnaissent l'âge de leurs chevaux. Ce peuple n'a pas, comme nous, des connaissances précises au moyen desquelles il puisse déterminer l'âge d'un cheval, pas plus que ses qualités physiques ou morales; et cependant, il faut l'avouer, il n'est pas ignorant dans l'art de faire des chevaux, de les élever, de les monter, d'apprécier leur âge et leurs qualités; et cette aptitude, il ne la tient que de son éternelle routine ou des légendes transmises, dans chaque tribu, de génération en génération.

Les Arabes ne recourent que peu ou pas du tout aux dents pour connaître l'âge de leurs chevaux; ils se servent des plis ou rides qui surviennent aux lèvres.

Nous avons nous-même vérifié ce principe, et il nous a rarement induit en erreur. Ces indices ne sont pas plus invariables que les dents pour l'appréciation de l'âge; mais, il faut le dire, l'une et l'autre méthode demande une longue pratique pour avoir des résultats à peu près assurés.

Pour reconnaître l'âge d'un cheval par ce moyen, il faut prendre la lèvre dont les plis sont le mieux accusés; plaçant ensuite le pouce sur le dernier pli le plus rapproché du bout du nez, on appuiera, en remontant un peu le pouce, de manière à faire ressortir les rides : le nombre de plis les plus apparents et traversant complétement ou presque complétement le bord de la lèvre accusera le nombre d'années, moins une, jusqu'à huit ans.

Ainsi un cheval de quatre ans portera cinq plis; celui de cinq ans en aura six, et ainsi de suite jusqu'à huit ans. Il faut toujours avoir l'attention de déduire le pli sur lequel on place le pouce.

Les plis se comptent du bas des lèvres en remontant vers leurs commissures, ayant soin de s'arrêter à celui qui se trouve dans la direction des deux lèvres ou de leur ligne de jonction.

Au-dessus de huit ans, on retranche deux plis pour avoir le nombre d'années jusqu'à seize ou dixsept ans, époque à laquelle l'âge des chevaux est très-difficile à déterminer, soit au moyen des dents, soit au moyen des plis des lèvres.

Les plis des lèvres peuvent donc être regardés comme des signes indicatifs de l'âge, pouvant déterminer le nombre d'années, ou tout au moins pouvant confirmer ou contredire l'âge accusé par les dents.

CHAPITRE III.

ARTICLE 1.

Étude du pied.

Le pied n'est pas seulement un instrument de support pour le cheval, il est encore un organe essentiel de la locomotion; et le meilleur cheval est incapable d'aucun service s'il a de mauvais pieds. Son étude est si importante, que tous les hippologues en ont fait un article à part.

Les parties contenues dans le pied sont d'abord

l'os du pied et le naviculaire, des cartilages, des capsules, les expansions tendineuses des fléchissures du doigt, des ligaments; le tout, entouré d'une chair particulière, appelée *chair du pied*, est contenu dans l'ongle ou sabot, avec lequel il se lie intimement au moyen de feuillets parallèles.

L'ongle ou sabot se divise en plusieurs parties, qui sont : la *paroi*, la *sole* et la *fourchette*.

La paroi comprend toute la périphérie du pied, dans laquelle les parties contenues sont placées comme dans un cylindre coupé obliquement à ses deux bouts. Elle est formée par une réunion de poils sécrétés par la peau de la partie supérieure du pied, et agglutinés ensemble au moyen d'un *gluten* qui, lui-même, est sécrété par le bourrelet qui se trouve à la partie supérieure du sabot. La paroi est plus épaisse en avant qu'à toutes ses autres parties, et la muraille extérieure est elle-même plus épaisse que la muraille opposée. Arrivée à la partie postérieure du pied, la paroi se replie sur elle-même de dehors en dedans, et forme les talons. Les deux bandes vont se réunir à angle aigu vers le milieu de la face plantaire, et forment les *arcs-boutants*.

La paroi se divise aussi en *pince*, sa partie antérieure; *mamelles*, situées de chaque côté de la pince; *quartiers*, qui viennent ensuite, et *talons*, dont nous avons déjà parlé. Elle présente à son

pourtour intérieur une multitude de lames parallèles suivant la verticale, auxquelles on a donné le
nom de *feuillets de corne;* ceux-ci sont intercalés
avec autant de feuillets fournis par la chair du pied,
ce qui lui a fait donner le nom de *chair cannelée.*
De leur réunion résulte une adhérence parfaite entre les parties contenantes et les parties contenues,
et une parfaite élasticité.

La sole est une plaque cornée placée comme une
voûte sous le pied. Sa corne diffère beaucoup de
celle de la paroi en ce qu'elle est moins résistante,
friable, et qu'elle se forme par couches parallèles et
horizontales. Elle adhère par sa partie supérieure
avec la chair du pied, qui la sécrète et la régénère.

La fourchette est un corps pyramidal dont la
substance, moins dure que celle des autres parties
du pied, ressemble à du caoutchouc. Elle remplit
le vide compris entre les *arcs-boutants,* et s'étend
vers les talons où elle est bifurquée. Par sa partie
supérieure elle adhère avec la chair du pied, qui
prend, dans cet endroit, le nom de *fourchette de
chair,* ou mieux *coussinet plantaire.*

Pendant la marche, l'ongle jouit de la faculté de
se dilater et de se resserrer.

C'est cette élasticité, qu'il est si utile de ne pas
contrarier par la ferrure, qui rend l'étude du pied
indispensable.

Au moment où l'appui a lieu, le poids de la

masse fait descendre les parties contenues du pied dans le sabot; la voûte de la sole est comprimée de haut en bas et s'évase en forçant les parties postérieures de la paroi à s'éloigner l'une de l'autre : il arrive aussi en même temps que les arcs-boutants, comprimés par leur bord supérieur, s'écartent par leur bord inférieur et concourent à l'écartement des talons.

Dès que l'appui cesse, le resserrement de l'ongle, ou plutôt son rétablissement, a lieu par le même mécanisme, mais en sens contraire.

Si on a bien remarqué les différences d'épaisseur de la paroi, on verra qu'elles sont disposées de manière à lui permettre de s'élargir et de se resserrer à la manière d'un ressort dont le nerf ou la force est à la pince. Aussi doit-on empêcher les maréchaux de diminuer l'épaisseur de cette partie.

L'élasticité du sabot concourt puissamment à l'exécution de la marche; elle est très-propre à seconder la vitesse : car en agissant sur le pied à la manière d'un ressort, elle seconde le mouvement d'enlever et de pulsation qui produit la progression.

Le pied n'a pas de proportions absolues, mais bien relatives à la taille; en vain voudrait-on préciser ses dimensions avec le compas ou par des chiffres, on ne parviendrait jamais à bien démontrer ses mesures. Le coup d'œil seul doit faire juger de ses rapports de volume avec l'ensemble du corps.

On va cependant indiquer les caractères de bonté et de beauté du pied.

L'ensemble du pied doit présenter la figure d'un cône tronqué à ses deux extrémités.

La paroi doit s'évaser graduellement en allant de son bord supérieur à son bord inférieur; sa surface sera unie, bien lisse, garnie de son gluten; ses fibres seront longitudinales. La paroi devra être exempte de cercles ou d'avalures; sa corne sera liante, élastique, compacte sans être trop dure ni trop molle; son bord supérieur s'unira intimement avec la peau; le bord inférieur devra dépasser la sole avec laquelle elle s'unit. La paroi devra former avec la sole un angle de 45°.

La voûte sera bombée sans excès. La sole aura assez de résistance pour ne pas céder trop facilement à l'action des parties internes qui la compriment pendant l'appui.

La fourchette offrira ses deux branches bien apparentes, et les *arcs-boutants* lui prêteront un appui solide, propre à empêcher le rapprochement des talons. Ceux-ci seront suffisamment élevés pour établir une juste répartition du poids de la masse sur la surface plantaire.

Les pieds qui s'éloigneront de ces conditions seront défectueux.

ARTICLE II (*).

Défaut de l'appui en pince.

Lorsque la pince n'a pas l'obliquité **voulue**, qu'elle est trop verticale parce qu'elle **manque de** longueur, ou que l'excès des talons détruit **son** obliquité, le pied est dit *pinçard*. Le mal de cette conformation est de porter l'appui trop en pince, de ne lui laisser qu'une surface peu étendue, au lieu de celle que devrait lui fournir toute la face plantaire, de rendre la marche chancelante et d'exposer les chevaux à butter ou à faire des faux pas.

Lorsque la pince pèche non-seulement par le défaut que nous venons de signaler, mais qu'elle traîne sur le sol pendant la marche, on dit que le cheval est *rampin*. Ce défaut est plus grave que le précédent.

Les pieds qui manquent de volume sont dits *petits*, et ont une tendance à se resserrer.

ARTICLE III.

Défauts de l'appui en talons.

Lorsque la pince est trop oblique, que la voûte est abaissée et que les talons sont bas, le pied est

(*) *Ancien cours d'équitation de l'École.*

dit *plat*. L'appui se fait alors trop en talons, et la marche devient lente et difficile. Il en résulte aussi un tiraillement continuel des tendons, qui amène prématurément leur usure. La voûte, étant trop rapprochée du sol, est exposée à être meurtrie : de là des maladies de pieds, toujours très-graves.

La corne des pieds *plats* est ordinairement molle, et les clous s'y maintiennent difficilement.

Lorsque la sole dépasse en dessous les bords de la paroi, le pied est dit *comble*. Ce défaut est très-grave, rend la marche douloureuse, et le cheval est bientôt dans l'impossibilité de rendre des services.

Dans les pieds mous et gras, la corne n'a pas assez de consistance pour défendre les parties internes.

Les talons peuvent être bas et la pince trop inclinée, sans que la voûte soit abaissée. Le défaut des talons bas est bien moins grave que celui des pieds combles.

ARTICLE IV.

Défauts de l'appui en quartier interne.

Si le quartier interne est plus bas que l'externe, et que la pince soit tournée en dehors, le pied sera *panard*. Ce défaut amène la dégradation du quartier interne, et nuit à la régularité de l'appui.

ARTICLE V.

Défauts de l'appui en quartier externe.

Lorsque le pied est tourné en dedans, il est dit *cagneux*. L'appui se faisant particulièrement sur le quartier externe, cette partie subit les mêmes conséquences que le défaut précédent.

On appelle pieds *cerclés* ceux dont la paroi présente un ou deux cercles transversaux, qui gênent quelquefois les mouvements et même la nutrition des parties internes.

Les pieds trop *grands* rendent le cheval maladroit.

Les pieds *resserrés* apportent de la gêne dans la marche.

Les pieds à *talons bas* occasionnent toujours de la douleur.

On appelle *pied encastellé* celui dont les talons se sont rapprochés ainsi que les quartiers. Ce défaut, qui provient de la faiblesse des arcs-boutants, et assez souvent d'une ferrure mal appliquée à des pieds qui avaient déjà une tendance à ce défaut, est très-grave, et amène presque toujours des claudications difficiles à faire disparaître.

TITRE II (1).

CHAPITRE I.

Examen des parties extérieures du cheval, avec désignation des parties du squelette qui en sont la base.

CONSIDÉRATIONS.

Pour faciliter l'étude du squelette, nous l'avons divisé en trois parties : tête, tronc et membres. Puisque les parties qui vont être l'objet de nos études ne sont qu'un ensemble de tissus placés et arrangés symétriquement sur les os du squelette, nous procéderons sur la même base, et nous diviserons les parties extérieures en tête, tronc et membres.

ARTICLE I.

§ 1.

Tête.

Placée à la partie antérieure du corps du cheval, la tête mérite une grande attention, non-seulement

(1) Lecoq, *Traité d'extérieur.*

à cause des parties importantes qu'elle renferme, mais aussi parce qu'elle joue un grand rôle dans la station et dans le mouvement.

A sa partie supérieure la tête présente un bouquet de crins qui se trouve entre les deux oreilles et sur le prolongement de la crinière, et descend sur le front, le *toupet*; il contribue énormément à accentuer la physionomie du cheval.

De chaque côté du toupet sont plantées les *oreilles*. Pour être belles, les oreilles doivent être petites, écartées par leur base presque autant que par leur pointe; on les dit alors *hardies*, et annoncent la hardiesse, la franchise et la vigueur, en ajoutant à la physionomie du cheval.

Les oreilles ne servent pas seulement à l'audition, elles sont encore l'un des moyens d'expression du cheval. Le cheval chatouilleux et méchant couche les oreilles en arrière lorsqu'il médite une attaque ou une défense. Si pendant la marche il les porte alternativement et brusquement en avant et en arrière, le cheval est sous l'influence de quelque inquiétude, ou il n'entend pas bien, ou il a de mauvais yeux.

Le cheval aveugle a toujours les oreilles dirigées en avant, suppléant ainsi par le surcroît de ce sens à l'absence de la vue.

Les oreilles des chevaux sourds sont sans mouvement et tombent un peu de côté.

La longueur des oreilles peut varier, ainsi que leur direction.

Les oreilles longues donnent à la tête un caractère stupide ; si elles sont rapprochées par leur pointe on les dit oreilles de *lièvre* ; pendantes en dehors, elles sont dites oreilles de *cochon*. On appelle *oreillard* le cheval qui ne porte pas bien ses oreilles ou les remue constamment.

Au-dessous des oreilles on rencontre les yeux : leur structure et leurs propriétés ont déjà été examinées dans un chapitre précédent, il suffit maintenant de dire que, pour être beaux, les yeux doivent avoir des humeurs parfaitement transparentes, leur cornée exempte de taches ; ils doivent être grands et à fleur de tête, et enfin leur expression, qu'il faut toujours consulter avant tout, car elle peut fournir des indices certains du caractère du cheval, leur expression, disons-nous, doit annoncer l'énergie et la vigueur en même temps que la bonté de caractère : ces qualités, on les trouve peintes au plus haut degré dans les yeux du beau cheval arabe, ce qui a fait dire qu'il a le *regard ami*.

Les yeux doivent être à fleur de tête, avons-nous dit. Il ne faut pas confondre cette qualité, qui résulte de la position respective du globe de l'œil, avec le défaut des yeux dont la cornée, trop bombée, dépasse les parties environnantes : cette structure particulière constitue les yeux *hagards*, et rend les chevaux ombrageux par suite de la trop grande convergence que subissent les rayons lumineux. Ce défaut constitue la *myopie.*

La myopie peut exister sans que la cornée lucide soit trop bombée; elle provient alors de la disposition des parties internes de l'œil.

Le défaut contraire constitue l'œil *plat* et *presbyte*, qui rend également le cheval ombrageux.

Lorsque l'œil est petit, enfoncé dans l'orbite, on l'appelle œil de *cochon*. Cette particularité peut faire présumer le manque de franchise ou la méchanceté. On pourra presque infailliblement être assuré de ce dernier défaut, si la paupière supérieure, au lieu d'affecter une courbe régulière, offre près de l'angle nasal une brisure qui constitue un angle dont le sommet remonte vers l'arcade orbitaire: c'est ce que l'on appelle le *pli de méchanceté.*

On appelle yeux *vairons* ceux dont l'iris est de couleur grise ou blanchâtre. Le cheval peut avoir un ou deux yeux vairons.

On dit encore que le cheval a un *dragon* pour désigner la blancheur du cristallin dans l'affection de la cataracte.

Entre les oreilles et les yeux est placé le front : c'est le devant de la boîte crânienne; aussi, sachant que le cerveau est le foyer de l'intelligence et des facultés morales des animaux, désirerons-nous que le front soit large et long; ce que l'on mesure par l'écartement des oreilles et des yeux, et par leur éloignement réciproque. On traduit cette qualité physique en disant que le cheval a le *front carré*. On veut encore que le front soit plat, c'est-à-dire qu'il ne présente ni convexité ni concavité.

Les *tempes* sont situées entre l'arcade temporale et l'articulation de la mâchoire; elles présentent quelquefois des cicatrices indiquant que l'animal a été affecté de maladies graves, telles que le vertige, les coliques violentes, la paralysie d'un ou plusieurs membres. On doit s'assurer si ces blessures n'ont pas intéressé l'articulation.

On désigne, sous le nom de *salières*, des cavités situées au-dessus des arcades orbitaires.

Les *joues* sont situées sur les côtés de la tête, et ont pour base les muscles qui meuvent la mâchoire sur le crâne. La joue est plate chez les chevaux fins, et très-volumineuse chez ceux de race commune.

Quelques chevaux ont l'habitude de laisser accumuler une certaine quantité d'aliments entre les joues et les molaires, ce qui se reconnaît à la mauvaise odeur qui s'exhale de la bouche au moment où on l'ouvre : on dit alors que le cheval *fait magasin*. Il peut en résulter la *carie* des dents.

Le *chanfrein* doit suivre la ligne du front jusqu'entre les deux naseaux, où il se termine. Lorsqu'il présente une concavité, on dit que le cheval est *camus*, sa convexité constitue la tête *busquée*;

et, si la courbe prend de la nuque au bout du nez,
on dit alors que la tête est *moutonnée.*

Les *naseaux* doivent être grands, bien dilatés,
ce qui indique une grande capacité des voies respiratoires. La membrane pituitaire sera vermeille,
bien enduite de son mucus, et laissera échapper de
légères gouttelettes provenant de vapeurs condensées ou des larmes; on sait que la couleur de cette
membrane peut indiquer le tempérament du cheval.

Les branches du maxillaire inférieur dans leur partie postérieure et recourbée, constituent ce que l'on
appelle les *ganaches;* le vide compris entre ces
branches constitue l'*auge.* L'auge doit être large et
bien évidée : large, pour loger facilement la gorge
dans la flexion de la tête, et bien évidée, car la
disposition contraire est souvent un état maladif.

On désigne, sous la dénomination de *bout du nez,*
l'extrémité de la tête, formée par la mâchoire supérieure. Le bout du nez doit être petit, ce qui a fait
dire, des chevaux qui possèdent cette distinction,
qu'*ils boiraient dans un verre.*

L'extrémité du maxillaire inférieur porte une
éminence qui est la base du *menton.* La partie située au-dessus et en arrière est désignée sous le
nom de *barbe;* c'est sur elle que la gourmette s'appuie pendant l'action du mors ; la peau du menton et de la barbe, qui est toujours dénuée de
poils, est très-fine et porte, ainsi que le bout du

nez, des crins durs, forts et de quelques centimètres de longueur ; ces crins paraissent être placés
là pour avertir la sensibilité de cette partie de l'approche des corps. Ceux que l'on trouve autour des
yeux paraissent remplir la même fonction à l'égard
de ces organes.

La *bouche* est une cavité circonscrite entre les
deux mâchoires, et présente diverses parties, dont
l'étude est très-utile : d'abord les *dents*, dont nous
connaissons toute l'importance ; le *canal*, la *langue*, les *barres* et les *lèvres*.

Le *canal* est la rigole dans laquelle est logée la
langue ; c'est là que viennent s'ouvrir les canaux
des glandes salivaires, sous-linguale et maxillaire.

La *langue* peut être mince ou grosse. La langue
mince laisse au mors son action tout entière ; trop
grosse, elle la diminue considérablement, si on n'emploie pas une embouchure appropriée à cette conformation. Quelques chevaux ont l'habitude de sortir et de rentrer à chaque instant leur langue ; ce
défaut, très-désagréable à la vue, est désigné sous
le nom de *langue serpentine*.

Les *barres* ont pour base la partie du maxillaire
située entre les molaires et les incisives. Elles portent le crochet dans le mâle, et sont recouvertes
par la membrane buccale qui reçoit l'appui du mors.
La sensibilité des barres peut varier suivant la conformation de l'os qui en est la base. Si le bord du

maxillaire est tranchant, les barres, appelées alors *tranchantes*, seront très-sensibles; elles le seront beaucoup moins si elles sont *arrondies*. Les barres sont appelées *calleuses* lorsque le mors, dans une main inhabile, a fait épaissir la muqueuse et durci son épithélium à force d'actions trop dures et répétées.

Quel sera donc l'ensemble de la tête pour être belle?...

La tête sera petite et courte; les oreilles bien plantées, le front carré, les yeux à fleur de tête, annonçant la vigueur et en même temps la bonté. La ligne de la nuque au bout du nez sera droite; les naseaux bien ouverts; la pituitaire vermeille et humide; les ganaches développées, larges et évidées; elles iront en diminuant insensiblement depuis leur partie aplatie, qui ne sera pas trop chargée de muscles, jusqu'au bout du nez, qui sera petit; la peau de la tête sera fine, pour ainsi dire collée aux os, dont elle laissera voir les formes; les vaisseaux sanguins seront bien dessinés sous la peau.

La tête longue et sèche est très-désagréable à l'œil; on l'appelle tête de *vieille*.

La tête *grosse* et *lourde* est celle dont l'extrémité inférieure est trop grosse, les muscles trop développés, la peau épaisse, les yeux petits, les crins abondants et grossiers, les oreilles mal plan-

tées, les lèvres épaisses et calleuses. Lorsque tous
ces défauts se trouvent réunis, on dit que le cheval
a la tête *canaille*.

On appelle la tête *mal attachée*, lorsque le trop
de rapprochement des branches du maxillaire ne
permet pas à la gorge de se loger dans l'auge : ce
défaut augmente beaucoup les difficultés du dressage. La tête mal attachée peut tenir à d'autres défauts qui se rattachent à l'insertion de l'encolure
avec l'occipital.

———

ARTICLE II.

Du tronc.

§ 1.

Encolure.

L'encolure a pour base les vertèbres cervicales,
des muscles très-développés, le ligament cervical
qui sépare ceux de la partie supérieure, la trachée
et l'œsophage, accompagnées dans tout leur trajet
de vaisseaux et de nerfs. Elle comprend l'*encolure*
proprement dite, le *gosier*, la *gorge* et la *crinière*.

L'encolure prolongée en avant des parties supérieures du tronc forme un bras de levier qui sup-

porte la tête, et dont la forme, le poids et la direction influent beaucoup sur les aplombs et sur les allures du cheval : c'est le gouvernail de toute la machine.

L'*encolure*, pour être belle, doit être longue, allant en diminuant insensiblement du poitrail jusqu'à son point d'attache avec la tête, où elle doit être déliée. La conformation opposée constitue l'encolure mal *attachée*.

L'encolure est *bien sortie*, lorsque son point d'insertion au corps n'est pas noyé dans les muscles de l'épaule et du bras, c'est-à-dire, lorsqu'à ce point on remarque une dépression qui la fait ressortir, et un évidement bien marqué à la pointe de l'épaule. La disposition contraire constitue ce que l'on appelle encolure *fausse* ou mal *sortie*.

Une encolure *longue* n'est jamais un défaut; et lorsque le cheval est bien conformé, sa longueur devient une beauté.

L'encolure est dite *rouée*, quand elle décrit une courbe plus ou moins marquée à son bord supérieur; elle donne beaucoup de grâce au cheval.

L'encolure de *cygne* est celle qui n'est rouée qu'à la partie voisine de la tête.

L'encolure *renversée*, ou de *cerf*, est l'opposé de l'encolure rouée : elle force le cheval à porter au vent; mais ce défaut, grave en apparence, peut être facilement détruit; et un assouplissement bien compris fera toujours une encolure rouée et gracieuse d'une encolure renversée.

L'encolure *droite* est celle dont les lignes supérieure et inférieure suivent une direction rectiligne depuis le poitrail et le garrot jusqu'à la tête.

L'encolure *plate* est celle dont les muscles de la partie inférieure ne sont pas assez développés; on la nomme encore *grêle*. Ce défaut est très-grave, car le peu de développement des muscles importants de cette partie (mastoïdo-huméral) pourra faire présumer leur faiblesse.

L'encolure *courte*, ce qui est un défaut, est presque toujours chargée de muscles, et s'insère mal au poitrail et à la tête; les chevaux de selle qui ont cette conformation, sont très-difficiles à mener. Elle convient particulièrement aux chevaux de trait.

Quelquefois le bord supérieur de l'encolure prend un développement anormal qui l'entraîne de côté: ce défaut, auquel on a donné le nom d'encolure *penchée* ou *penchante*, est dû à l'accumulation d'une grande quantité de tissu graisseux.

On appelle *coup de hache* une concavité du bord supérieur de l'encolure en avant du garrot; c'est un cachet de race.

On appelle *gosier*, quoique improprement, le bord inférieur de l'encolure qui a pour base la trachée et les muscles *sterno-maxillaires*, et se trouve
parée de la masse principale par la gouttière de

la jugulaire. Le gosier bien développé accuse une grande largeur dans la trachée, et par conséquent un indice de respiration étendue.

On donne le nom de *gorge* à la partie supérieure du gosier, qui s'engage dans l'auge lors des mouvements de flexion de la tête. La gorge doit être bien développée comme le gosier, et pour les mêmes raisons.

Le bord supérieur de l'encolure, beaucoup plus tranchant que l'inférieur, est garni d'une grande quantité de crins dont l'ensemble porte le nom de *crinière*. Celle-ci s'étend du toupet, qui la termine en avant, jusque vers le milieu du garrot.

La crinière est, en général, d'autant plus fournie que l'animal est de race plus commune. Les crins des chevaux entiers sont toujours plus abondants et plus longs que chez les chevaux hongres. Lorsque les crins sont tellement abondants, qu'ils retombent également de chaque côté de l'encolure, la crinière est dite *double*.

§ 2.

Garrot.

Placé à la suite du bord supérieur de l'encolure, le *garrot* a pour base les apophyses épineuses des cinq ou six vertèbres dorsales qui suivent la première, surmontées de plans musculaires nombreux et de ligaments.

Le cartilage de l'omoplate concourt aussi à former cette région.

La condition essentielle à rechercher dans le garrot, surtout pour le cheval de selle, est son élévation. Un garrot élevé, en donnant de la hauteur à la partie supérieure de la poitrine, entraîne nécessairement une grande longueur de l'épaule. Il donne au ligament cervical une disposition plus favorable pour soutenir la tête, en même temps qu'il augmente l'étendue, et pourtant la puissance de tous les muscles de l'encolure et de l'épaule, et facilite ainsi la progression.

Comme l'observe M. Richard, on ne voit pas de garrot élevé qui soit charnu et arrondi ; car les apophyses épineuses ne sont garnies de muscles qu'à leur base.

Les conditions de beauté du garrot sont donc d'être *sec* et *élevé*.

L'expérience prouve qu'un garrot gras est plus facilement entamé par la selle, et que les blessures qu'il reçoit sont plus difficiles à guérir. On dit encore que le garrot est bas, noyé ou empâté, lorsque les muscles qui le recouvrent sont très-développés et que les apophyses épineuses des premières vertèbres dorsales sont courtes.

On dit que le garrot *n'est pas bien sorti*, lorsqu'un jeune cheval, qui a atteint tout son développement, laisse présumer que cette partie n'a pas encore acquis toute sa hauteur. On s'en assure en mesurant le cheval de la couronne au coude, et de celui-ci au sommet du garrot : si la mesure de la première portion du membre, portée sur la seconde, dépasse le garrot, infailliblement le cheval grandira de toute la différence.

§ 3.
Dos.

Cette région fait suite au garrot, et a pour base les douze dernières vertèbres dorsales, ainsi que la portion du muscle ilio-spinal qui les recouvre, et tous les muscles, ligaments, cartilages de la région dorsale.

Le dos bien conformé doit présenter dans sa longueur une ligne droite. S'il est trop courbe, le cheval est dit *ensellé*. Cette disposition donne au dos beaucoup de souplesse aux dépens de sa force. Le cheval *ensellé* a souvent le ventre *avalé*.

Lorsqu'au lieu de présenter une légère concavité, le dos est convexe, on le désigne sous le nom de *dos de mulet*.

Un cheval ainsi conformé a les réactions très-dures; mais il compense cet inconvénient par une plus grande force, car son dos participe alors de la condition des voûtes, et le rend particulièrement propre à porter le bât.

Le *dos long* est souvent ensellé, et diminue beaucoup la force de cette partie.

Le *dos court*, au contraire, est très-fort, mais peu souple. Il est à désirer pour les chevaux de tous services.

La *largeur du dos* est toujours une beauté en ce qu'elle accuse le développement des muscles qui le soutiennent, et annonce la capacité de la poitrine ainsi que celle de l'abdomen.

§ 4.

Rein.

Le *rein* fait suite au dos, et se trouve formé des muscles et des autres organes actifs, ayant pour attache les vertèbres lombaires; il participe de la direction du dos.

Sous le rapport de sa longueur, de sa largeur et de sa direction, on ne peut que répéter ce qui a été dit de la région précédente.

Le rein est dit *double*, lorsque les muscles dépassent à droite et à gauche la ligne de l'épine lombaire.

On dit que le rein est mal *attaché*, lorsque le sacrum, au lieu de suivre la même direction que lui, forme un angle dont le sommet, qui se trouve au point de jonction de ces deux parties, regarde en haut; on dit encore que le rein, dans ce cas, est *plongé*.

Mais il ne faut pas confondre ce défaut avec la dépression du rein, qui résulte du trop d'élévation

des deux pointes supérieures de l'os des hanches,
disposition que l'on rencontre dans les chevaux à
croupe oblique. Un examen attentif indiquera bientôt
d'où vient la brisure de la ligne supérieure.

§ 5.

Croupe.

La base de la croupe est fournie par les os
coxaux, le sacrum, les muscles iléo-trochantériens
et les prolongements sacrés des ischio-tibiaux. Cette
masse musculaire énorme laisse apercevoir, dans
les chevaux maigres, l'angle antérieur et interne de
l'ilium, qui forme l'angle de la croupe, et dans
tous, l'angle externe, que l'on désigne sous le nom
de *hanche*.

La croupe forme réellement le premier rayon des
membres postérieurs, et correspond anatomiquement
à l'épaule; mais l'union intime des deux coxaux et
la fixité de leur attache à la colonne vertébrale
font comprendre cette région dans le tronc de l'a-
nimal.

Nous comprenons dans la croupe toutes les parties postérieures du tronc jusqu'à la cuisse.

La croupe *peu oblique* est celle qui suit à peu
près la même direction que le rein et le dos. Elle
est toujours une beauté, et ne se rencontre que dans
les chevaux de race distinguée, tels que les anglais
et les nedjis.

Lorsque la croupe va en s'abaissant de la partie antérieure à la partie postérieure, elle est dite *avalée*. On l'a dit *coupée*, lorsque l'excès de ce défaut la fait paraître plus courte.

Le coxal variant peu en longueur, la croupe presque horizontale sera toujours longue ; au contraire, la croupe sera d'autant plus courte, qu'elle sera plus avalée.

Ce n'est pas seulement sous le rapport du coup d'œil que la croupe se rapprochant de l'horizontale doit être recherchée : plus la croupe est avalée, plus sont abaissés les points d'origine des muscles ischio-tibiaux, et plus aussi ces muscles se trouvent raccourcis, d'où résulte une diminution de leur étendue et de leur contraction.

On appelle *double* la croupe dont les muscles, très-développés, forment de chaque côté une éminence entre lesquelles disparaît, dans un sillon, l'épine sacrée. La croupe double est toujours large, et cette conformation est à rechercher dans les chevaux de trait lourd ; mais, pour des chevaux à allures rapides, son poids serait contraire à la vitesse.

On recherche une croupe large pour les juments poulinières. Elle est toujours plus élevée que dans les chevaux, ce qui fait paraître le garrot bas.

On nomme *croupe tranchante* ou de *mulet* celle dans laquelle les masses musculaires, peu développées, forment un plan incliné de chaque côté de l'épine sacrée. Cette conformation n'est pas toujours un défaut, surtout chez les races auxquelles elle est particulière, comme la race espagnole et la race barbe marocaine.

§ 6.

Hanches.

La *hanche* se confond presque tout entière avec la croupe; aussi ne distingue-t-on ordinairement sous le nom de hanche que la partie qui a pour base l'angle externe et antérieur de l'ilium.

La hanche sera d'autant plus saillante et élevée que la croupe et le coxal seront plus obliques. Nous la voyons s'effacer et s'abaisser dans la croupe horizontale; elle est, au contraire, très-apparente dans la croupe coupée.

La hanche saillante, provenant de la largeur du coxal, n'est un défaut que pour l'œil.

A quelque cause que soit due cette proéminence, le cheval est appelé *cornu*. On remarque surtout cette conformation dans les races allemandes.

Le cheval cornu est exposé à des contusions d'où résultent quelquefois la fracture et le raccourcissement de l'ilium. Cet accident, qui fait désigner l'animal sous le nom d'*épointé* ou *éhanché*, n'est jamais d'une très-grande gravité, si ce n'est dans les juments, où il peut nuire au part, si la fracture a eu lieu au col du coxal.

§ 7.

Queue.

La *queue* termine la partie postérieure du tronc et influe beaucoup, par sa forme et sa position, sur l'élégance du cheval. Elle est non-seulement pour lui un ornement, mais elle chasse les insectes nombreux qui l'incommodent de leurs piqûres.

La queue présente à considérer : 1° le *tronçon*, formé par les os et les muscles coccygiens ; 2° les crins qui la garnissent.

La queue, pour être *bien attachée*, doit partir de la croupe aussi haut que possible, et cette position ne peut elle-même exister que lorsque la croupe est horizontale. Lorsque la croupe est avalée ou coupée, la queue est sans grâce et mal *attachée*.

On doit, en examinant le cheval, soulever la queue, non-seulement pour s'assurer de l'état des parties qu'elle recouvre, mais pour reconnaître, par la résistance plus ou moins grande que l'on éprouve, le degré de vigueur de l'animal. Un cheval mou se laisse toujours soulever la queue sans résistance.

Les crins qui recouvrent la queue doivent la garnir dans toute son étendue.

Lorsque les crins sont entiers et le tronçon de la queue intact, ou privé seulement de quelques coccygiens, le cheval est dit *à tous crins*.

On dit le cheval *écourté* ou *courte queue*, lorsqu'on a retranché une certaine longueur du tronçon et coupé les crins au niveau du point d'amputation.

Si on n'a pas touché aux crins après l'amputation, la queue est dite *en balai*.

La queue coupée très-courte est dite *en catogan*.

Lorsque la queue, soit naturellement, soit par suite de maladies, se trouve en grande partie dépourvue de crins, on l'appelle *queue de rat*.

Les chevaux doués d'un grand degré d'énergie portent la queue en *trompe*.

Pour donner une apparence de vigueur aux chevaux qui en manquent, les Anglais ont imaginé de couper les muscles abaisseurs de la queue. On appelle *queue à l'anglaise*, ou *cheval anglaisé*, celui dont la queue a subi cette opération et a été raccourcie en même temps que les crins. On appelle *nicqueté* le cheval chez lequel on a détruit les muscles abaisseurs sans amputer une partie de la queue.

§ 8.

Poitrail.

Placé au-dessous du bord inférieur de l'encolure et entre les deux angles des épaules, le poitrail a pour base la partie antérieure du sternum et les muscles volumineux qui, de cet os, se rendent aux membres antérieurs.

Sa largeur est en raison directe de celle de la poitrine. Un poitrail large indique une grande capacité de la cavité thoracique, et par conséquent une respiration étendue. Il en résulte pour l'animal plus de force, plus d'haleine ; mais les membres écartés l'un de l'autre par cette ampleur de la poitrine le rendent moins propre aux allures vives et rapides, en rendant plus grand pour le bipède antérieur le déplacement horizontal du centre de gravité. Aussi ne doit-on chercher un poitrail très-large que pour les chevaux destinés à traîner au pas de lourds fardeaux. Plus il faudra que l'allure s'accélère, plus il faudra aussi que la poitrine se rétrécisse ; et, dans certains chevaux, les anglais par exemple, cette diminution de largeur, compensée par une très-grande hauteur de la poitrine, laisse à l'animal toute sa force de respiration, en adaptant, autant que possible, sa conformation à la rapidité que l'on exige dans ses allures.

Pour tous les services, il faut toujours rejeter le cheval dont la poitrine, très-étroite, semble laisser les épaules se joindre. Un cheval ainsi conformé est toujours d'un très-mauvais service ; il ne peut supporter la fatigue ; les allures rapides l'essoufflent, et l'on a remarqué que les chevaux à poitrine très-étroite et avant-bras grêles étaient, beaucoup plus que d'autres, sujets aux maladies aiguës et chroniques des organes respiratoires.

Les maladies très-graves ou la mauvaise alimentation laissent voir le sternum, par suite de l'amaigrissement des muscles, et rendent le poitrail *tranchant*.

Cette conformation du poitrail est souvent aussi le partage des vieux chevaux.

§ 9.

Ars.

L'*ars* sépare le poitrail de l'avant-bras. C'est le point d'union du membre avec le tronc. La peau présente vers ce point des plis nombreux, à cause des mouvements fréquents et étendus qui ont lieu dans cette région.

On dit *frayé aux ars* les chevaux qui s'excorient dans cette partie pendant les chaleurs.

§ 10.

Inter-ars.

C'est l'espace situé entre les deux ars, et que l'on comprend souvent avec le poitrail.

§ 11.

Passage des sangles.

Située à la suite de l'inter-ars et du coude, cette région offre peu d'importance. Elle est quelquefois le siége d'excoriations provenant de l'action des sangles, qu'il est très-facile de guérir.

§ 12.

Côte.

On donne le nom de *côte* à cette région qui a pour base toutes les côtes qui ne sont pas recouvertes par l'épaule et le bras.

La côte du cheval doit offrir une convexité assez marquée ; on dit alors que le cheval a la côte *bien faite*. La trop grande convexité des côtes ne peut avoir lieu qu'au détriment de leur longueur ; on dit alors que le cheval a la *côte ronde*.

La *côte plate* annonce généralement un cheval de peu d'haleine, à moins que l'étroitesse de cette partie ne soit compensée par sa longueur, comme cela se voit dans le cheval de course anglais.

La côte *plate* et *courte* est toujours accompagnée d'un ventre volumineux.

Si on se rappelle le jeu des côtes dans l'acte de la respiration, on verra facilement les inconvénients qui résultent de la trop grande convexité ou du défaut opposé de ces os.

§ 13.

Ventre.

Situé entre le passage des sangles, les aines, les côtes et les flancs, le ventre a pour base les muscles des parois inférieures de l'abdomen et la tunique abdominale.

Son développement doit être médiocre. Lorsqu'il est trop volumineux, il est dit *ventre de vache*. Les chevaux ensellés ont en général le ventre avalé, par suite de la flexion de la colonne dorso-lombaire. Il en est de même des chevaux à côte plate, dont le resserrement de la poitrine rejette en arrière les viscères abdominaux. Le ventre de vache indique un cheval mou, grand mangeur, et peu propre aux allures rapides.

Lorsque le cheval, au contraire, a le ventre très-peu développé, on dit qu'*il manque de boyaux*. Si le ventre est surtout resserré, remonté vers le flanc, on le dit *levretté, retroussé*. Ces deux défauts indiquent que le cheval se nourrit mal, ou qu'il a subi de fortes souffrances.

Le genre de nourriture influe beaucoup sur le développement du ventre. C'est ainsi que le cheval de trait lourd, nourri avec du fourrage dès son enfance, présente toujours un ventre volumineux ; tandis que le poulain de course, nourri presque exclusivement de grains, offre dans l'âge adulte un ventre retroussé, qu'il ne faut pas considérer comme un défaut.

§ 14.

Flancs.

Les flancs ont pour base la portion charnue des muscles ilio-abdominaux. Ils ne sont qu'un prolon-

gement du ventre depuis les côtes et la hanche jusqu'au rein.

Le flanc offre diverses parties à examiner : les
muscles précités qui forment la *corde du flanc*; un
creux situé au-dessus de la corde.

Le cheval en bonne santé et en état moyen d'embonpoint a la corde du flanc peu saillante, le creux
très-peu prononcé.

Dans les chevaux qui ont supporté de fortes maladies ou de grandes fatigues, le flanc est enfoncé,
la corde saillante ; on dit que l'animal a le *flanc
creux*, le *flanc cordé*.

Le flanc est creux dans les chevaux mous qui
ont naturellement le ventre avalé.

Le flanc *retroussé* accompagne toujours la rétraction du ventre à laquelle nous avons donné la
même dénomination.

La longueur des flancs se mesure de la dernière
côte à la pointe de la hanche; elle est en raison de
celle du rein et donne lieu aux mêmes considérations.

Les mouvements du flanc exigent l'examen le
plus sérieux dans le choix du cheval. Ils accusent
l'état des organes respiratoires, dans l'intégrité desquels réside souvent toute la valeur du cheval.

Lorsque le cheval est en bonne santé et qu'il respire librement, le flanc exécute des mouvements
réguliers d'élévation et d'abaissement, correspon-

dant aux mouvements d'inspiration et d'expiration, et séparés, de temps en temps, par des mouvements plus grands, qu'il faut se garder de prendre comme un signe maladif.

Ce mouvement s'accélère en raison de la vitesse et de la longueur de l'exercice auquel on soumet l'animal, et la poitrine est d'autant meilleure que le flanc reprend plus promptement son état naturel. Lorsque l'animal reste longtemps essoufflé, on le dit *souffleur* ou *court d'haleine*.

Nous examinerons, dans un article à part, les maladies respiratoires que les mouvements irréguliers du flanc peuvent annoncer.

§ 15.

Anus.

L'examen de l'anus est beaucoup plus important qu'on ne serait d'abord porté à le croire. Dans le cheval jeune et en bonne santé, il est saillant, bordé d'une espèce de bourrelet formé par le sphincter.

Lorsque l'animal est vieux, épuisé par les maladies, l'anus s'enfonce, devient flasque et quelquefois même *béant*; défaut très-grave en lui-même, et surtout par les causes qui l'occasionnent.

§ 16

Périnée et raphé.

L'espace compris entre les deux cuisses, depuis

l'anus jusqu'aux organes génitaux, et sur lequel la peau, très-fine, ne porte, au lieu de poils, qu'un duvet très-léger, est appelé *périnée*.

Le *raphé* n'est autre chose que la petite ligne saillante qui divise le périnée en deux.

ORGANES GÉNITAUX DU MÂLE.

§ 17.

Testicules.

Les testicules, dont nous connaissons la place, la construction et les fonctions, ne sont pas apparents dans le très-jeune poulain; ils descendent ordinairement dans les premiers mois de l'année de la naissance.

Les testicules bien développés annoncent la force et la vigueur; aussi les trouve-t-on volumineux chez les chevaux arabes, barbes. Il ne doivent pas être trop pendants : c'est un indice de faiblesse dans les races ordinaires.

Les testicules doivent être libres dans leurs enveloppes, et fuir la pression de la main.

Les bourses doivent être souples et sans engorgements.

On trouve des chevaux entiers chez lesquels il n'existe qu'un testicule, ou qui paraissent même en être complétement privés (monorchides et anorchides).

Ce défaut est occasionné par un arrêt de la descente des testicules à travers l'anneau inguinal. Ces animaux sont ordinairement très-vifs, très-portés à l'acte de la génération, et presque toujours méchants et indociles, parce qu'ils sont entiers et qu'on l'ignore le plus souvent.

On désigne, sous le nom de *hongre*, le cheval privé de ses testicules par la castration. On doit examiner attentivement la région des bourses dans le jeune cheval. Elles peuvent être le siége de graves accidents survenus à la suite de la castration.

§ 18.

Fourreau.

On appelle *fourreau* le repli de la peau dans laquelle se trouve maintenue la verge à son état de relâchement.

Le fourreau doit être ample, et il l'est toujours dans les chevaux entiers. Mais, chez les chevaux hongres, il est quelquefois rétréci au point de contrarier l'émission de l'urine et d'occasionner des maladies.

Le fourreau resserré accompagne toujours le ventre levretté. Dans les animaux à ventre volumineux, il présente quelquefois le défaut opposé.

§ 19.

Verge.

C'est surtout dans le choix des animaux destinés à la reproduction que l'on doit s'assurer de l'état de la verge.

Elle peut chez ces animaux, et même chez les chevaux hongres, être le siége de végétations et ulcérations qui nuisent à ses fonctions, et que l'étalon peut transmettre à la jument.

La verge frappée de paralysie pend hors du fourreau et gêne beaucoup le cheval dans ses allures; on l'appelle *pendante.*

La verge doit toujours paraître à l'entrée du fourreau, et en sortir en partie lors de l'émission de l'urine.

ORGANES GÉNITAUX DE LA FEMELLE.

§ 20.

Vulve.

Les lèvres de la vulve doivent fermer exactement cette ouverture. Des plis à leur côté externe indiquent que la jument a pouliné, et le nombre des plis augmente avec celui des parturitions. La vulve doit être aussi exempte des mêmes affections que la verge, qui doivent faire exclure les juments de la production, parce qu'on les regarde comme héréditaires.

§ 21.

Mamelles.

Les mamelles sont à peine apercevables dans la jument qui n'a pas encore pouliné. Elles deviennent ridées et pendantes après plusieurs parturitions.

ARTICLE III.

Membres.

Généralités.

Les membres constituent quatre appendices destinés à soutenir le tronc dans la station et à le transporter dans les différentes allures. On les distingue en membres antérieurs, ou thoraciques, et en membres postérieurs, ou abdominaux; les premiers destinés principalement à soutenir le tronc, et les autres étant en outre chargés de la projection du corps en avant.

On désigne sous le nom de *bipède* la réunion de deux membres, considérés simultanément. On appelle *bipède antérieur*, *bipède postérieur*, la réunion des deux membres thoraciques, des deux membres abdominaux. Le *bipède latéral* est formé par un pied antérieur et le pied postérieur du même côté (bipède latéral droit, bipède latéral gauche). Le *bipède diagonal* se compose d'un pied antérieur et du membre postérieur qui lui est opposé en diagonale, le membre antérieur servant à désigner le bipède. Ainsi le *bipède diagonal droit* se compose du membre antérieur de ce côté et du membre postérieur gauche, etc.

ARTICLE IV.

Membres antérieurs.

§ 1.

Épaule et bras.

Ces deux régions, ordinairement confondues avec le tronc, ont pour base le scapulum et l'humérus, et forment un angle articulaire à peu près droit, dont le sommet, apparent au dehors, porte le nom d'*angle* ou *pointe de l'épaule*.

Nous devons considérer l'épaule sous trois points de vue différents : 1° sa position, 2° sa longueur, 3° sa conformation.

Dans le cheval de selle, l'épaule offrira la conformation la plus favorable lorsqu'elle sera *longue*, *oblique* et *sèche*.

La longueur et l'obliquité de l'épaule donnent aux

muscles, qui de cette région se portent au bras, une plus grande force de contraction. L'obliquité de l'épaule ajoute aussi à la facilité du déplacement, surtout pour les allures rapides, en permettant au membre de se porter plus en avant et d'embrasser ainsi plus de terrain. Quant à la sécheresse de l'épaule, elle s'entend de la masse musculaire de cette partie qui dans le cheval de selle ne doit pas être trop lourde et trop développée.

La beauté de l'épaule pour les chevaux de selle consiste donc dans la longueur, la sécheresse et l'obliquité.

Dans les chevaux de gros trait, au contraire, la beauté de l'épaule est accusée par le développement énorme de ses muscles, et l'épaule est dite *charnue*.

Règle générale : l'obliquité de l'épaule entraîne sa longueur; il arrive pourtant qu'avec l'obliquité l'épaule est courte; dans ce cas, le sommet du scapulum n'arrive pas jusqu'au garrot.

De même, le redressement de l'épaule amène la brièveté.

D'après les dispositions différentes que peut affecter l'épaule, on l'appelle *longue, oblique, droite, courte, maigre* si les muscles sont trop minces, et *charnue* dans le cas opposé.

On appelle *plaquée* l'épaule qui semble être fixée directement sur les côtes; *froide* celle qui a peu de mouvements, mais qui peut en acquérir par le travail; *chevillée* celle dont le manque de mouvements provient d'un vice d'organisation.

Les muscles qui recouvrent l'épaule ne sont pas ceux qui la font mouvoir; ceux qui la portent en avant existent à la base de l'encolure. Lorsque les extenseurs de l'épaule sont bien développés, ils forment un renflement en arrière du scapulum, font saillie à côté de l'épaule, en sorte que celle-ci paraît plate : ce qui constitue un caractère de beauté.

Bien que le bras soit ordinairement confondu avec l'épaule, nous devons chercher à faire ressortir ses conditions de beauté. Le bras doit être long et bien musclé; sa direction doit former avec l'épaule un angle ouvert à 90° au moins.

La longueur du bras se mesure, à l'extérieur, de la pointe de l'épaule au coude, qui doit être toujours assez détaché du tronc pour être aperçu à l'œil.

§ 2.

Avant-bras.

L'avant-bras est formé, dans le cheval, par le radius, recouvert, en arrière et en dehors, par les fléchisseurs et les extenseurs du canon. La face interne, dépourvue de muscles, laisse voir une veine sous-cutanée, sur laquelle on pratique quelquefois la saignée.

On doit rechercher dans l'avant-bras sa longueur, et surtout le développement des muscles qui concourent à le former.

La longueur de l'avant-bras est toujours en raison inverse de celle du canon. Si l'avant-bras est long, il est facile de concevoir que, l'articulation du genou étant à chaque flexion portée plus en avant, l'espace embrassé sera plus considérable, et tout l'effort musculaire sera employé à la progression. L'avant-bras court donne du tride aux allures, mais aux dépens de leur vitesse.

Quelle que soit la longueur de l'avant-bras, cette région doit toujours présenter à sa partie supérieure, antérieure et externe, une forte saillie formée par les extenseurs du canon et du pied, et en arrière une grande épaisseur due aux fléchisseurs. On dit alors que l'avant-bras est *musculeux* ou *bien musclé*.

L'avant-bras *grêle* est celui qui pèche par la disposition contraire. Il annonce peu de force et accompagne toujours le poitrail étroit.

Vers son tiers inférieur, et à sa partie interne, l'avant-bras porte une châtaigne dont le volume est en raison inverse du degré de sang ou de race.

§ 3.

Coude.

La forte apophyse olécrane, qui se prolonge en arrière et en haut de la partie supérieure du cubitus, sert de base au coude, qui est le point d'attache des muscles extenseurs de l'avant-bras.

La longueur du coude est confondue avec celle du bras, mais on peut toujours présumer que le coude est long si le bras a lui-même cette beauté; ce qui assure la belle conformation des deux régions.

§ 4.

Genou.

Centre de réunion entre l'avant-bras et le canon, le genou a pour base, outre les extrémités des os de ces deux régions, une série d'osselets désignés sous le nom d'*os carpiens*. Le genou est susceptible d'une flexion considérable en arrière; mais il ne peut s'étendre sur l'avant-bras que jusqu'au point où il se trouve dans la même direction que lui.

Le genou offre une structure très-compliquée. Comme toutes les autres articulations des membres, il doit être large et, autant que possible, en ligne droite avec l'avant-bras et le canon.

Les régions situées au-dessous du genou présentent une grande ressemblance avec celles qui se trouvent au-dessous du jarret. Nous les étudierons pour tous les membres après la description des parties supérieures de chacun d'eux.

ARTICLE V.

Membres postérieurs.

La croupe et les hanches forment en réalité le premier rayon des membres postérieurs. Nous avons indiqué plus haut les raisons qui les ont fait placer dans le tronc.

§ 1.

Cuisse.

Cette région est en quelque sorte fondue avec le tronc. Elle a pour base le fémur et les muscles qui l'entourent en avant et du côté interne. La face externe est peu développée chez les chevaux fins.

Lorsque la cuisse est très-aplatie d'un côté à l'autre, on la dit *cuisse de grenouille*.

On dit que le cheval est bien *culotté* lorsque la cuisse offre des muscles très-accusés et forts, depuis les hanches jusqu'au tibia.

§ 2.

Fesses.

La fesse a pour base principale les muscles ischio-tibiaux, les trois muscles fessiers, qui sont : le grand ilio-trochantérien, le moyen ilio-trochantérien et le petit ilio-trochantérien. Elle part de la tubérosité de l'ischion, qu'on appelle la *pointe* des fesses, et se rend à l'os de la jambe. La fesse doit être bien fournie, même dans les chevaux fins; chez ceux-ci elle est séparée de la cuisse par un sillon assez bien marqué. Lorsqu'elle est bien descendue sur la jambe, elle annonce beaucoup de force dans le train postérieur.

§ 3.

Grasset.

Cette région a pour base la rotule, recouverte par le repli de la peau, qui semble unir le membre postérieur à l'abdomen, et que l'on désigne sous le nom de *pli du grasset.*

Le grasset ne doit présenter aucune trace d'incision ni de cautérisation.

§ 4.

Jambe.

La jambe est le premier rayon des membres postérieurs qui se détache complétement du tronc : aussi lui donne-t-on vulgairement le nom de *cuisse.* Elle est formée par le tibia et le péroné, entourés en arrière et du côté externe par les muscles fléchisseurs et extenseurs du canon et du pied.

Le développement de ces muscles constitue le cheval bien *gigotté,* ou ayant un *beau mollet* : c'est une beauté à rechercher. On dit la *jambe grêle* lorsque ces muscles sont peu développés.

A la face interne rampe obliquement la veine saphène, qui se continue sur le plat de la cuisse.

La jambe *longue* est à rechercher pour les chevaux de course, mais il faut qu'elle soit bien musclée.

La jambe *courte* ne peut produire une grande vitesse; mais elle offre en compensation de la résistance et de la solidité : ce qui la fait rechercher pour les chevaux de trait lourds et pour les bêtes de somme.

On dit, improprement, qu'un cheval a la *cuisse longue*, ou *bien descendue*, lorsque la longueur de la cuisse, et surtout celle de la jambe, rapproche le jarret de terre.

§ 5.

Jarret.

Cette région, l'une des plus importantes à considérer, à cause des mouvements étendus et répétés dont elle est le siége, a pour base les os tarsiens, l'extrémité supérieure des os métatarsiens et les fortes cordes tendineuses des muscles extenseurs et fléchisseurs du canon et du pied.

La détente du jarret est l'agent essentiel de la progression.

On distingue au jarret un *pli* ou partie antérieure; une *pointe* ou partie postérieure, qui a pour base la tête du calcanéum, et deux faces latérales bornées postérieurement par la *corde du jarret* résultant du muscle *bifémoro*-calcanéen. Entre la corde et l'extrémité inférieure du tibia existe un évidement que l'on appelle le *creux du jarret*.

Nous devons considérer dans le jarret sa netteté, son épaisseur, sa largeur et sa direction.

1° Sa netteté. Indépendamment de l'absence de tares, la netteté du jarret consiste dans la finesse de la peau et la rareté du tissu cellulaire, qui laissent apercevoir les parties sous-jacentes.

Lorsque l'épaisseur de la peau et du tissu cellulaire rendent le jarret informe, on l'appelle *empâté*. Cette conformation se rencontre chez les chevaux communs; tandis que le jarret net et bien évidé est l'apanage des chevaux de race noble.

2° Son épaisseur. Elle se mesure d'un côté à l'autre de l'articulation, et doit toujours être grande, comme pour toutes les articulations des membres, chez lesquelles la largeur des surfaces donne toujours beaucoup plus de force.

3° Sa largeur. On la mesure du pli à la pointe. La largeur du jarret est une condition de beauté.

4° Sa direction. L'angle que forme le jarret peut être plus ou moins ouvert : dans le premier cas le jarret est *droit*, il est *coudé* dans le dernier.

Le jarret *coudé* est toujours large et capable d'une grande force; mais l'articulation se trouve portée en arrière et nuit aux mouvements en avant.

Le jarret *droit* est moins ouvert, par les raisons inverses; cette conformation concourt à chasser la masse dans une direction plus horizontale. Le jarret droit, mais sans excès, indiquera toujours un cheval propre à la course, si en même temps il est long.

Le cheval de course anglais offre le plus bel exemple de cette conformation.

§ 6.

Canon.

Les trois os métacarpiens (le métacarpien et les deux péronés) aux membres antérieurs, et les trois métatarsiens, aux membres postérieurs, forment la base du canon, sur lequel glissent, en avant, le tendon extenseur du pied, et postérieurement, la corde tendineuse des fléchisseurs, qui sera décrite, dans un article particulier, sous le nom de *tendon.*

§ 7.

Canon proprement dit.

Le canon, qui n'a pour base que les os et des tendons, doit être très-*sec.*

Le peu de *longueur*, qui est en raison inverse de celle de l'avant-bras, est une beauté à rechercher dans le cheval de selle; sa *largeur* annonce une grande force des articulations, car l'écartement des tendons, qui sont les prolongements des muscles fléchisseurs du doigt, assure la puissance des leviers qu'ils représentent : ainsi, on voudra que le canon soit court, *large* vu *de profil*, et *mince* vu de face.

Les canons sont dits *grêles*, lorsqu'ils offrent peu de largeur, par suite du peu d'écartement des tendons.

Les canons vus de face sont minces dans les chevaux de sang, chez lesquels la densité des tissus présente une résistance quelquefois plus grande que ceux des chevaux communs chez lesquels ils sont plus volumineux ; ils donnent en même temps plus de légèreté aux membres.

§ 8.

Tendon.

Cette corde épaisse et solide, située en arrière du canon, est formée par la réunion de deux tendons fléchisseurs du pied, entourés de leurs gaînes synoviales.

Le tendon doit être *sec*, ferme et bien détaché du canon.

Le tendon sec et ferme annonce la vigueur, qui est toujours le partage des chevaux de sang et de race.

Les tendons *mous* annoncent peu de force et appartiennent aux chevaux de race commune.

Le tendon bien *détaché* est celui que l'on rencontre dans les canons larges.

Il doit offrir, pour être dans les meilleures conditions possibles, un parallélisme parfait avec le canon. On l'appelle *tendon failli*, c'est-à-dire manqué, lorsqu'il est trop rapproché du canon à sa partie supérieure. La force en est considérablement diminuée par cette conformation.

Toutes les fois que le tendon est bien détaché, il laisse entre lui et le canon un espace creux, bien évidé, et dans lequel on aperçoit, à travers la peau, le tendon *suspenseur du boulet*.

Le tendon étant le moyen principal par lequel le corps est soutenu sur les extrémités pendant la station et l'exercice, il n'est pas rare qu'il éprouve souvent des altérations, d'autant plus graves que la plupart sont rarement suivies de guérison.

§ 9.

Boulet.

Cette région est formée par l'articulation de l'os principal du métacarpe, ou du métatarse, avec le premier os phalangien et les deux sésamoïdes (*grands*).

Le boulet, qui tire son nom de sa forme renflée, doit présenter un grand développement. Un boulet petit, mince, annonce toujours peu de force et surtout peu de résistance à une fatigue prolongée.

§ 10.

Fanon et ergot.

En arrière du boulet se trouve un bouquet de poils, dont l'abondance et la longueur sont toujours en raison inverse de la finesse du cheval, et que l'on nomme *fanon*.

L'*ergot*, tubercule corné que recouvre le fanon, est comme celui-ci et comme la châtaigne, très-petit chez les animaux de race noble, tandis qu'il s'élargit et s'allonge dans les chevaux communs.

§ 11.

Pâturon.

Cette région a pour base le premier phalangien, recouvert en avant par l'expansion du tendon extenseur, et postérieurement par la double corde des fléchisseurs du pied, séparée de l'os par un très-fort ligament, qui va se terminer à la partie supérieure et postérieure de l'os de la couronne, deuxième phalangien.

Le pâturon doit présenter une certaine force ; mais c'est surtout sa direction et son plus ou moins de longueur qu'il importe de considérer dans le choix d'un cheval. Nous l'examinerons sur ces deux points de vue à l'article *Aplombs*.

Il suffit maintenant de dire que sa longueur doit

être moyenne, et sa direction tenir le milieu entre
l'horizontale et la verticale.

§ 12.

Couronne.

La couronne n'est, à proprement parler, que la
partie inférieure du pâturon, ou la bordure qui sur-
monte, qui *couronne* le bord supérieur du sabot.
Elle a pour base la partie de cette phalange située
en dehors de la boîte cornée et la partie supérieure
des deux fibro-cartilages latéraux de l'os du pied.

La couronne ne doit déborder que de très-peu
le bord supérieur du pied, sur lequel doivent être
régulièrement rabattus les poils qui la recouvrent.

§ 13.

Pied.

L'étude que nous avons déjà faite de cette partie
nous dispense d'en parler.

TITRE III.

CHAPITRE I.

Aplombs.

Généralités.

On entend par *aplombs* une disposition des membres sous la masse qui est à la fois favorable à son support et à la progression.

Pour examiner le cheval, il faut le placer, c'est-à-dire le maintenir en repos sur un terrain horizontal, de telle sorte que les quatre pieds forment les quatre coins d'un rectangle, qui représente la base de *sustentation*. Dans cette situation le poids de la masse pèse également sur chaque bipède latéral. Mais le bipède antérieur est toujours plus chargé que le postérieur.

On examine les aplombs du cheval de face, de profil et par derrière, au moyen d'une ligne verticale imaginaire.

ARTICLE I.

Aplombs des membres antérieurs vus de face.

Une verticale abaissée de la pointe de l'épaule à terre doit partager toute la partie inférieure de l'extrémité en deux parties égales. (Pl. 1, fig. 1).

Le membre est alors d'aplomb.

Si le membre est porté en dedans de cette ligne, le cheval est dit *cagneux* du devant; l'appui du pied aura lieu sur le côté externe, et le cheval sera exposé à se couper, ou à se toucher les boulets, et même les canons jusque près du genou, avec la partie antérieure et interne du pied, les mamelles. Ce défaut se rencontre ordinairement chez les chevaux communs. (Fig. 6).

Lorsque le membre est porté en dehors de la ligne d'aplomb, le cheval est dit *panard*; l'appui s'opère sur le côté interne du pied, et le membre décrit en marchant des arcs de cercle sur le côté. Ce défaut n'est pas rare chez les chevaux de pur sang anglais. (Fig 4).

L'écartement ou le rapprochement des extrémités antérieures provient de la largeur ou de l'étroitesse du poitrail.

En effet, chez les chevaux à côte ronde, les rayons supérieurs du membre, appliqués sur la partie antérieure de la poitrine, ne peuvent avoir leur plan parallèle au plan médian du corps du cheval. Le sommet du scapulum et celui de l'angle articulaire scapulo-huméral étant fixés sur les parties supérieures et antérieures de la poitrine, le coude sera porté en dehors par le développement des côtes, et le bas du membre dirigé en dedans de la ligne d'aplomb. (Pl. 1, fig. 5).

Dans les chevaux à poitrine étroite, au contraire, les coudes étant pour ainsi dire tournés l'un vers l'autre, le bas du membre est porté en dehors. (Pl. 1, fig. 4).

C'est ce qui explique pourquoi les chevaux communs, à poitrail large, sont généralement cagneux, tandis que les chevaux d'espèce anglaise, qui ont la poitrine très-étroite, sont plus souvent panards.

Lorsque le membre s'écarte en dehors de la ligne d'aplomb, à partir du genou, le cheval est dit *panard du genou*. Ce défaut est toujours grave, mais plus ou moins, suivant le degré de déviation.

Le cheval est dit *panard du boulet*, lorsque le membre est parfaitement d'aplomb dans la partie supérieure, et que la déviation en dehors n'a lieu qu'à partir de cette articulation. Ce défaut est beaucoup plus grave que le précédent et ne tarde pas à amener l'usure des boulets.

Les membres antérieurs peuvent aussi être cagneux *du genou* ou *du boulet;* mais les exemples en sont si rares, qu'il ne se rencontre pas un cheval sur mille qui soit atteint de cette défectuosité.

Le pied suit toujours la déviation d'aplomb du membre, c'est-à-dire qu'il est tourné en dehors, quand le cheval est panard, et en dedans lorsque le cheval est cagneux.

Lorsque la pince et l'épaule sont dans la verticale, et que le genou est porté en dedans, on dit que le cheval a les *genoux de bœuf*.

Lorsqu'il est porté en dehors, il est dit *cambré*. C'est un défaut d'aplomb que l'on ne rencontre que très-rarement.

———

ARTICLE II.

Membres antérieurs et postérieurs vus de profil.

Une verticale passant par le tiers postérieur de la partie supérieure externe de l'avant-bras doit partager également le genou, le canon et le boulet, et regagner le sol à une certaine distance des talons. (Pl. 2, fig. 1).

Si le membre est porté en avant, le cheval est dit *campé du devant*. Si, au contraire, il est porté en arrière, le cheval est *sous lui du devant*. Ces deux défauts d'aplomb entraînent des inconvénients assez graves. (Pl. 12, fig. 2 et 3).

Dans le cheval campé du devant, le bipède antérieur sera déchargé d'une partie du poids du corps; mais cette diminution de charge n'aura lieu qu'aux dépens du bipède postérieur.

Cette position inclinée du membre devient un arc-boutant et s'oppose à la progression. L'appui, quoique moindre, s'opère sur les talons et les expose aux meurtrissures.

Dans le cheval sous lui du devant, au contraire, le bipède antérieur se trouve surchargé ; les tendons et les ligaments souffrent de leur traction continuelle, augmentée par le poids à supporter.

Le corps, constamment sollicité en avant par l'inclinaison en arrière du membre, ne laissera pas au cheval en mouvement le temps de lever ses pieds assez haut, et ceux-ci, *rasant le tapis*, le cheval *buttera* et sera exposé à des faux pas et à des chutes fréquentes.

Si les deux extrémités du membre sont dans la ligne d'aplomb, et que le genou soit porté en avant, on le dit *arqué* ou *brassicourt*. (Pl. **2**, fig. 6).

Le genou arqué, à très-peu d'exceptions près, est dû à la fatigue ou à l'usure, et s'accompagne presque toujours d'autres défauts des membres.

C'est une conformation qui offre de graves inconvénients : la colonne de support, ayant dans ce cas sa force rompue, aura une tendance à fléchir facilement, surtout lorsque le poids de l'avant-main, augmenté de celui du cavalier, pèsera sur une seule extrémité. De là le peu de solidité des chevaux arqués, et le danger de les employer aux services de la selle.

Le genou brassicourt est un défaut que l'on ren-

contre dans les jeunes chevaux : ici c'est une déviation naturelle des os, près de leurs points de réunion ;
tandis que l'arcure des membres des chevaux arqués
provient de fatigues et est déterminée, ou par la faiblesse des extenseurs, ou par le dérangement de
l'articulation, et devient conséquemment un défaut
beaucoup plus grave.

Beaucoup de chevaux brassicourt finissent par
devenir arqués, et, bien que ce défaut se rencontre
assez souvent chez les chevaux anglais, il faut, autant que possible, ne pas l'admettre dans un cheval
de selle.

Si le genou seul est porté en arrière de la ligne, on le
dit *genou creux*. (Pl. 2, fig. 7). Ce défaut rompt aussi
la rectitude de la colonne de support, mais dans un
sens opposé et dans lequel la flexion bornée par les
ligaments du genou ne peut augmenter qu'en les
distendant. Cette déviation d'aplomb est très-grave
et amène de bonne heure la ruine des membres.

La même ligne verticale peut, après avoir partagé
le boulet, tomber trop en arrière des talons ou trop
se rapprocher de ces parties, ou traverser le pied
lui-même après avoir divisé le pâturon dans sa longueur ; d'autres fois même la verticale peut quitter le
canon avant d'avoir traversé le boulet qui se trouve
alors très-porté en avant.

Si la ligne tombe trop en arrière des talons, le
cheval est *long jointé* (Pl. 2, fig. 4), et s'il gagne, par

cette conformation, de la souplesse dans ses allures, il offre peu de résistance à la fatigue ; car la longueur du pâturon , augmentant celle du bras de levier qu'il représente, donne au suspenseur et aux fléchisseurs un plus grand travail pour supporter le poids du corps, qui agit alors d'une manière plus forte sur l'articulation du boulet.

Les cordes tendineuses cèdent, et peu à peu le boulet se rapproche de terre ; le cheval devient *bas jointé*. (Pl. 2, fig. 4). Ce dernier défaut est presque toujours la conséquence du premier.

Si, au contraire, la ligne verticale se rapproche trop des talons ou les traverse, si la ligne du pâturon se redresse ou devient la même que celle du canon, le cheval est dit alors *droit sur ses boulets*. (Pl. 2, fig, 5). Il en résulte la perte de l'élasticité ou du ressort qui diminue les secousses en les rendant moins directes ; mais l'usure des os ne tarde pas d'arriver dans cette région.

Le cheval peut être droit sur ses boulets par suite de sa construction naturelle, surtout s'il est *court jointé*. Le premier vice est presque toujours la conséquence du second. Quant au défaut d'aplomb du boulet poussé à l'extrême , il est toujours dû à un excès de travail du membre, et rend le cheval impropre au service de la selle.

Pour les aplombs des membres postérieurs, on abaisse une verticale du milieu de la hanche (articulation coxo-fémorale) à terre. Cette ligne doit être presque parallèle au canon passer en avant de lui, à une petite distance, et partager le sabot. (Pl. 2, fig. 8).

Si le membre est porté en arrière de la ligne, le cheval sera *campé du derrière*. (Pl. 2, fig. 9). Une inclinaison modérée augmentera la vitesse, mais rendra l'arrêt et le ralentissement difficiles à obtenir.

Si le pied est porté en avant, le cheval sera *sous lui du derrière*. (Pl. 2, fig. 10). Ce défaut a l'inconvénient de charger les parties postérieures et de ralentir considérablement les allures. En effet, le membre trop rapproché du centre de gravité, et déjà porté en avant, embrassera moins de terrain pour arriver à son appui, et l'allure sera raccourcie d'autant.

Les défauts de *bas* et *long jointé*, de *court* et *droit jointé* ou *droit sur les boulets* sont amenés par les mêmes causes, et présentent les mêmes résultats fâcheux que ceux des membres antérieurs.

ARTICLE III.

Membres postérieurs vus par derrière.

Pour les aplombs des membres postérieurs vus par derrière, on abaisse une verticale de la pointe des fesses à terre. Cette ligne doit partager le membre en deux parties égales. (Pl. 1, fig. 8).

Les membres postérieurs trop portés en dehors

des verticales tombant de la pointe des fesses constituent les chevaux *trop ouverts du derrière*. (Pl. 1,
fig. 9). C'est le partage des juments et le défaut de certains chevaux qui trottent très-vite, mais courent mal.

Les chevaux trop serrés du derrière ont peu de
solidité, se coupent, s'entretaillent et se croisent en
marchant.

Le cheval peut être panard, cagneux du derrière,
avoir les jarrets trop écartés ou *cambrés* (Pl. 1,
fig. 12), ou trop rapprochés, *clos* ou *crochus* (Pl. 1,
fig. 13).

Ces différentes déviations peuvent se rencontrer
dans tout le membre, comme dans les rayons inférieurs. Tous ces défauts entraînent les mêmes conséquences que pour les membres antérieurs.

Toutes les directions d'aplomb que nous avons
données comme normales, ont été dictées par
la nature et se rapportent aux lois physiques. On
sait qu'une colonne de support possède son maximum de résistance lorsqu'elle est droite et verticale. Les membres du cheval pouvant être considérés comme tels, au point de vue de la station,
nous voudrons qu'ils en possèdent toutes les conditions. De plus, le membre placé dans la verticale se
trouve au centre de ses mouvements, et n'exécute
jamais de déplacements en pure perte, soit qu'il
doive aller en avant, soit qu'il doive se porter en
arrière.

Ainsi, un cheval aura ses aplombs parfaits lorsque les quatre membres, considérés sur toutes les faces, pourront être divisés en deux parties égales par une ligne verticale.

Lorsque la déviation de la verticale existe en ligne droite dans tout le membre, les colonnes de support se trouvent écartées de leur condition parfaite de résistance; mais le défaut est considérablement plus grave si, indépendamment de cette déviation, les colonnes offrent des brisures dans leur longueur.

On ne saurait trop s'appesantir sur l'étude des aplombs; ils peuvent nous donner, en quelque sorte, la mesure de la durée des membres.

CHAPITRE II.

Proportions.

Généralités.

Nous avons jusqu'à présent considéré d'une manière isolée ou absolue toutes les parties du cheval qui composent le corps de l'animal. Nous avons pénétré leur structure intime et particulière; nous avons fixé les caractères de beauté de chacune, et les défectuosités que chacune pouvait présenter. Nous allons maintenant rechercher les rapports de dimension qui doivent exister entre elles, pour que

de leur action simultanée ou successive il résulte
des mouvements faciles et sûrs ; car, dans la machine animale, comme dans celle créée par l'homme,
il faut que toutes les pièces qui la composent soient
en harmonie pour que l'on obtienne le plus d'effet
possible.

L'étude des proportions est donc la recherche
de l'harmonie qui doit exister entre toutes les parties de la machine animale.

Les proportions régulières, en même temps
qu'elles sont une condition de beauté, sont aussi un
indice de bonté, et, si l'on voit quelquefois de bons
chevaux ne remplissant pas les règles des proportions, on peut néanmoins établir que, toutes choses
égales d'ailleurs, un cheval bien conformé, doué de
la même force vitale, serait infiniment supérieur.

Il est facile de démontrer que la régularité des
proportions est une garantie de la conservation de
la machine animale ; car, lorsque l'usure survien-
dra, elle se reportera sur tous les instruments de l'organisation, puisque toutes auront agi régulièrement
d'après la somme de force qu'elles avaient à employer, ni plus, ni moins.

Si on suppose un cheval dont les dimensions et
les leviers de la croupe, des cuisses et des hanches
soient en désaccord avec ceux des épaules, des
bras et des avant-bras ; que le derrière soit trop fort
par rapport au devant, il est évident qu'alors le

derrière chassera la masse sur le devant avec une force telle que celui-ci ne saurait y résister.

Il arrivera alors que le cheval modérera la force de l'arrière-main pour ne pas écraser le devant, ce qui diminuera sa vitesse ; ou s'il le laisse fonctionner avec toute la force dont il est susceptible, la ruine de l'avant-main sera inévitable.

On a pu voir, par les différents jalons que nous avons laissés dans le courant de la description détaillée de la machine animale, que la conformation devait varier avec les services qu'on voulait tirer des chevaux, et que telle ou telle conformation qui constituait une beauté pour un cheval de selle serait un défaut chez le cheval de trait.

Nous donnerons dans ce chapitre les proportions relatives aux chevaux de selle. Du parallèle que nous établirons ensuite entre notre type moyen et les deux extrêmes, ressortiront toutes les variétés de conformation.

Nous devons au fondateur des écoles vétérinaires de France, Bourgelat, sinon l'idée mère, au moins l'établissement rationnel des proportions.

Bourgelat veut que le cheval soit aussi long que haut ; c'est-à-dire que sa longueur, prise de la pointe de l'épaule à la pointe des fesses, soit égale à sa hauteur, prise du garrot à la terre. Ainsi le cheval doit être renfermé dans un carré parfait.

Dans les chevaux courts, les membres de derrière étant très-rapprochés de ceux de devant, les exposent à forger (*) ; mais il faut reconnaître que les chevaux courts, sans excès, ont ordinairement beaucoup de force dans le rein et le dos.

Les chevaux qui sont trop longs de corps sont ordinairement faibles du dos et du rein, et se bercent en marchant. ·

Bourgelat, comme Grisone, le premier qui ait traité des proportions, a pris pour unité de mesure la tête de l'animal ; il l'a divisée en secondes et en points. Il nous suffira, pour arriver à un examen assez détaillé, de la diviser en cent parties, que nous pouvons exprimer en fractions décimales (**).

(*) On dit qu'un cheval *forge* lorsque la pince des fers des membres postérieurs atteint l'éponge des fers de devant.

(**) Voir, pour les proportions, la planche 3.

———

Nota. Pour une étude plus approfondie des proportions, nous renvoyons à un *Traité de locomotion du cheval, relatif à l'équitation, nouvelles proportions*, par M. J. Daudel, édition 1854. Se vend chez Niverlet, à Saumur.

Cet ouvrage est également recommandable par l'extension que l'auteur a donnée à sa théorie des allures, et surtout par l'intérêt réel qu'il présente pour l'équitation raisonnée.

TABLEAU *des principales proportions du cheval,*
d'après BOURGELAT.

	mètres.	centi-mètres.
Hauteur du sommet de la nuque au sol....................	3	»
Hauteur du cheval du sommet du garrot au sol.............	2	50
Longueur du cheval de l'angle de l'épaule à la pointe des fesses.	2	50
Hauteur du cheval du sommet de la croupe au sol..........	2	38
Longueur de l'encolure du sommet de la nuque au garrot......	1	»
Du sommet du garrot au point d'immersion de l'encolure dans l'auge..	»	66
De ce dernier point à l'angle de l'épaule......................	»	82
De ce même point à la crinière............................	»	50
Du garrot, en ligne horizontale, jusqu'au point le plus bas du dos..	»	66
De ce dernier point, également en ligne horizontale, jusqu'au-dessus du sommet de la croupe........................	»	66
Du sommet de la croupe, toujours en ligne horizontale, jusqu'au niveau de la pointe des fesses...........................	»	66
De l'angle de la fesse à celui de la hanche..................	»	82
D'une hanche à l'autre, en ligne droite.....................	»	82
D'un angle de l'épaule à l'autre, en ligne droite.............	»	66
La plus grande largeur du ventre en ligne droite.............	1	»
La distance verticale du point le plus bas du dos à la partie inférieure du ventre.......................................	1	»
Distance verticale du sommet du garrot à la partie inférieure de la poitrine...	1	22
Du sommet de la croupe au grasset........................	»	82
Du grasset au garrot.....................................	»	82
Du jarret au sol...	»	82
Du garrot au grasset.....................................	1	64
De la pointe des hanches au coude.........................	1	64

Les proportions telles que les a fixées Bourgelat
sont celles du cheval de selle, du bon cheval de service. Nous devons faire observer cependant qu'une
longueur de tête pour l'encolure n'est pas assez;
cette proportion convient aux chevaux de trait chez

lesquels elle doit toujours être forte , massive et chargée de chair.

Chez le cheval de selle, la longueur de l'encolure doit être d'une longueur de tête plus un sixième ; elle joint alors la grâce à la puissance de ses muscles.

Chez les chevaux de supervitesse anglais, l'encolure excède souvent cette longueur.

Lorsque la hauteur du corps dépasse deux têtes et demie, les membres sont ordinairement longs et manquent de force : on dit alors que le cheval est *haut perché*.

Il ne faut pas cependant croire que le défaut d'ampleur des membres entraîne toujours leur faiblesse ; on remarque que les chevaux de race, quoiqu'ils aient des membres légers, offrent une compensation avantageuse par la densité des os et la solidité des cordes tendineuses. Aussi sont-ils souvent plus forts que ceux qui ont beaucoup de gros.

La brièveté des membres n'est un défaut que lorsqu'elle est portée à l'excès ; mais ordinairement les chevaux qui ont les membres un peu courts sont bons , et surtout bons trotteurs. On dit alors qu'ils sont *près de terre*.

L'épaisseur du corps, considérée en hauteur et transversalement , doit être égale à une longueur de tête. Les côtes, alors bien cerclées et bien descendues, donnent un vaste logement aux principaux viscères et facilitent par là le jeu des organes de la vie.

La ligne horizontale qui mesure la hauteur du cheval doit être tangente au garrot, et passer au-dessus de la croupe à une distance à peu près égale à l'épaisseur du boulet; de cette manière l'avant-main dominera assez l'arrière-main pour avoir de la liberté et de la légèreté dans ses mouvements.

L'arrière-main trop élevée surcharge l'avant-main d'une manière continue; elle porte le centre de gravité trop en avant, amène bientôt l'usure des boulets antérieurs et expose le cheval à des chutes fréquentes et dangereuses. Ce défaut peut être aggravé par une tête et une encolure massives, le manque de jeu des épaules, et surtout par le manque d'aplomb des membres antérieurs.

Le défaut opposé est extrêmement rare; mais en tous cas moins grave que le précédent.

L'épaule sera d'une longueur égale à la tête.

La hanche devra, autant que possible, avoir la même longueur.

Les genoux et les jarrets devront être rapprochés de terre, ce qui assure la longueur de l'avant-bras et de la jambe, qui devront aussi se rapprocher le plus possible de l'unité de mesure, la tête.

CHAPITRE III.

De la similitude des angles (*).

A la théorie des proportions de Bourgelat nous devons joindre celle de la similitude des angles, trouvée par M. le lieutenant général Moris.

Cette théorie établit que la direction des rayons articulaires doit être telle, que les angles qu'ils forment soient semblables entre eux, c'est-à-dire de même ouverture, et que la résultante de la force de chacun ait son action selon l'horizontale, ou mieux dans le sens de la progression.

·Ainsi cette direction sera la même dans la tête, l'épaule, la cuisse et les paturons, ce qui établira quatre lignes parallèles entre elles et inclinées d'avant en arrière; les directions de l'encolure, du bras, de la croupe et de la jambe, formeront quatre autres parallèles opposées aux premières et qui, prises deux à deux, formeront des angles droits.

(*) M. de Saint-Ange, d'après le lieutenant général Moris.

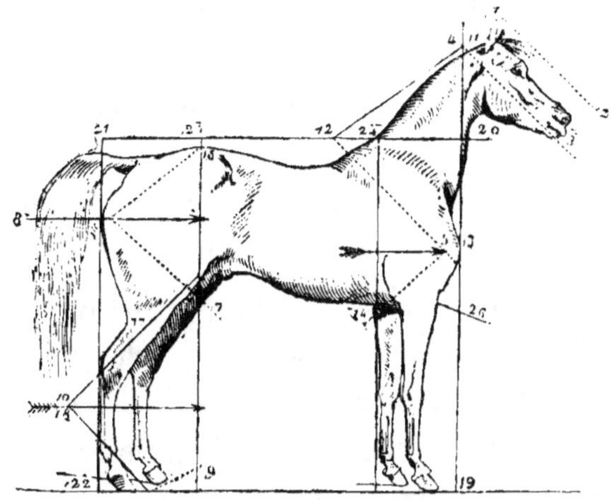

M. de Saint-Ange s'exprime ainsi sur cette théorie : « De l'identité des angles articulaires résultera
« l'identité des actions qu'ils produisent comme force
« dans les actes de la locomotion. En effet, si on sup-
« pose que les forces motrices de la machine animale
« s'appliquent au sommet des angles articulaires, il est
« évident qu'elles agiront toutes dans des directions
« parallèles; qu'aucunes d'elles ne sauraient se ren-
« contrer, se heurter et se combattre réciproquement,
« mais que toutes, au contraire agiront dans le sens
« rectiligne des mouvements; qu'elles se fortifieront
« en combinant leur action dans l'intérêt du même
« but, savoir : l'exécution des actes de la locomo-
« tion de la manière la plus énergique et aussi régu-
« lière que possible.

« Mais si on supposait maintenant que les angles
« articulaires ne fussent pas ouverts au même degré;

« que, par exemple, l'angle formé par l'épaule et
« le bras fût ouvert à 100 degrés, par suite du dé-
« faut d'une épaule droite, ou que l'angle formé par
« la jambe et le paturon fût trop fermé, par suite de
« la disposition d'un jarret coudé, il résulterait iné-
« vitablement de ces conditions d'irrégularité dans
« les ouvertures des angles, que les forces ne sui-
« vraient plus des directions parallèles ; que, devant
« se rencontrer, elles se heurteraient, et se décom-
« poseraient, et tendraient à s'annihiler ; or, il y au-
« rait alors dépense de force sans profit pour la
« locomotion, par conséquent cause incessante d'af-
« faiblissement dans les actes du mouvement

« Ce qu'on vient d'établir par le raisonnement, on
« va chercher à le prouver par un fait d'observation
« pratique. Lorsqu'on monte un cheval dont les
« mouvements sont réguliers, bien harmonisés, on
« éprouve, si on est cavalier, une véritable jouis-
« sance : on sent l'accord parfait qui existe entre les
« mouvements de l'avant ou de l'arrière-main, l'es-
« pèce de rhythme régulier selon lequel ils fonc-
« tionnent ; on a du plaisir à s'en rendre compte
« par le tact de l'assiette et des cuisses. Que l'on
« examine alors la structure de la charpente osseuse
« du cheval, on aura bientôt reconnu qu'elle satis-
« fait à la loi de similitude des angles.

« Mais si on sent que le cheval que l'on monte a
« des mouvements saccadés, irréguliers, qui vous

« donnent des impressions désagréables par leur dis-
« cordance, on comprendra qu'il y a une espèce de
« lutte entre toutes les forces qui meuvent la ma-
« chine, qu'elles s'entre-choquent au lieu de con-
« fondre leur action partielle dans l'action générale.
« Ce manque d'accord des mouvements est très-bien
« exprimé lorsqu'on dit que le cheval est *décousu*
« dans ses mouvements.

« Si on veut chercher alors la cause de ce défaut,
« on l'aura bientôt rencontrée dans la conformation,
« car on verra que l'épaule, la croupe ou les cuisses
« affectent des directions vicieuses qui les empêchent
« de satisfaire à la loi de similitude des angles arti-
« culaires, que le cheval *est décousu dans ses formes*
« comme il l'est *dans ses mouvements.* »

Cette théorie admirablement conçue prouve bien
évidemment les progrès de la science hippique. C'est
une question purement et simplement mécanique
qui ne saurait être mise en doute, quant à la similitude des angles.

Pour qu'une machine composée de deux parties
et mue par une seule puissance puisse fonctionner
efficacement, il faut évidemment que tous les rouages correspondants soient dans des conditions égales
de mouvement, de puissance, de vitesse, d'étendue,
de poids, etc., etc. : car, autrement, le désaccord qui
résulterait des conditions précitées amènerait bientôt la ruine des parties les plus faibles et mettrait

la machine dans l'impossibilité de fonctionner.

Mais il faut bien se garder d'accepter d'une manière absolue le degré d'ouverture des angles articulaires fixé par M. le lieutenant général Moris, pas plus que les mesures proportionnelles de Bourgelat. Ces diverses données ne doivent servir qu'à nous révéler le mécanisme et les longueurs des différents leviers de la machine animale, machine qui doit le plus possible se rapprocher des constructions mathématiques.

La meilleure manière de s'assurer si le cheval satisfait à toutes les conditions mécaniques, c'est de le monter, comme le dit M. de Saint-Ange, de sentir soi-même la machine en mouvement et de juger après.

Le degré d'ouverture des angles articulaires doit varier, suivant que l'on désire de la solidité ou de l'étendue de mouvements dans les instruments de la locomotion. Ainsi, chez les chevaux de trait et les bêtes de somme, dont les membres doivent offrir une grande résistance et beaucoup de solidité, on devra rechercher des instruments se rapprochant le plus possible de la construction des colonnes de support, c'est-à-dire que les rayons supérieurs des membres devront se rapprocher de la verticale. Chez les chevaux de course, au contraire, le but étant d'obtenir le plus de vitesse possible, on désirera que les angles articulaires supérieurs, qui sont ceux qui écartent et rapprochent les bipèdes antérieur et postérieur par leur ouverture et leur fermeture, se rapprochent le plus possible de l'angle droit. Ce degré d'ouverture des angles articulaires est, en effet, celui qui permet le plus d'extension et de flexion, parce que les rayons se trouvent au centre du cercle des actions et des mouvements possibles.

Enfin, si nous voulons avoir un cheval qui participe des deux extrêmes (et tel doit être le cheval de selle de service), c'est-à-dire qui réunisse la résistance et la solidité à la légèreté et à la vitesse, nous prendrons le milieu de ces deux conformations.

Nous le répéterons encore: que l'on ne cherche pas à appliquer ces théories d'une manière absolue, mais seulement d'une manière relative.

TITRE IV.

Examen du cheval sous le rapport de la locomotion.

CONSIDÉRATIONS.

Les principaux services que nous rendent les chevaux dépendent de la faculté qu'ils ont de se transporter d'un endroit à un autre avec plus ou moins de force et de célérité.

L'étude que nous avons faite précédemment des diverses régions du corps serait à peu près superflue, si nous ne cherchions maintenant, par l'examen de l'animal en action, à distinguer le plus ou moins de perfection de l'effet utile qui en résulte pour la locomotion, et cette partie est sans contredit la plus indispensable à la connaissance de l'extérieur, surtout dans le choix des chevaux qu'on n'entretient que pour leurs allures.

L'étude de la locomotion est basée sur la connaissance de quelques principes physiques dont l'exposé rapide nous servira de point de départ. Connaissant déjà la disposition générale de l'appareil locomoteur, nous n'aurons qu'à le mettre en mouvement pour voir naître successivement les diverses allures.

CHAPITRE I.

Principes de physique applicables à la locomotion.

Centre de gravité.

Tous les corps situés à la surface du globe tendent à se rapprocher de son centre par l'action d'une force que l'on désigne sous le nom de *pesanteur*. Chaque molécule des corps est attirée par cette force qui agit incessamment, mais qui se trouve contrebalancée par divers obstacles, dont le principal est la surface du sol.

Dans les corps solides on peut composer en une seule toutes les forces qui agissent sur chaque molécule de leur masse ; et cette force unique, résultat de la somme de toutes les autres, part d'un point qui varie suivant la structure du corps, et que l'on nomme le *centre de gravité*, ou *centre des forces parallèles* ; car les forces que représente la force unique partant de ce point sont toutes parallèles entre elles, et tous les autres points du corps peuvent tourner autour du centre sans que le parallélisme vienne à cesser.

On peut définir le *centre de gravité* le point par lequel un corps, étant suspendu, tiendrait en équilibre toutes les autres parties.

On désigne sous le nom de *base de sustentation* l'espace occupé par le corps, s'il repose sur le sol par une surface continue.

L'équilibre d'un corps est d'autant plus *stable* que sa base de sustentation est plus large par rapport à sa hauteur, et que le centre de gravité se trouve placé plus bas et plus près du centre de la base de sustentation ; réciproquement, les conditions opposées rendront l'équilibre *instable*.

En effet, plus la base sera large et le centre bas et central, plus il faudra faire parcourir de chemin à ce dernier pour faire sortir sa résultante de la base et renverser le corps. Plus, au contraire, le centre de gravité sera élevé, plus vite la ligne de gravitation sortira de la base et rendra la chute inévitable.

Supposons un solide assez élevé dans lequel nous placerons le centre de gravité à des hauteurs différentes; si nous penchons ce solide, le centre de gravité a au point le plus bas, la ligne de gravitation ne sortira pas de la base, et le corps abandonné à lui-même reviendra, après plusieurs oscillations, à sa première position. Si nous plaçons le centre de gravité plus haut, au point b, et que nous donnions au corps la même inclinaison, la ligne de gravitation, sortant légèrement de la base, déterminera la chute, qui serait arrivée bien plus tôt si nous avions placé le centre de gravité au point c.

La théorie du centre de gravité est susceptible d'une foule de variations. Nous devons nous borner ici aux applications qui se rapportent au cheval.

Il est impossible, même en supposant l'animal en station fixe, d'établir d'une manière précise le centre de gravité, non-seulement à cause de la forme variée du corps, mais aussi parce que ce point varie constamment par suite de l'oscillation continuelle qu'imprime le mouvement respiratoire aux différents organes et surtout à la masse intestinale.

Il faut donc chercher à fixer ce point par le raisonnement et par l'évaluation approximative du poids des diverses parties du corps, en se rappelant bien que, le volume et le poids respectif des parties étant très-variables, on ne peut rien établir de positif à cet égard.

Une expérience faite à ce sujet par MM. le lieutenant général Moris et Baucher nous donnera une idée complète des différents déplacements du centre de gravité.

« Ayant placé un cheval sur des balances de proportion à plancher mobile (bascules), les pieds antérieurs reposant sur le plancher de l'une des balances, et l'arrière-main pesant sur l'autre plancher, l'avant-main pesa en plus que l'arrière-main trente-six kilogrammes.

« Ayant ensuite fait baisser la tête de manière que le bout du nez fût à hauteur du poitrail, l'arrière-main fut allégée de huit kilogrammes, et le train de devant fut plus lourd de cinquante-deux kilogrammes.

« La tête relevée ensuite, jusqu'à ce que le bout du nez fût à la hauteur du garrot, l'avant-main rejeta son poids de douze kilogrammes sur le plateau de l'arrière-main, et la surcharge de devant fut réduite à seize kilogrammes.

« La tête étant revenue à sa position première, on la ramena sur l'encolure par l'action du filet en l'élevant un peu, et le poids de l'avant-main fut plus fort de vingt kilogrammes.

« Après ces expériences, M. Baucher monta le cheval ; les deux plateaux s'équilibrèrent, et le poids du devant fut plus fort de cinquante-quatre kilo-grammes.

« M. Baucher, s'étant assis en portant le haut du corps en arrière, fit passer dix kilogrammes de plus sur l'arrière-main ; puis, ramenant la tête du cheval suivant sa méthode, il fit passer sur l'arrière-main une surcharge de huit kilogrammes, et l'avant-main pesa, de plus, dix-huit kilogrammes.

« En se portant entièrement sur les étriers, le poids de l'avant-main se trouva surchargé de douze kilogrammes. »

On voit donc que, dans toutes les positions don-nées au cheval pendant ces expériences, toujours l'avant-main fut plus lourde que l'arrière-main.

La théorie de Borelli, qui place le centre de gra-vité du cheval au centre de figure, se trouve dé-truite par ces résultats, et nous sommes amenés à placer le centre de gravité plus près du devant que du derrière, et un peu plus bas que la moitié de la hauteur du tronc.

— ◆◆ —

CHAPITRE II.

Des forces motrices (*).

Les forces motrices sont de deux sortes chez le cheval, comme chez tous les êtres organisés. La

(*) M. de Saint-Ange.

première est la force inerte, celle qui est constituée par le poids de la matière ; la seconde, c'est la force musculaire, qui, combinée avec la première, produit les mouvements variés de la locomotion.

Si nous considérons le cheval au point de vue matériel et mécanique, nous trouvons que son corps est une masse supportée par quatre piliers, et que ses mouvements résultent du déplacement de cette même masse, dont le centre de gravité, plus ou moins déplacé, amène des allures plus ou moins rapides.

Ainsi, supposons un cheval en station d'immobilité ; si le centre de gravité vient à être porté en avant, la ligne de gravitation sortira de la base et entraînera le corps du même côté, en lui imprimant un mouvement d'autant plus rapide que le déplacement aura été plus considérable. Les membres antérieurs se porteront aussitôt en avant pour prévenir la chute en rétablissant l'équilibre par une nouvelle base de sustentation convenable. Mais si les membres postérieurs ont donné l'impulsion de manière à produire le mouvement, l'équilibre, instable et momentanément rétabli par le soutien des jambes antérieures, sera de nouveau compromis par une seconde détente des membres abdominaux, et le mouvement sera entretenu d'une manière continue par le déplacement persistant du centre de gravité.

Si on examine un cheval gravissant une montée,

on voit qu'il s'arc-boute avec ses pieds de derrière pour combattre la tendance du centre de gravité à sortir en arrière de la base de sustentation, en même temps qu'il raccourcit en avant cette même base de sustentation en glissant ses extrémités antérieures sous son centre pour attirer son poids ou sa force inerte de ce côté.

Le contraire a lieu si le cheval chemine sur un terrain descendant.

La force inerte joue un grand rôle en équitation ; car, soumise à la volonté du cavalier, elle peut accélérer ou ralentir le mouvement, le favoriser ou s'opposer à ce qu'il ait lieu.

On voit par là que toute la difficulté de l'équitation consiste à se rendre maître de la force inerte, afin de rompre son équilibre dans le sens des mouvements que l'on veut obtenir.

L'équitation repose donc sur des bases mathématiques, dont l'étude peut seule mener à une bonne application ; aussi les résultats qu'autrefois l'aveugle routine n'obtenait qu'à force de temps et de tâtonnements, sont-ils devenu prompts et faciles, aujourd'hui que le raisonnement nous donne des moyens sûrs de les obtenir.

CHAPITRE III.

Actions de locomotion (*).

Les actions produites par l'appareil locomoteur peuvent être classées en trois groupes :

1° Les attitudes ;

2° Les mouvements sur place ;

3° Les mouvements de déplacement, ou les allures.

ARTICLE I.

Attitudes.

Les attitudes comprennent la *station* et le *coucher*.

La station est l'état dans lequel les quadrupèdes restent immobiles sur le sol, appuyés sur leurs quatre membres.

On distingue la station en *station libre* et en *station forcée*.

Dans la station libre, l'animal ne s'appuie pas également sur quatre extrémités ; presque toujours l'un des membres se repose plus ou moins aux dépens des autres, qui plus tard, à leur tour, se déchargent du poids qu'ils supportaient.

Dans la station forcée, les quatre extrémités sont

(*) Lecoq, *Traité d'extérieur.*

18.

disposées sur le terrain de manière à occuper les quatre angles d'un rectangle. Dans cette position, le poids du corps est réparti, non pas également, comme on le dit souvent, mais régulièrement sur les quatre extrémités.

Le cheval placé, ou en station forcée, ne peut conserver longtemps cette attitude, qui maintient dans une contraction permanente les muscles des membres et du rachis.

L'examen de l'animal, pendant la station libre ou forcée, peut nous conduire à quelques données importantes sur ses qualités ou ses défauts.

A l'état de station libre, il doit reposer successivement chacun de ses membres, et si l'un se trouve plus souvent en repos que l'autre, on doit présumer qu'il est fatigué ou souffrant. Dans le repos naturel, il y a une simple flexion de tous les rayons du membre qui laisse abaisser le corps de ce côté, mais le pied n'est pas très-éloigné du point d'appui ordinaire. S'il y a souffrance, au contraire, le pied est toujours dévié, et le plus souvent en avant pour se soustraire plus complétement au poids du corps. Le membre postérieur, aussi porté en avant, a presque toujours le boulet fortement dévié de sa ligne normale.

Dans la station forcée, les membres doivent suivre les directions d'aplomb que nous avons données comme régulières.

ARTICLE II.

Coucher ou décubitus.

Le coucher est l'attitude que prend l'animal fatigué d'un exercice violent, ou par une station prolongée, pour reposer ses muscles ou se livrer au sommeil.

Les grands quadrupèdes, comme le cheval et le bœuf, sont rarement dans un repos complet pendant le coucher. L'abandon complet de la masse du corps, ou le coucher sur le côté, est presque toujours chez eux un indice de faiblesse ou de maladie.

En général, les chevaux se couchent rarement ; quelques-uns restent presque toujours debout, reposant successivement chacun de leurs membres par une diminution de l'appui, et dorment même dans cette position. Cette habitude fatigue en pure perte les extrémités, et il est préférable que le cheval se couche de temps en temps, surtout lorsqu'il est soumis habituellement à un travail pénible. Un cheval qui se couche trop souvent et trop longtemps annonce la mollesse.

ARTICLE III.

Mouvements sur place.

Nous décrirons sous ce nom des actions de l'appareil locomoteur qui s'exécutent à peu près sans déplacement général, comme le *cabrer*, la *ruade*, ou qui ne transportent le corps qu'à des petites distances, comme le *saut* et le *reculer*.

Le cabrer est une attitude dans laquelle le cheval élève son train antérieur sur le postérieur, qui supporte à lui seul le poids du corps pendant un temps ordinairement très-court.

Lorsque le cheval veut se cabrer, il rejette en arrière le poids de l'avant-main, en même temps qu'il engage ses extrémités postérieures sous son centre; il élève alors l'avant-main; mais comme l'appui des pieds postérieurs n'a lieu que sur une surface très-étroite, il ne peut redresser son corps complétement, car il serait bientôt rejeté en arrière. La disposition des articulations et des muscles s'oppose d'ailleurs à ce redressement.

Que faut-il pour empêcher le cabrer? Empêcher que le poids se fixe sur les extrémités postérieures en chassant vigoureusement le cheval en avant.

Le cabrer nécessaire à l'accouplement fatigue beaucoup l'étalon, surtout lorsqu'au lieu de faire avancer la jument, on le fait reculer pour descendre.

La ruade est une action locomotrice dans laquelle l'arrière-main, subitement élevée, permet aux membres postérieurs d'effectuer une détente rapide en arrière.

Le mouvement d'élévation de la croupe dans la ruade est dû à la détente des membres postérieurs, aidés par l'abaissement de la tête et par le report d'une partie du poids sur l'avant-main avant le soulèvement du derrière.

Il est facile de comprendre que, pour rendre la ruade difficile et même impossible, il suffit d'empêcher le poids de la masse de se fixer sur l'avant-main en relevant fortement la tête par une action de la main, ou toute autre, et en chassant en même temps le cheval en avant; car il pourrait arriver que le cheval, n'ayant pu effectuer la ruade, laissé de pied ferme, profitât de l'opposition pour prendre une autre défense et se cabrer.

Le cheval peut exécuter la ruade en marchant à toutes les allures. Le cabrer exige absolument qu'il s'arrête.

Le *saut* est un déplacement subit du corps dans des directions variables, mais plus souvent en avant, opéré par la détente rapide, soit de toutes les extrémités à la fois, soit des membres isolés ou réunis par paires. Le saut fait partie de plusieurs allures; on le trouve dans le trot et dans les différentes sortes de galop.

Le saut, d'après Borelli, est d'autant plus long que les leviers de l'extrémité des membres ont plus de longueur. En effet, dit-il, puisque la détente de tous les muscles extenseurs des articulations se fait avec la même vélocité, plus ces leviers seront longs, plus long sera le cercle décrit par eux, et plus vite ils devront se mouvoir dans un temps donné; aussi voyons-nous les animaux dont les extrémités postérieures sont très-développées, comme le lièvre, le kanguroo, courir très-vite et par bonds; et l'on trouve généralement dans les chevaux bons coureurs la jambe plus allongée que dans les autres.

Lorsque le corps a été élevé au-dessus du sol par le saut, les extrémités qui le reçoivent doivent se fléchir de nouveau, et d'autant plus que le corps retombe de plus haut.

La direction du saut est toujours influencée par celle de l'encolure. Si l'animal veut franchir un obstacle, s'élever fortement, il relève la tête, et, par ce moyen, le poids de l'avant-main, refoulé sur l'arrière-main, donne à la détente une direction verticale. Si, au contraire, il veut seulement, comme dans la course, avancer rapidement sur un plan horizontal, l'encolure devient parallèle au terrain, et la tête, passant au plus haut degré d'extension, porte aussi en avant le centre de gravité, en même temps que cette disposition donne aux voies respiratoires une direction qui rend plus facile l'accès de l'air vers les poumons.

Les extrémités postérieures chassent alors le corps en l'élevant de terre seulement de la quantité nécessaire pour permettre aux membres d'exécuter leurs mouvements.

Le reculer est l'action qui présente le plus de difficultés aux grands quadrupèdes, et cela se conçoit aisément, puisque tout chez eux est disposé pour favoriser les mouvements en avant.

Le cheval qui recule doit vaincre la résistance opposée au mouvement par la position défavorable dans laquelle est placé le centre de gravité et par l'inclinaison en arrière des membres postérieurs. Pour surmonter ce double obstacle, le cheval ne peut employer que ses membres antérieurs, dont le peu de brisure et de détente vient encore rendre le mouvement difficile.

Le mouvement de reculer est donc très-fatigant pour le cheval ; les reins, les jarrets surtout, en éprouvent souvent les effets funestes, lorsque le reculer est exigé par une main inhabile ou brutale.

Il est des chevaux qui refusent obstinément de reculer ; mais ce refus est dû, le plus souvent, à quelques souffrances, soit dans les reins, soit dans les jambes, soit encore à une maladie nerveuse que l'on désigne sous le nom d'immobilité.

CHAPITRE IV.

Allures.

—

Généralités.

On désigne sous le nom d'*allures* une suite de mouvements diversement combinés, et plus ou moins rapides, et par lesquels les quadrupèdes se transportent d'un lieu à un autre.

C'est surtout chez le cheval que ces allures méritent une attention particulière, puisque de la force et de la liberté des mouvements de cet animal dépend la somme de services qu'il peut rendre, et partant sa valeur.

Les allures peuvent être naturelles ou acquises par l'éducation.

Les premières ont été divisées en *bonnes* et *défectueuses*; les secondes ont été appelées *artificielles*.

Il est dans les allures quelques points qui se rattachent à toutes indistinctement, et que nous devons étudier avant de passer à leur description particulière.

Quelle que soit, en effet, l'allure, chacun des membres est successivement appuyé sur le sol et soutenu en l'air. Le membre est à l'*appui* dans le premier cas, il est au *soutien* dans le second. On peut décomposer en deux temps secondaires ces deux temps primitifs : ainsi, on distingue dans le premier le *poser*, moment où le pied touche le sol ; l'*appui*, moment où il porte réellement le poids du corps. On admet dans le soutien le *lever*, instant où le membre quitte le terrain, et le *soutien* proprement dit, pendant lequel il est complétement en l'air.

Dans une allure, quelle qu'elle soit, on distingue sous le nom de *pas complet* la succession des mouvements des quatre extrémités, soit que celles-ci agissent deux à deux, comme dans le trot, soit qu'elles agissent isolément, comme dans le pas.

Dans toute allure aussi il existe un temps de préparation pendant lequel a lieu une légère flexion des membres et un déplacement du centre de gravité, qui décharge toujours le membre qui doit se lever le premier.

C'est toujours un membre antérieur qui entame l'allure ; mais le déplacement réel commence par l'impulsion d'un membre postérieur.

Les considérations traitées précédemment peuvent nous faire admettre en principe que *l'instabilité*, dans les allures, *est la mesure de la vitesse des mouvements*.

On peut, jusqu'à un certain point, comparer l'appui successif des membres pour supporter le centre de gravité en avant à la succession des rayons d'une roue, qui arrivent chacun à leur tour pour soutenir le moyeu, sur lequel repose un poids plus ou moins lourd.

Le centre de gravité, en se portant en avant, ne suit pas une ligne droite; il éprouve des déplacements, soit dans le sens horizontal, soit dans le sens vertical. En passant de l'arrière à l'avant, il suit presque toujours la diagonale d'un côté à l'autre.

Les allures naturelles, avons-nous dit, sont divisées en *bonnes et régulières* et en *défectueuses*.

ARTICLE I.

Allures régulières.

Les allures régulières sont :
>   Le pas,
>   Le trot,
>   Le galop.
Les allures défectueuses sont :
>   L'amble,
>   Le pas relevé,
>   Le traquenard,
>   L'aubin.

Pas.

Pour expliquer les différentes allures, nous prendrons le cheval de pied ferme, la masse répartie régulièrement sur ses quatre extrémités ; nous le ferons passer successivement de la station au pas, du pas au trot, et du trot au galop, pour ensuite le faire revenir de cette dernière allure au trot, du trot au pas, et du pas à l'arrêt.

Le pas, la moins rapide de toutes les allures du cheval, paraît aussi, au premier abord, être la plus facile et la plus simple à saisir, et cependant nous sommes loin d'y trouver la simplicité du trot, et surtout celle de l'amble. Il faut un examen très-attentif pour reconnaître, dans cette allure, la succession des actions que chaque membre y apporte.

Pour exécuter le pas, en supposant que l'allure commence de pied ferme et à droite, le cheval refoule en arrière et à gauche une partie du poids de sa masse pour donner à la jambe droite de devant la facilité de se lever et d'entamer la marche ; au poser de la jambe droite de devant succède celui de la jambe gauche de derrière ; vient ensuite le poser de la jambe gauche de devant, suivi de la jambe droite de derrière.

Le cheval, en marchant au pas, fait entendre quatre battues.

L'action des membres a donc lieu en diagonale et successivement pour les quatre extrémités ; mais chaque membre n'attend pas pour se lever que celui qui le précède ait effectué son poser : c'est quand un membre est près de finir son soutien que celui qui doit le suivre commence à se lever, et ainsi des autres, ce qui fait que le cheval, excepté à l'arrêt et au départ, a presque toujours deux pieds posés et deux pieds levés, quoiqu'il y ait dans un pas complet quatre levers et quatre posers bien distincts (*).

Le plus grand espace qu'embrasse un pas complet à cette allure est égal à la hauteur du cheval, mesurée du garrot à terre.

On voit des chevaux dont les pieds postérieurs dépassent ou n'atteignent pas la piste des pieds antérieurs. Dans le premier cas l'allure est plus allongée. Quant à ceux dont les pieds postérieurs n'atteignent pas la piste des pieds antérieurs, l'allure est toujours chez eux d'autant plus raccourcie qu'il reste plus d'écartement entre les deux empreintes.

Si l'on écoute avec soin un cheval marchant au pas, on reconnaîtra bientôt que les quatre battues qu'il fait entendre sont associées deux à deux, c'est-à-dire que les temps qui les séparent sont al-

---

(*) L'instant du lever de chaque membre étant celui du poser de son congénère, dans les bipèdes antérieur et postérieur on doit admettre que le cheval est supporté quatre fois par trois jambes dans un pas complet du pas. La jambe droite antérieure, par exemple, ne se lève pas avant que la gauche, dans le bipède antérieur, ne soit posée, et réciproquement des autres.

Mais l'appui sur trois jambes n'a lieu que pendant un instant très-court dans la plupart des cas. Dans le pas raccourci et dans celui d'un cheval qui traine un fardeau, cet appui sera d'autant plus long que le ralentissement sera plus marqué.

ternativement plus courts et plus longs ; et si l'on examine l'animal, on verra bientôt que le temps le plus court s'écoule entre les battues des bipèdes diagonaux, et le temps le plus long entre la battue d'un pied postérieur et celle du pied antérieur qui forme avec lui un bipède latéral. Cette inégalité résulte de ce que le corps est plus longtemps supporté par le bipède diagonal que par le bipède latéral.

La succession des membres dans le pas étant connue, cherchons maintenant quels devront être les déplacements du centre de gravité dans cette allure.

Nous avons vu que le corps était supporté alternativement sur un bipède latéral et sur un bipède diagonal ; or, dans les quatre combinaisons qui forment un pas complet, le centre de gravité se trouvera deux fois sur la ligne des bipèdes latéraux ; et par conséquent à droite et à gauche sur la ligne du rectangle circonscrit par les quatre membres.

Le déplacement a donc lieu horizontalement en passant d'un côté du rectangle sur la diagonale, pour se porter à l'autre côté en passant sur la seconde diagonale. Ainsi, le corps étant supporté par le bipède latéral droit $a\,b$ (Pl. 4, fig. 1), ensuite sur le diagonal $c\,b$, puis sur le latéral gauche $c\,d$, puis enfin sur le diagonal $b\,d$, pour revenir au latéral $b\,d'$; le centre de gravité, que nous prenons en e, sur la ligne $a\,b$, se portera, pendant la moitié de la durée du pas, en f, sur la ligne $c\,d$, puis, pendant la seconde moitié, en g sur la ligne $b\,a$, en traversant dans ces deux déplacements complets les lignes $c\,b$ et $b\,d$, qui représentent l'appui du corps sur les bipèdes diagonaux.

Quant au déplacement vertical, pour l'apprécier d'une manière rigoureuse, nous pouvons comparer chaque membre à une colonne droite, dont le point supérieur parcourra, lors de l'appui de chacun d'eux, un arc de cercle que nous supposerons régulier pour faciliter la démonstration.

Si nous prenons le cheval au moment où il vient de tomber sur un bipède latéral, comme cet appui se forme par le poser d'un membre antérieur, celui-ci, $c\,d$ (Pl. 4, fig. 2), sera, par suite de son extension en avant, à son point le plus bas. Le postérieur $a\,b$, au contraire, étant au milieu de son appui, se trouvera à sa plus grande élévation, et le centre de gravité se trouvera au point h, sur la ligne $a\,c$, tirée du sommet de l'un des membres à celui de l'autre et représentant le tronc.

Pendant que l'appui se fera sur le bipède latéral, les membres qui le forment changeront de position, et lorsque se formera l'appui sur le bipède diagonal, le membre postérieur $a\,b$ se sera porté en $c\,d$ et l'antérieur $c\,d$ en $c'\,d$.

Le centre de gravité sera donc porté de h en i sur la ligne $e\,c'$.

Pour que le corps arrive de nouveau sur un bipède latéral, le second membre postérieur venu à l'appui en $e\,f$ se portera en $e'\,f$, et le membre antérieur, déjà parvenu en $c'\,d$, arrivera à la fin de son arc en $g\,d$. Donc le centre de gravité aura dû se porter de i en k, sur la ligne $e'\,g$, et aura par conséquent, pendant le demi-pas, parcouru les deux arcs $h\,i$, $i\,k$, pour recommencer le même parcours dans la seconde moitié du pas, par un jeu semblable des extrémités qui le supportent. La succession des courbes $h\,i$, $i\,k$, etc., nous donne donc, avec une exagération qui le fait mieux comprendre, le déplacement vertical du centre de gravité pendant un pas complet.

Le pas est l'allure la plus lente du cheval, et la moins fatigante tant que l'on ne cherche pas à l'accélérer ; mais si on veut forcer le pas, l'animal se fatigue bientôt de ce mode de progression, et passe à un petit trot qui lui fait faire plus de chemin avec moins d'efforts.

ARTICLE II.

Trot.

La succession des membres dans le trot est plus facile à saisir. Le corps de l'animal est supporté par deux jambes à la fois qui quittent le sol en même temps pour faire place aux deux autres ; mais les extrémités sont toujours disposées en diagonale. Ainsi, dans un *pas complet* du trot, le cheval est supporté successivement par le bipède diagonal droit, et ensuite par le bipède diagonal gauche, et les deux pieds formant chacun de ces bipèdes se meuvent avec un ensemble parfait, de manière à ne faire entendre qu'une seule battue, deux par conséquent pour le pas complet.

Dans le trot soutenu, les extrémités latérales n'impriment qu'une piste sur le sol, les pieds de derrière venant occuper la place que laissent ceux de devant. L'observation de ce fait suffit pour indiquer que pendant un moment le corps est suspendu en l'air, puisque le pied de derrière ne peut prendre la place de celui de devant qu'après que celui-ci l'a abandonnée.

Voyons maintenant quelle est la combinaison des membres dans le passage du pas au trot : si le cheval doit entamer le trot du côté droit, par exemple, la jambe gauche de derrière, qui dans le pas rejoint le sol après la jambe droite de devant, précipitera son mouvement pour arriver à terre en même temps que cette dernière, et la première battue du trot s'opérera en diagonale par le poser simultané de la jambe droite de devant et celui de la jambe gauche de derrière; le corps sera projeté en avant par cette double action d'une manière plus forte que dans le pas, et pendant que la masse progressera ainsi, le bipède diagonal opposé se disposera de manière à aller la recevoir suivant la même combinaison, et dès ce moment le trot sera bien accusé.

Cette appréciation du jeu des extrémités dans les changements d'allures est extrêmement difficile, et nous devons le dire, ce n'est que lorsque le raisonnement nous a eu indiqué le jeu possible des extrémités dans ces différents cas, que nous avons pu le saisir de l'œil ; aucun ouvrage n'a encore traité cette question.

Il arrive souvent que la piste des pieds antérieurs n'est pas rejointe par les pieds postérieurs qui tombent à l'appui avant de l'atteindre. Il n'y a plus alors le mouvement de suspension que nous trouvons dans le trot soutenu, et l'on compte quatre empreintes pour le pas complet.

Lorsque le trot s'exécute avec une grande vitesse les extrémités postérieures dépassent beaucoup la trace de celles de devant, qui doivent nécessairement quitter le terrain bien avant que les pieds de derrière le rencontrent. On trouve dans ce cas quatre empreintes, mais celles des pieds de derrière se trouvent placées en avant des autres.

D'après Vincent et Goiffon, pendant l'allure du grand trot, l'épine dorsale est courbée en bas, et ce changement de position écarte les extrémités antérieures des postérieures, de telle sorte que leurs pistes sont plus éloignées l'une de l'autre que ne le sont les pieds pendant la station. Cette disposition n'existe que dans le trot très-allongé, et peut jusqu'à un certain point expliquer pourquoi les réactions éprouvées par le cavalier sont moins dures dans le trot-rapide que dans le trot soutenu. Il faut cependant reconnaître que les réactions, moins fortes dans le grand trot que dans le trot soutenu, sont dues en partie à ce que le déplacement vertical du centre de gravité est moins considérable dans le premier cas que dans le second.

La succession des membres dans le trot étant établie, il nous sera facile d'étudier le déplacement du centre de gravité dans cette allure.

Pour ce qui concerne le déplacement horizontal, puisque le corps est supporté successivement par des bipèdes diagonaux, le centre de gravité devra toujours se trouver sur un point de la ligne qui réunit les deux membres; et si nous le prenons sur le point C (pl. 4, fig. 3) de la diagonale A B, nous le trouverons en D, sur la diagonale B A', lorsque le bipède diagonal gauche sera venu à l'appui, et il retournera en E, sur la diagonale A' B, lorsque l'appui du bipède diagonal droit aura complété le pas.

Pour le déplacement vertical, le corps étant enlevé par l'effort successif des bipèdes diagonaux et retombant de suite, le centre de gravité doit, de toute nécessité, décrire deux lignes paraboliques, telles que A B, B C (pl. 4, fig. 4), le poids du corps retombant avec plus de vitesse qu'il n'a été élevé, quoique l'impulsion en avant soit toujours uniforme.

Le trot est l'allure dont les réactions sont le plus vivement senties et les mouvements les plus réguliers. Aussi est-ce celle à laquelle on soumet les chevaux pour apprécier les défauts et les qualités qu'ils peuvent posséder dans leurs actions locomotrices.

ARTICLE III.

Galop.

Cette allure, la plus rapide pour le cheval, est aussi la plus fatigante, non-seulement à cause de sa rapidité, mais aussi à cause du mode de succession des extrémités.

Le galop peut être *raccourci* ou *ralenti, ordinaire* ou *soutenu,* et *très-rapide* ou de *course.*

Le galop est régulier lorsqu'il fait entendre trois battues, quelle que soit la vitesse.

Lorsque le galop s'exécute au moyen de quatre battues, il est irrégulier, et on le dit *galop à quatre temps.*

ARTICLE IV.

Galop régulier ou à trois temps. — Galop à quatre temps. — Galop de course.

A cette allure le cheval est supporté successivement par une jambe postérieure, par un bipède diagonal et enfin par un pied antérieur, l'opposé en diagonale au pied de derrière qui a posé le premier à terre, et on entend trois battues bien distinctes que forme chaque pas complet du galop.

On dit que le cheval galope *à droite* ou *à gauche*, ou encore sur le *pied droit* ou sur le *pied gauche*, selon que le bipède latéral droit ou le gauche trace sa piste plus en avant.

Le cheval galope *juste* lorsqu'il galope sur le pied droit en travaillant ou tournant à droite, et sur le pied gauche en travaillant ou tournant à gauche.

Le cheval galope *faux*, lorsqu'il galope sur le pied opposé à la main à laquelle il travaille.

Le cheval *galope désuni*, lorqu'il galope à droite des pieds de devant et à gauche des pieds de derrière, ou à gauche des pieds de devant et à droite des pieds de derrière. Ainsi un cheval est *désuni du devant* lorsqu'il galope à gauche du devant et à droite du derrière en travaillant à main droite; il est *désuni du derrière* lorsqu'en travaillant à droite, le devant est juste et que le derrière galope à gauche.

Si nous considérons le cheval marchant au trot, et devant prendre le galop à droite, la jambe gauche postérieure, qui dans le trot doit poser à terre en même temps que la jambe droite de devant, qui lui est opposée en diagonale, gagnera le sol avant celle-ci en s'engageant beaucoup sous la masse et suivant de près la détente du diagonal gauche ; le corps subira dans ce moment un léger mouvement de bascule d'avant en arrière, provoqué par la flexion plus grande et surtout par l'obliquité plus marquée de la jambe gauche de derrière, et, soulevé et chassé en avant presque instantanément par l'action de cette jambe, il subira un nouveau mouvement de bascule mais en sens inverse, pendant lequel le poids, qui reposait d'abord sur la jambe gauche de derrière, passera sur le bipède diagonal gauche, pour se porter de là sur la jambe droite de devant, qui posera à terre la dernière, et qui, par sa percussion, soulèvera l'avant-main, tout en continuant le mouvement en avant, et lui donnera une obliquité en arrière qui favorisera un nouvel engagement de la jambe gauche postérieure. Le corps du cheval restera en l'air pendant tout l'intervalle qui séparera le lever de la jambe antérieure droite et le poser de la postérieure gauche. Tous les temps de galop seront accusés par trois battues et séparés les unes des autres par un intervalle égal à celui qu'aurait exigé une quatrième battue.

Supposant toujours le cheval au galop sur le pied droit et en l'air, examinons le concours de chacune des extrémités dans l'entretien de l'allure.

La jambe gauche de derrière gagnera le sol la première, et, par sa détente seule, poussera le corps dans le sens du mouvement dont il est animé ;

bientôt, le corps subissant le mouvement de bascule d'arrière en avant, et de gauche à droite, aura son mouvement entretenu par le bipède diagonal gauche dont l'action succédera à celle de la jambe gauche, de derrière; la jambe droite antérieure, venant enfin à frapper le sol au moment où le diagonal gauche le quittera, arrêtera la chute parabolique du corps, et, entretenant toujours le mouvement de la masse; elle lui imprimera une obliquité en arrière à la faveur de laquelle la jambe gauche postérieure pourra recommencer son jeu, et ainsi de suite des autres.

Le galop ne présentant pas, comme les autres allures, une succession de mouvements symétriques des membres, la fatigue qu'éprouve chacun d'eux ne doit pas être égale. Ainsi, par exemple, en supposant toujours le galop à droite, la diagonale gauche sera beaucoup moins fatiguée que les deux autres membres qui, chacun à leur tour, sont les seuls supports du corps; et de ces deux membres, le postérieur éprouvera une fatigue bien plus grande que l'antérieur, parce qu'il reçoit le premier le poids de la masse qui retombe à terre.

Ce que la théorie avance, l'observation le démontre à tout instant. Un cheval que l'on fait constamment galoper sur le même pied se ruine bientôt de l'extrémité postérieure opposée. Aussi, un cheval ruiné d'un côté, si on le livre à lui-même, s'enlèvera toujours au galop de manière à placer le membre souffrant ou affaibli dans le diagonal qui agit simultanément.

Si nous cherchons maintenant quel sera le déplacement horizontal du centre de gravité dans le galop, nous verrons que, de même qu'il n'y a pas symétrie dans la succession des extrémités, de même aussi la symétrie manque dans ce déplacement. Ainsi, le centre de gravité, supporté d'abord par le membre postérieur gauche A (pl. 4, fig. 5), se porte en E sur la ligne comprise entre les deux extrémités BC, formant le bipède diagonal gauche, et de là en D, sur l'extrémité antérieure droite, entre la foulée de ce membre et celle du pied postérieur gauche qui le suit, et par conséquent pendant le temps de suspension du corps, et se porte en a' pour recommencer la même succession de déplacement.

Quant au mouvement vertical du centre de gravité, il décrit, comme dans le trot, une parabole plus grande, à la vérité, et plus courbée que dans cette allure ; mais il faut observer, contrairement à la théorie de M. Lecoq, que le pas complet du galop comporte deux courbes dont la seconde seule est parabolique.

Le galop fait quelquefois entendre quatre battues dans un pas complet ; il est alors irrégulier et appelé *galop à quatre temps*. Le bipède diagonal, qui doit agir simultanément dans le galop ordinaire, n'opère, dans celui-ci, ses percussions que successivement, en commençant par le derrière. Ainsi, dans le galop à droite, par exemple, la jambe gauche de derrière regagne le sol la première, ensuite la jambe droite de derrière, suivie de la jambe gauche antérieure, et enfin la jambe droite de devant.

Ce galop est commun aux chevaux usés, ruinés par le travail raccourci du manége; mais c'est à tort qu'on l'a appelé *galop de manége :* car l'équitation raisonnée n'admet pas d'allures irrégulières, et exige toujours le galop à trois temps bien cadencé.

On appelle *galop de course* la vitesse du galop poussée à ses dernières limites. On avait cru pendant longtemps que le galop de course était une allure particulière à certains chevaux, et que les bipèdes antérieur et postérieur rejoignaient et quittaient le sol en même temps, ce qui constituerait un saut composé de deux battues seulement. Mais cette erreur se trouve partout relevée, et partout aussi on a reconnu qu'à la course comme au galop le plus ralenti, chaque pas de galop faisait entendre trois battues. Du reste, l'empreinte des pieds sur le sol le prouve d'une manière évidente.

Dans la course, le déplacement horizontal du centre de gravité a lieu dans le sens le plus favorable, c'est-à-dire en ligne presque droite, parce que le pas complet embrasse beaucoup de terrain. Le déplacement vertical consiste dans une courbe parabolique d'autant plus légère que le cheval court plus près de terre, condition essentielle pour la rapidité, parce que la force employée à soulever le corps serait perdue pour son impulsion en avant.

Le cheval lancé à la course ne peut soutenir pendant longtemps cette allure. Lorsqu'il n'y est livré que pendant quelques minutes, il peut arriver à parcourir un peu plus de quatorze mètres par seconde.

––––––

ARTICLE V.

Considérations particulières.

Nous avons vu comment les extrémités du cheval combinaient leurs actions pour produire successivement le pas, le trop et le galop; voyons à présent quel sera leur jeu pour changer d'allure en diminuant successivement la vitesse depuis le galop jusqu'à l'arrêt.

Nous prendrons encore le côté droit pour examiner ces différentes actions.

Pour passer du galop à droite au trot, le cheval arc-boutera sa masse avec la jambe droite antérieure, et, marquant sur elle un temps d'arrêt, au moment où elle pose à terre, il arrêtera le mouve-

ment de bascule du corps; l'arrière-main tombera
à terre avant que l'avant-main ne l'ait quittée, et
le cheval, s'étayant aussitôt sur le diagonal droit,
portera ensuite le bipède diagonal gauche en avant,
en même temps que le droit opérera sa détente simultanée.

Pour passer ensuite du trot au pas, le cheval
marquera un temps d'arrêt au moment où le diagonal droit arrivera à terre, en s'arc-boutant de
la jambe droite antérieure, et engageant fortement sous la masse la jambe gauche de derrière;
par ce moyen, l'impulsion du corps, considérablement ralentie, permettra à la jambe gauche de devant de se poser au moment où le reflux de la
masse s'opérera de l'arrière sur l'avant-main à la
suite du temps d'arrêt. La jambe droite de derrière
viendra ensuite se poser; à son tour la jambe droite
de devant exécutera sa foulée, qui sera suivie par
celle de la jambe gauche de derrière, et le pas sera
dès lors assuré.

Enfin, pour passer du pas à l'arrêt, le cheval
arrêtera le mouvement en lui opposant la jambe
droite de devant; la jambe gauche de derrière s'arrêtera ensuite sur la ligne d'aplomb, et enfin le
bipède diagonal gauche suivra la même loi du devant à l'arrière.

Il est facile de voir et de comprendre que le
cheval arrêté ou mis en mouvement par l'homme

n'exécute pas toujours ces divers changements d'allures avec les mêmes combinaisons. Ce n'est que lorsqu'il est livré entièrement à lui-même que toutes ces lois physiques peuvent avoir leur exécution.

Mais combien de défenses, de souffrances et de tares n'éviterait-on pas? Combien plus facile le dressage ne serait-il pas, si le tact, aidé du raisonnement, pouvait nous amener à produire des actions volontaires en parfaite harmonie avec les actions et les positions naturelles du cheval!

On a pu remarquer, dans les considérations qui précèdent, que le cheval commence réellement toutes les allures avec une jambe postérieure. Ainsi, de pied ferme, pour partir au pas à droite, le cheval se sert de la jambe gauche de derrière qui, la première, se détend lorsque le devant a été préalablement allégé.

Dans le passage du pas au trot, c'est encore une jambe postérieure qui précipite son mouvement pour arriver au poser en même temps que l'antérieure opposée en diagonale, et qui détermine ensuite le trot par sa détente associée à l'action de la jambe du devant.

C'est enfin une jambe de derrière qui encore hâte son mouvement pour s'engager sous la masse et produit le galop.

Pour les changements d'allures en sens inverse,

c'est-à-dire le passage d'une allure vive à une allure plus lente; le ralentissement est produit, au contraire, par une jambe de devant, quelle que soit l'allure que l'on doive attendre.

Mais ceci est une vérité qui n'a pas besoin d'être démontrée, et si le célèbre Borelli a vu ses principes réfutés jusqu'à ce jour, ce n'est dû qu'à une interprétation mal entendue de la théorie.

Nos plus célèbres hippologues veulent que les allures commencent, dans tous les cas, par une jambe de devant; ils ne voient le commencement de l'allure que lorsqu'ils saisissent un caractère de pas, de trot ou de galop bien accusé. Mais considérons un cheval marchant au pas et devant prendre le trot; c'est une jambe de derrière qui précipitera son mouvement pour arriver au sol en même temps que celle qui doit produire le trot avec elle: c'est donc par ce premier mouvement que commencera le trot; ce sera le premier symptôme de sa naissance.

Conservons donc les principes du savant physicien : *Incipit postea gressus ab uno pede postico.* (Borelli, *de Motu animalium*, t. 1, cap. xx, p. 266.)

CHAPITRE V.

Allures défectueuses.

Généralités.

Les allures défectueuses, rendant les chevaux qui en sont affectés impropres aux services de cavalerie et à la bonne équitation, n'ont pas besoin d'être traitées d'une manière aussi étendue. Pour les faire connaître, nous nous bornerons à en expliquer le mécanisme; nous en ferons ensuite connaître les inconvénients; nous négligerons, par conséquent, la théorie des déplacements du centre de gravité; les explications et les figures précédentes pouvant suffire à l'esprit qui voudra les pénétrer.

Du reste, l'amble, le pas relevé et le traquenard sont trois allures que l'on ne rencontre que parmi les petits chevaux de l'espèce *bidette*. Si on en trouve quelques rares exemples dans les chevaux de taille, c'est le plus souvent un fait d'éducation et de dressage, et non une allure naturelle.

Il n'en est pas de même de l'aubin, qui ne provient que de l'usure.

ARTICLE I.

Amble.

Dans cette allure, qui de toutes est la plus simple, le corps du cheval est alternativement supporté par un bipède latéral. Ainsi, pendant que le bipède latéral droit est à l'appui, le bipède latéral gauche est au soutien, et l'instant du poser de celui-ci est celui du lever de l'autre.

Le mouvement de l'amble peut être parfaitement représenté par celui de deux hommes marchant au pas, l'un suivant l'autre à une certaine distance.

On voit souvent de jeunes chevaux aller l'amble, mais presque toujours ils perdent cette allure lorsque la force arrive.

L'amble est l'allure naturelle de quelques animaux, tels que le chameau et la girafe. Chez ces animaux l'avant-main, forte, massive, surchargée du poids d'une tête agissant au bout d'une très-longue encolure, n'offre pas assez de légèreté pour avoir une grande liberté de mouvements, et leur arrière-main, trop grêle et mal attachée au corps, ne jouit pas d'une assez forte détente pour soulever toute la masse et lui imprimer les allures du cheval. Aussi le chameau se trouve-t-il dans l'impossibilité de galoper, et encore moins de se cabrer.

Nous nous sommes nous-même assuré de ce dernier fait. Aucun moyen ne nous a réussi pour mettre un chameau au galop.

On sait que le chameau ne se cabre pas pour s'accoupler avec sa femelle, et que celle-ci est obligée de s'affaisser sur les genoux et les jarrets.

On pourrait supposer jusqu'à un certain point que les chevaux ambleurs tiennent cette allure d'une cause à peu près analogue. Ils ont, en effet, une tête volumineuse au bout d'une encolure horizontale, et une arrière-main grêle par rapport à l'avant-main.

ARTICLE II.

Pas relevé.

Lorsque les battues sont précipitées et qu'elles ne présentent pas la régularité dans les espaces qui les séparent dans le pas, le cheval marche le *pas relevé* ou *haut pas*.

En général, les chevaux de pas relevé présentent une conformation qui se fait surtout remarquer par le développement des muscles. Ils ont la tête assez grosse, l'encolure forte et plutôt horizontale que relevée, les reins courts et forts, la croupe double et surtout la fesse longue et descendant sur la jambe.

Le nom de *pas relevé* porterait à croire que les

chevaux qui ont cette allure s'élèvent fortement
pendant l'action ; au contraire, la rapidité avec laquelle s'exécute le pas relevé ne permet pas un
grand déplacement vertical du centre de gravité ;
il n'y a pas de saut dans cette allure, et tout l'effort
est employé à chasser la masse en avant qui s'élève
très-peu de terre. Mais si cette allure est douce
pour le cavalier, rapide et moins fatigante que
le trot pour le cheval, elle l'expose à butter fréquemment sur les chemins raboteux.

Le pas relevé n'est, à proprement parler, qu'un
trot décousu au dernier degré, c'est-à-dire dans
lequel le pied antérieur a déjà effectué son poser
quand son opposé en diagonale opère le sien, mais
un trot dans lequel jamais le pied postérieur n'atteint la piste du pied antérieur.

———

ARTICLE III.

Traquenard.

Le *traquenard* ou *amble rompu* est une allure
assez rare.

Dans ce genre de mouvement, les battues des
quatre extrémités sont distinctes et séparées par
des intervalles inégaux comme dans le pas relevé, mais avec cette différence, que les battues
sont plus rapprochées dans les bipèdes latéraux,

tandis que dans le pas relevé le rapprochement des deux battues se fait remarquer dans les bipèdes diagonaux.

On peut regarder le traquenard comme un pas très-accéléré, se rapprochant de l'amble, tandis que le pas relevé se rapproche du trot par la succession des membres; en d'autres termes, le traquenard est à l'amble ce que le pas relevé est au trot.

ARTICLE IV.

Aubin.

L'*aubin* consiste dans un mélange confus de trot et de galop.

On voit souvent de vieux chevaux, arrivés au dernier degré d'usure, qui, pressés par le fouet de leurs conducteurs et ne pouvant soutenir un trot accéléré, cherchent à se soulager en prenant momentanément le galop. Leur force n'étant plus en rapport avec leur volonté, ils élèvent bien l'avant-main comme s'ils allaient galoper; mais leurs membres postérieurs n'ont plus assez de force pour que l'un des deux puisse seul supporter la masse; et, malgré l'enlèvement de l'avant-main, le train postérieur continue le trot, ne pouvant faire davantage.

CHAPITRE VI.

Défectuosités des allures.

———

Généralités.

Quelle que soit l'allure que l'on examine, elle
sera toujours bonne si les mouvements de l'animal
sont francs, rapides, énergiques, bien soutenus,
s'il entame bien le terrain sans trop se donner de
mouvement, si les battues sont régulièrement espa-
cées et reproduites avec la même cadence, en un
mot si les membres présentent de la souplesse et
de la vigueur.

Dans le pas et le trot, le cheval, vu de profil,
doit élever les jambes de derrière à la hauteur de
celles de devant ; vues par derrière, les jambes antérieures ne doivent pas être aperçues, et doivent
se mouvoir dans le même plan que les postérieures ; ce que l'on traduit en disant que *le cheval se
couvre bien.*

Si le cheval, en trottant, relève beaucoup les
membres antérieurs, on dit qu'*il trousse.* Cette action donne beaucoup de brillant au cheval, mais
au détriment de la vitesse.

Si, au contraire, le cheval ne relève pas assez
les jambes, on dit qu'*il rase le tapis.* Cette ma-

nière de marcher l'expose à faire de faux pas et à s'abattre.

Les allures présentent plusieurs défectuosités dépendant, les unes de certains vices de conformation de l'appareil locomoteur, les autres de maladies.

Nous allons examiner rapidement ces divers défauts.

ARTICLE I.

Chevaux qui se bercent.

Le cheval *se berce* lorsque son corps éprouve, pendant la marche, un balancement latéral très-prononcé.

Les chevaux bien étoffés, à poitrail et à croupe larges, se bercent naturellement plus que ceux de conformation opposée.

Le cheval peut se bercer du devant, ou du derrière, ou des deux trains à la fois.

Dans tous les cas, le bercement latéral est une perte de temps pour la vitesse.

Quant aux chevaux qui se bercent sans que leur conformation justifie ce défaut, on doit l'attribuer chez eux à la faiblesse, et s'assurer si celle-ci tient à l'âge, à la fatigue et à l'usure des articulations.

ARTICLE II.

Chevaux qui billardent.

Par cette expression de *billarder,* on désigne un défaut dans lequel le cheval , en marchant , jette en dehors ses pieds antérieurs, employant à cette action une force qui est soustraite à la progression véritable.

Le cheval cagneux, celui à genoux de bœuf, sont sujets à billarder.

Les chevaux à pieds plats et larges sont aussi exposés au même défaut, forcés qu'ils sont d'écarter les pieds pour éviter de s'atteindre ou de se couper.

ARTICLE III.

Chevaux qui se coupent.

Les chevaux *s'attrapent , s'atteignent , se coupent,* lorsque, pendant la marche, le sabot d'un membre, ou le fer qu'il porte, touche la couronne ou le boulet d'un autre membre, et détermine, soit une simple contusion, soit une plaie plus ou moins profonde.

Les chevaux peuvent s'attraper ou se couper par suite de faiblesse ou de mauvaise conformation. La ferrure peut aussi, par sa mauvaise exécution, donner lieu à ce défaut.

Les chevaux trop serrés du devant ou du derrière, ceux surtout qui ont les pieds plats ou larges, se coupent ou s'attrapent fréquemment.

Les jeunes chevaux sont assez sujets à se couper lorsqu'on les exerce trop longtemps ; comme aussi la fatigue peut faire se couper des chevaux faits, et l'on voit tel cheval qui, reposé, ne s'atteint pas, se couper fortement après une longue course.

———

ARTICLE IV.

Chevaux qui forgent.

On dit qu'un cheval *forge* lorsque, pendant le trot, et quelquefois aussi pendant le pas, il fait entendre un bruit particulier provenant du choc de son pied postérieur sur le pied antérieur qui lui correspond.

L'action de forger indique un défaut d'harmonie dans le mouvement réciproque des bipèdes antérieur et postérieur : ou l'action de ce dernier n'est pas assez limitée en avant, ou le lever des pieds antérieurs est retardé. Il résulte, de cette irrégularité dans l'allure, de graves inconvénients. Non-seulement le cheval peut se déferrer et s'abattre, mais quelquefois le pied frappe plus haut que le fer, attaque les talons, produit des atteintes, et, par suite, le javart. Il en est de même qui s'attrapent les tendons, et produisent l'engorgement de cette partie.

Les chevaux peuvent forger par la faute du cavalier qui, se portant trop en avant en laissant trop de longueur aux rênes, surcharge ainsi les membres antérieurs et retarde leur lever.

Les chevaux que l'on monte trop jeunes sont sujets à forger; mais on peut espérer que ce défaut sera effacé par le développement de la force. On voit d'ailleurs des chevaux faits forger lorsqu'ils sont fatigués.

Lorsque ce défaut est dû à une trop grande lourdeur de l'avant-main qui retarde le lever des extrémités, soit à des membres postérieurs trop longs et qui se portent trop en avant, soit encore à une trop grande longueur de reins (*) qui engage le cheval à voûter sa colonne vertébrale pour mieux supporter le poids de la charge, le cas devient très-grave, et on ne doit pas avoir l'espérance de le voir disparaître.

On doit se méfier des allures d'un cheval chez lequel on voit aux pieds de derrière des fers à *pince tronquée*, et à ceux de devant des fers très-dégagés et à *éponges tronquées*. (Voy. *Ferrure*.)

____

(*) Les chevaux courts de reins sont très-souvent sujets à se couper.

____

ARTICLE V.

Épaules froides ; épaules chevillées.

Le libre mouvement des épaules est une condition principale de l'étendue des allures ; car la quantité de chemin parcouru à chaque pas est toujours mesurée par la distance à laquelle peut s'étendre le membre antérieur. On peut dire que ce membre règle le pas, et que le membre postérieur l'exécute.

Quelquefois les mouvements des épaules, au lieu de présenter l'étendue convenable, sont très-restreints et comme limités ; on dit alors que le cheval a les *épaules froides*. Si le défaut est exagéré, on dit qu'elles sont *chevillées*. Ces défauts ont été examinés précédemment.

ARTICLE VI.

Éparvin sec.

On appelle *éparvin sec* un défaut qui ne se décèle par aucun signe dans le cheval au repos, et que l'on rencontre dans l'action, surtout à l'allure du pas.

Le cheval affecté d'éparvin sec fléchit le jarret par un mouvement prompt, saccadé, comme convulsif, dès que le pied s'élève, et cette flexion plus ou

moins forte porte quelquefois le membre jusque
près de l'abdomen, à chaque pas que fait le cheval. On désigne cette action par le nom de *harper*.

La plupart des chevaux affectés d'éparvins secs
harpent plus fort en sortant des écuries que lorsqu'ils
sont échauffés. L'exercice fait même quelquefois
disparaître ce défaut, qui ne se remontre qu'après
le repos.

On ne reconnaît pas encore la véritable cause de
ce défaut.

ARTICLE VII.

Jarrets vacillants.

Il est des chevaux chez lesquels l'appui des membres postérieurs ne se fait pas avec fermeté. Au moment où le poids de l'arrière-main repose sur un
des membres, le jarret, mal affermi, éprouve une
déviation latérale en dehors.

Ce défaut n'a pas son siége dans le jarret lui-
même ; si on examine attentivement le cheval qui
en est atteint, on voit que la déviation provient
d'une trop grande mobilité de l'articulation coxo-
fémorale, et l'on peut supposer que la vacillation
résulte de la faiblesse des muscles qui enveloppent
la hanche et la cuisse.

ARTICLE VIII.

Efforts de rein.

On désigne sous ce nom un état douloureux de la région lombaire, dû à un tiraillement des muscles lombaires ou des ligaments de cette partie, et qui ôte à l'animal toute la force de l'arrière-main, en détruisant l'harmonie qu'établit la colonne vertébrale entre l'avant et l'arrière-train.

Le cheval affecté d'effort de rein offre, dans la marche, une vacillation très-forte du train postérieur, imitant jusqu'à un certain point la marche d'un homme ivre.

L'effort de rein, même léger, doit faire rejeter le cheval qui en est atteint, car il est rarement suivi de guérison complète.

CHAPITRE VII.

Boiteries et claudications (*).

On dit qu'un cheval *boite* lorsqu'un membre ne prolonge pas son appui autant que les trois autres, et ne fait pas entendre une battue aussi forte.

La boiterie peut être plus ou moins forte. Lorsqu'elle est légère, à peine apercevable, on dit que

(*) Lecoq.

le cheval *feint ;* si elle est très-marquée, on dit qu'*il boite tout bas.* Enfin, il est des cas dans lesquels le membre malade n'appuie pas sur le sol, l'animal s'avançant avec beaucoup de difficulté sur trois jambes.

La claudication, lorsqu'elle est forte, se reconnaît facilement. L'animal, pour soulager le membre malade, rejette le poids du corps sur les autres membres au moment de l'appui de celui-là, et le moyen qu'il emploie est facile à expliquer.

Le cheval boitant du devant, au moment où il s'appuie sur le membre malade, rejette la tête en arrière et un peu de côté pour repousser sur le bipède postérieur et sur le membre antérieur non souffrant la majeure partie du poids du corps.

L'appui du membre douloureux est plus court que celui de son congénère, qui prolonge le sien pour suppléer à la diminution de celui de l'extrémité souffrante.

Si le cheval boite d'un membre postérieur, c'est la croupe qui se soulève au moment de l'appui pour diminuer le poids que supportera le membre ; et souvent, en même temps, l'abaissement de la tête attire sur le bipède antérieur le poids de l'arrière-main. Dans ce dernier cas, comme dans le précédent, on observe l'inégalité de l'appui des deux membres du bipède.

Tels sont les caractères généraux qui font distinguer que l'animal boite de tel ou tel membre ; mais il en est d'autres particuliers qui peuvent indiquer dans quelle région du membre réside la douleur qui fait boiter le cheval.

Le plus grand nombre de boiteries ont leur cause dans le pied, et, pour peu qu'il y ait doute sur le siége de la douleur, cette partie est toujours celle qu'il faut explorer en premier lieu.

Si la boiterie réside dans l'épaule, le membre s'élève à peine pour se porter en avant, et décrit une courbe en dehors ; on dit alors que le cheval marche en *fauchant*. Ce symptôme accompagne la plupart des maladies des rayons supérieurs, et que l'on désigne généralement sous le nom d'*écarts*, attribuant à la distension et même au déchirement des fibres des muscles qui unissent les membres au tronc une douleur qui résulte presque toujours d'un effort de l'articulation scapulo-humérale.

Si le mal existe dans la hanche, dans l'articulation coxo-fémorale, le mouvement de soulèvement de la croupe, au moment de l'appui, est plus prononcé que dans les autres boiteries.

Les claudications provenant du grasset sont caractérisées par la difficulté qu'éprouve le cheval à lever et à porter en avant le membre malade.

L'effort du genou ou du jarret se manifeste, pendant l'action, par la difficulté qu'éprouve l'animal à fléchir ces articulations, et par l'arc de cercle que décrit le membre en dehors.

La douleur que l'on fait développer par la pression sur les différentes régions du membre et par les divers mouvements que l'on fait exécuter à leurs rayons; la chaleur que l'on perçoit par l'application de la main; l'existence de tumeurs, de plaies, etc., surtout près des articulations; l'examen de la ferrure, sont autant de moyens qui aident à reconnaître le siége de la boiterie.

Malheureusement les fortes masses musculaires qui entourent les rayons supérieurs des membres du cheval en rendent impossible l'exploration complète.

Il est quelques boiteries chroniques qui ne sont pas apparentes dans toutes les circonstances; on les désigne sous le nom de *boiteries intermittentes*, lorsqu'elles disparaissent pour reparaître avec la même intensité.

Les unes, apparentes au moment où l'animal reposé sort de l'écurie, sont appelées *boiteries à froid*, et disparaissent ordinairement après un exercice plus ou moins long. Les autres, plus rares, ne se montrent, au contraire, qu'après un travail d'une certaine durée : on les appelle *boiteries à chaud*.

Rien n'est plus facile que d'exposer en vente un cheval affecté de boiteries intermittentes. Aussi cette affection a-t-elle été admise au nombre des vices rédhibitoires par la loi du 20 mai 1838.

Les boiteries, lorsqu'elles sont peu intenses, sont très-difficiles à reconnaître, surtout si l'on veut trouver le siége réel du mal. Pour les rendre plus sensibles, on examine le cheval au trot, sur un terrain dur et ensuite sur un terrain mouvant.

La première manière fait ressortir davantage les claudications qui ont leur siége dans les articulations et dans le pied ; la seconde indique les boiteries qui proviennent des muscles. Enfin, on peut faire tourner le cheval sur le membre supposé malade ; celui-ci, éprouvant une surcharge, fléchira promptement pour s'y soustraire.

TITRE V.

Des robes (*).

Généralités.

La robe, en histoire naturelle, s'entend de l'ensemble des crins et des poils qui recouvrent un mammifère.

Mais, en extérieur, cette dénomination n'est appliquée qu'à la nuance des poils et des crins.

(*) *Ancien cours d'équitation.*

Le but principal de l'étude des robes, et de tout ce qui s'y rapporte, est de faire connaître tous les indices qui sont nécessaires pour établir le signalement des chevaux, afin de constater leur identité.

Nous allons reproduire ici la meilleure théorie qui ait été imaginée jusqu'aujourd'hui. La méthode de classification qui l'a dictée repose sur l'uniformité et sur la diversité des poils.

Les robes peuvent, jusqu'à un certain point, indiquer le tempérament d'un cheval, son énergie ou sa mollesse; mais il faut bien se garder d'aller aussi loin que nos anciens théoriciens, qui allaient jusqu'à dire que le cheval *balzan* de tel ou tel pied promettait à son cavalier des succès brillants ou des malheurs dans la guerre; que telle ou telle particularité indiquait qu'un cheval était propre au maniement de la lance ou de la hache; il faut même ne considérer que comme simple observation, et non comme règle, les opinions que nous allons émettre sur la couleur du pelage.

Les robes foncées, et généralement celles dont les couleurs ont le plus d'intensité, se rencontrent chez les meilleurs chevaux et chez les races nobles; les robes lavées, au contraire, celles de nuance pâle, appartiennent ordinairement aux animaux de tempérament lymphatique.

Les caractères des poils, comme nous l'avons déjà fait entrevoir, fournissent aussi des inductions sur le degré de sang des animaux. Dans toutes les races d'élite, les poils sont fins et courts ; les crins sont droits, fins et soyeux.

Tous les renseignements que peut offrir l'extérieur du cheval, pour le faire distinguer des autres, sont partagés en deux classes : les *robes* et les *particularités* qui se concentrent sur elles.

Les robes occupent cinq divisions principales.

Les subdivisions reposent sur les teintes ou nuances particulières de chaque robe.

Les *particularités* sont formées par les marques, les signes et les renseignements de toutes sortes qui peuvent se rencontrer sur les différentes robes. Elles sont partagées en trois divisions ayant chacune plusieurs classes.

CHAPITRE I.

ARTICLE I.

Première division des robes.

Elle se compose des robes qui n'ont qu'une seule couleur sur toute l'étendue du corps, y compris les jambes et les crins.

Cette division a trois subdivisions : le *noir*, le *blanc* et l'*alezan*.

1° *Le noir*. Cette couleur varie du clair au foncé; cependant il arrive quelquefois qu'elle a une teinte roussâtre qui la rapproche de certains autres poils, avec lesquels, dans ce cas, elle peut être confondue; mais alors c'est la couleur particulière des extrémités et celle de la tête qui décideront la question.

Le noir *franc*, le noir *mal teint*, le noir *jayet*, désignent les diverses variations de cette robe.

Le *noir franc* est trop facile à reconnaître pour en parler ici.

Le *noir mal teint* est une robe qui offre une couleur noire sur les extrémités et à la tête, et roussâtre, couleur de suie, sur tout le reste du corps.

Le *noir jayet* a tous les caractères du noir franc, et de plus un reflet chatoyant qui ressemble à celui des plumes de geai.

Le *blanc*. La couleur blanche la plus franche, comparée à celle du lait, lui a fait donner le nom de *blanc mat ou de lait*. Mais comme le blanc est toujours le résultat d'un changement qui survient chez les chevaux gris en vieillissant, il en résulte des variations qui offrent des poils blancs, tantôt jaunâtres à leur pointe, tantôt ayant dans leur ensemble une nuance de blanc peu décidée, que désigne assez bien l'expression de *blanc sale*.

La dénomination de *blanc porcelaine* s'entend de la teinte bleuâtre qui résulte d'une peau noire sous un pelage blanc.

L'alezan. L'habitude a fait consacrer cette expression à une couleur roussâtre approchant de la cannelle; mais ici elle désigne les robes dont les poils unicolores (tête, crins, corps et jambes compris) ont des teintes qui varient du clair au foncé.

1° Le *jaunâtre* donne naissance aux *alezans clairs.* Dans cette subdivision sont comprises les robes alezanes les moins foncées de toutes, puis celles qu'on nomme *soupe de lait, café au lait,* qui ont pour caractère distinctif du *ladre* sur certaines parties du corps.

2° La *rougeâtre* constitue la robe qu'on appelle *cerise.*

3° La *brunâtre* fournit deux espèces d'alezan, l'un *obscur,* l'autre *foncé.* Ces deux dernières se prennent facilement l'une pour l'autre, quoique l'alezan foncé soit cependant plus brun que l'autre.

La noirâtre engendre l'*alezan brûlé,* qui se confond quelquefois avec le noir mal teint. Dans ce cas encore, c'est la couleur des extrémités et celle de la tête qui décident.

* * *

ARTICLE II.

Deuxième division des robes.

Cette division, comme la précédente, comprend les robes d'une seule couleur; mais ici le caractère distinctif réside dans les extrémités qui sont noires.

Les crins sont le plus souvent noirs aussi ; mais ce caractère n'est pas constant. Lorsqu'ils diffèrent de cette couleur, on l'indique ; on ne le fait pas dans le cas contraire.

Les trois subdivisions sont le *bai*, l'*isabelle* et le *souris*.

Le mot *bai* paraît venir de l'égyptien, et veut dire branche de palmier. C'est peut-être à cause de la couleur de la branche de palmier, qu'on dit *bai* pour désigner cette robe particulière du cheval.

La nuance jaunâtre constitue le *bai clair*.

La rougeâtre produit le *bai cerise* et le *bai sanguin*.

La brunâtre constitue le *bai châtain*, laquelle est uniforme sur tout le corps, à peu près de la couleur de la châtaigne. Cette teinte n'est pas très-foncée ; quand elle l'est davantage, et de façon à se rapprocher du noir, elle constitue le *bai brun*.

On a l'habitude de signaler ainsi les chevaux dont le corps est noir, et souvent même noir foncé, lorsqu'ils ont quelques nuances rouges ou jaunes autour des lèvres, des yeux, des ars, etc.

La robe qu'on désigne sous le nom de *bai marron* offre en général un mélange de nuances jaunes, ou rouges et brunes, qui la font ressembler aux marrons d'Inde. Ordinairement c'est le dessus du corps qui est noirâtre; au-dessous la teinte devient rougeâtre, et quelquefois jaunâtre près des membres.

L'*isabelle* ne rend pas d'une manière bien positive l'idée qu'on doit se faire de cette robe. Les opinions sont assez dissidentes sur sa couleur propre; on peut cependant lui assigner des caractères particuliers, tels sont les suivants : fond de la robe à peu près comme les alezans clairs, très-souvent jaunâtre; les jambes et les crins noirs, extrémités *zébrées* ou *marbrées*, *raie de mulet*, dont on indique l'absence.

Les *isabelles* ont deux nuances, l'une *claire*, l'autre *foncée*.

Les robes *souris* sont très-simples et plus variées ; elles ressemblent à celles des animaux dont elles portent le nom; mais elles ont les extrémités noires ainsi que les crins, à la manière des bais; avec cette différence, que les avant-bras et les jambes offrent des marques *zébrées* ou *marbrées* comme les isabelles.

Les nuances de ces robes ne varient guère que du clair au foncé. Dans le premier cas, la pointe du poil devient d'une couleur *claire cendrée*, et dans l'autre elle se rapproche davantage du brun; le plus souvent l'hiver produit le premier effet, et l'été le second sur le même animal. La date du signalement explique alors ces différences. Les *sou-*

ris ont aussi quelquefois la raie de mulet (*) dont on ne signale que l'absence.

Si les chevaux *souris* n'avaient pas les extrémités noires, ou les crins, il faudrait l'indiquer comme particularité.

———

ARTICLE III.

Troisième division des robes.

Elle se compose des robes qui offrent la réunion de deux des couleurs de la première division. Les extrémités et les crins semblables à la robe ne se désignent pas, on ne le fait que lorsqu'ils en diffèrent.

Elle comprend trois subdivisions, qui sont le *gris*, l'*aubère* et le *louvet*.

1° Le *gris* est dû au mélange des poils blancs et des poils noirs, et varie d'après la quantité de chacun de ces poils et d'après leur nuance particulière. Cette robe est susceptible de changer avec l'âge; elle devient de plus en plus claire, c'est-à-dire que le nombre des poils noirs diminue en proportion que celui des poils blancs augmente. Dans beaucoup de chevaux même, les poils deviennent tout à fait blancs : c'est encore la date du signalement qui explique ces variations.

(*) Voir, pour ce nom, le tableau des particularités.

Lorsque les poils blancs sont plus nombreux que les noirs, la robe est *claire*. La quantité égale des uns et des autres constitue le *gris* proprement dit. La prédominance des poils noirs constitue le *gris foncé*.

Il existe une robe bleuâtre que l'on appelle *gris ardoisé*, et qui tient à la couleur noire de la peau.

Cette robe, avec l'âge, donne le plus souvent naissance au blanc porcelaine.

Lorsque le blanc est terne et le noir mal teint, cela constitue une teinte peu éclatante et roussâtre que l'on appelle *gris sale*.

La robe que l'on a comparée au plumage de la grive, et que l'on nomme *gris tourdille*, tient un peu du gris sale quant à la teinte ; mais elle en diffère en ce que les poils en sont mélangés par petits bouquets sur certaines parties du corps.

Le *gris étourneau* est foncé ; il offre sur certaines parties de la robe des mélanges de poils blancs sur du noir, par petits bouquets ; mais le noir est franc et parfois *jayet*. Il en résulte une robe très-distinguée, au lieu que la précédente l'est fort peu.

2° L'*aubère* est composé de poils blancs et de poils alezans mélangés en proportions diverses, et susceptibles de varier par les nuances des poils. Ainsi le mélange des poils alezans et blancs dans l'*aubère* est comme celui des poils noirs et blancs dans le *gris*.

L'abondance des poils blancs constitue l'*aubère clair*. La proportion inverse constitue l'*aubère foncé*.

3° Les robes qui portent la désignation de *louvet* doivent offrir un mélange de noir et d'alezan, soit dans un même poil, soit dans des poils différents ; les extrémités seront pareilles à la robe. Comme c'est le caractère de cette division, on ne les signalera, ainsi que les crins, que dans le cas contraire.

Les nuances *louvet* sont *claires* lorsqu'il est *jaunâtre*, *foncées* quand il est *noirâtre*. On appelle quelquefois des *louvets* du nom de *fauve* ou de *poil de cerf*.

ARTICLE IV.

Quatrième division des robes.

Cette division n'offre qu'une classe de robes : c'est le *rouan*, formé de la réunion des poils de la première division, le *blanc*, le *noir* et l'*alezan*.

Du mélange plus ou moins nombreux de l'une ou de l'autre de ces trois couleurs résultent trois nuances principales : le rouan blanchâtre, que l'on nomme *clair* ; le *rouan vineux*, qui est dû à la prédominance des poils alezans, et le *rouan foncé*, qui offre des poils noirs en plus grand nombre.

Dans cette robe les crins et les extrémités sont

ordinairement noirs; le cas contraire doit donc être signalé comme particularité.

ARTICLE V.

Cinquième division des robes.

Dans cette division sont classées les robes qui sont formées de portions plus ou moins grandes des robes précédemment décrites, sur un fond généralement blanc, et imitant à peu près le plumage de la *pie*.

Lorsque la robe offre des parties blanches et d'autres noires, il peut en résulter deux sortes de *pies* : le *pie* proprement dit, ou *pie noir*, lorsque, outre le mélange de la robe, les extrémités sont noires; et le *pie blanc*, quand les extrémités sont blanches.

Les pies sont *alezans, lavés, gris, aubères, rouans,* etc., lorsque, avec du blanc, il se trouve des portions de l'une ou de l'autre de ces robes. Rien n'est plus variable que l'appréciation des robes par des individus différents.

C'est surtout dans les robes claires que les dissidences d'opinion sont le plus nombreuses. Ainsi tel individu signalera *rouan* un cheval *gris* qui offrira quelques poils alezans sur certaines parties de sa robe.

Il ne faut pas s'arrêter à ces petits détails lorsqu'on a un cheval à signaler; et si on se pénètre
bien du but des signalements, on signalera *gris*
tout cheval qui paraîtra tel à la distance de quelques
pas.

La nuance des robes varie, du reste, avec l'âge
et avec les saisons, et n'offre pas les caractères
indélébiles que présentent les particularités que
nous examinerons au chapitre suivant.

TABLEAU *synoptique des robes.*

DIVISIONS.	DÉNOMI-NATION des COULEURS.	TEINTES et NUANCES.	DÉNOMINATIONS USITÉES.
Ire DIVISION. UNE COULEUR. Tête, corps, crins et jambes compris.	Noir.	Clair. Foncé.	Mal teint. Franc, jayet.
	Blanc.	Franc. Jaunâtre, grisâtre. Bleuâtre.	Mat ou de lait. Sale. Porcelaine.
	Alezan.	Jaunâtre. Rougeâtre. Brunâtre. Noirâtre.	Clair, soupe de lait, café au lait. Cerise. Obscur, foncé. Brûlé.
IIe DIVISION. UNE COULEUR. Jambes noires.	Bai.	Jaunâtre. Rougeâtre. Brunâtre. Mélangé.	Clair. Sanguin ou cerise. Châtain, brun. Marron.
	Isabelle.	Jaunâtre. Blanchâtre.	Foncé. Clair.
	Souris.	Clair. Foncé.	Clair. Foncé.
IIIe DIVISION. DEUX COULEURS.	Gris.	Blanc. Bleuâtre. Noir.	Clair. Ardoisé. Foncé, sale, tourdille, étourneau.
	Aubère.	Blanchâtre. Nuances de l'alezan.	Clair. Foncé.
	Louvet.	Nuances de l'alezan. Noirâtre.	Clair. Foncé.
IVe DIVISION. TROIS COULEURS. Jambes noires.	Rouan.	Blanchâtre. Nuances de l'alezan. Noirâtre.	Clair. Vineux. Foncé.
Ve DIVISION. ROBES MÉLANGÉES.	Pie.	Blanc. Noir. Divers.	Blanc. Noir. Alezan, bai, aubère, etc.

CHAPITRE II.

Particularités dans les robes.

Les particularités peuvent se rapporter à trois divisions principales. La première comprendra toutes celles qui se rencontrent sur la totalité du corps ; la seconde, celles qui ont leur siége sur les parties isolées ; la troisième, les marques naturelles ou accidentelles qui ne tiennent pas, comme les autres, à la couleur ou à la direction des poils.

———

ARTICLE I.

Première division.

PARTICULARITÉS QUI PEUVENT SE RENCONTRER SUR TOUTES LES PARTIES DU CORPS.

§ I.

1re CLASSE.

Reflets brillantés.

Cette classe comprend toutes les particularités qui sont produites par des reflets brillantés.

Tels sont, pour les poils blancs, l'*argenté ;* pour les poils alezans, le *doré*, et, pour les bais, le *cuivré*, le *bronzé*.

Le brillant qu'exprime ces dénominations n'est

pas celui qu'ont les chevaux en état de santé ; c'est un reflet particulier dans la pointe du poil, qui persiste souvent après que le luisant de la santé a disparu.

Le *miroité* indique un reflet brillant par places rondes, d'une étendue au plus égale à une pièce de cinq francs. Ces nuances paraissent ou plus claires ou plus foncées que le fond de la robe.

Par *jayet* on désigne un reflet brillant qui ne se remarque que dans le noir.

§ 2.

2ᵉ CLASSE.

Mélanges divers.

Cette classe est produite par le mélange inégal de poils de diverses couleurs.

Le *pommelé* est produit par des taches rondes, à peu près comme celles du miroité, répandues sur tout le corps ou sur certaines parties. Ces taches rondes sont plus claires que les poils qui les entourent, et sont communes aux *gris*.

Le *moucheté* est dû à de petites taches blanches ou noires ; on n'indique la couleur que pour les mouchetures blanches.

Lorsque les mouchetures sont jaunes, on dit le cheval *truité*.

Les chevaux *gris foncés* et les *rouans foncés*,

ainsi que les *aubères*, deviennent souvent truités avec l'âge.

Le *zébré*, le *tigré*, le *marbré*, ont pour base des raies ou des taches noires disposées comme celles des animaux dont ils tirent le nom. Ces particularités se remarquent principalement aux extrémités, près de leur jonction avec le corps.

Le *tisonné* est constitué par des taches noires ou noirâtres, irrégulières, semblables à celles que l'application d'un tison pourrait produire sur le poil.

Le *bordé* est le mélange produit par la jonction de deux couleurs différentes, de telle sorte qu'il en résulte une bordure qui participe des deux couleurs.

Marqué de feu s'entend de la nuance d'un rouge plus ou moins vif qu'ont les poils de certaines robes au nez, autour des yeux, au poitrail, aux ars, aux coudes, au grasset; on les rencontre dans les *bais marrons* et les *bais bruns* particulièrement.

Lavé exprime la couleur pâle qu'offre certaine partie de la robe à l'extrémité des poils. Ainsi, nez lavé; crins, jambes lavés, etc.

Rubican sert à désigner la présence d'un certain nombre de poils blancs, qui ne sont pas en assez grande quantité pour changer la robe.

On indique par les mots de *légèrement* et *fortement rubican* le nombre plus ou moins considérable de poils, en énonçant les endroits où ils se trouvent.

Zain exprime l'absence de poils blancs.

§ 3.

3ᵉ CLASSE.

Direction des poils.

Dans cette classe sont compris les *épis*. On nomme ainsi une direction irrégulière des poils qui dépend de leur mode d'implantation dans la peau, varie peu et se rencontre chez les chevaux d'énergie.

Il y a des *épis* que l'on n'indique pas, parce que la majeure partie des chevaux les ont : tels que les épis du front, du poitrail, des coudes, des flancs, etc.

Lorsque les poils se rapprochent par leur pointe , on appelle les épis *convergents;* on les dit *divergents* quand ils offrent la disposition contraire.

§ 4.

4ᵉ CLASSE.

Couleur de la peau.

Ladre indique une couleur particulière de la peau dénuée de poils , qui la fait ressembler à celle de l'homme.

Les chevaux en offrent souvent des marques près des ouvertures naturelles, aux endroits où les poils sont rares.

ARTICLE II.

Deuxième division.

PARTICULARITÉS QUI SE RENCONTRENT SUR DES PARTIES ISOLÉES.

§ 1.

1re CLASSE.

A la tête.

Cap de Maure indique la couleur noire de la tête d'un cheval, lorsque la robe est de couleur moins foncée.

Nez de renard indique des marques de feu au nez et aux lèvres.

Marques en tête. Cette particularité est très-fréquente ; elle consiste en un certain nombre de poils blancs offrant diverses formes, que l'on rencontre sur le front, sur le chanfrein, au bout du nez. Les unes sont rondes : on les nomme *pelotes* (*) ou *étoiles ;* d'autres imitent une raie, une bande : on les appelle *lisses* ou *listes*. Il y en a qui sont triangulaires, carrées, etc. : elles ont une infinité de ma-

---

(*) Les pelotes peuvent être irrégulières, petites et bordées. Lorsque la marque blanche de la tête est très-petite, on dit le cheval légèrement en tête. Lorsqu'il n'y a que quelques poils blancs mélangés, cette marque se traduit par l'expression *quelques poils en tête.* On dit aussi *quelques poils à la naissance de la queue,* lorsqu'ils sont en petit nombre.

nières d'être, qui, désignées avec soin, suffisent pour différencier des chevaux très-semblables du reste.

L'habitude a consacré l'expression de *belle face* à une marque blanche qui, à partir du front jusqu'au bout du nez, aurait à peu près la largeur du chanfrein.

Si, au lieu d'une *belle face*, il était question d'une *raie* ou *lisse* qui fût *interrompue* ou *rétrécie* sur le chanfrein, on l'indiquerait en disant : *lisse interrompue* à telle ou telle partie.

Lorsque les lèvres ont des taches blanches, la coutume veut qu'on les fasse connaître par l'expression de *buvant dans son blanc de la lèvre supérieure* ou *de la lèvre inférieure;* de *buvant fortement dans son blanc,* si les taches remontent au-dessus du nez et du menton.

On désigne par l'expression de *moustaches* deux touffes de poils que quelques chevaux portent à la lèvre supérieure, et qui ressemblent parfaitement aux moustaches de l'homme.

Les *yeux vairons* doivent aussi être signalés.

§ 2.

2e CLASSE.

Au tronc.

Raie de mulet. On appelle ainsi une raie noire, de la largeur de quelques centimètres, qui règne depuis le garrot jusqu'à la queue. On trouve des raies qui sont noirâtres et d'autres alezanes. Il y a aussi des *raies de mulet* qui sont *croisées* sur le garrot et se prolongent sur les côtés de la poitrine. On doit les signaler particulièrement.

Ventre de biche est une comparaison qui désigne la couleur du ventre lorsqu'il est d'un blanc jaunâtre.

§ 3.

3e CLASSE.

Aux crins.

La couleur et la disposition des crins de la crinière et de la queue doivent être signalées toutes les fois qu'elles ne font pas partie des caractères constitutifs de la robe.

Les crins peuvent être *lavés* et *mélangés* diversement.

§ 4.

4e CLASSE.

Aux membres.

Les particularités qui se rencontrent dans les extrémités comprennent les poils qui les recouvrent et la corne qui les termine. Les plus fréquentes consistent dans les marques blanches nommées *balzanes*. On considère en elles le nombre, l'étendue, la composition et la forme.

1° Le *nombre*. Il se trouve des balzanes à une,

à deux, à trois et à quatre jambes. On se sert des expressions de *bipède antérieur, postérieur, latéral* et *diagonal*, pour les désigner. Quand plusieurs balzanes offrent des points de ressemblance, on les désigne collectivement ; lorsqu'au contraire elles en diffèrent, on en décrit une particulièrement.

2° *Étendue.* Une *balzane* est *incomplète* lorsqu'elle ne fait pas le tour entier de la couronne. Elle est *en principe* quand la marque blanche qui la constitue est peu étendue en hauteur. Ce n'est qu'une *trace de balzane* lorsque le *principe* est *incomplet.*

Lorsqu'elle occupe la couronne et le paturon, on dit *petite balzane.* On dit tout simplement *balzane* si elle ne dépasse pas le milieu du canon.

Celles qui vont jusqu'au genou et au jarret sont appelées *chaussées,* et celles qui vont plus haut sont dites *haut chaussées* et *très-haut chaussées.*

3° *Composition.* Les balzanes n'ont pas toujours une même couleur : on en trouve qui sont *bordées,* mouchetées, truitées, tachetées. Ces particularités se désignent lorsque le signalement le réclame.

4° *Forme.* Les balzanes, dans leur réunion avec le corps ou le sabot, ont des formes très-variables : les unes sont irrégulières, *prolongées* en *pointe* ou *dentelées.*

La *corne* varie souvent de couleur. Elle peut être *blanche, noire* ou *rousse,* tantôt dans la totalité de

22.

son étendue, tantôt sur une portion seulement. Dans ce dernier cas, elle est *en bandes* ou *en raies* plus ou moins grandes, que l'on désigne de façon à éviter toute équivoque.

———

ARTICLE III.

Troisième division.

Elle offre deux classes : l'une comprend certaines marques naturelles, la seconde certaines marques accidentelles. Ni les unes ni les autres n'ont de rapport ni à la couleur des poils, ni à la couleur de la peau.

MARQUES NATURELLES OU ACCIDENTELLES.

§ 1.

1ʳᵉ CLASSE.

Marques naturelles.

Coup de lance. C'est une dépression dans les muscles qui paraît au dehors sans affectation aucune de la peau. On remarque cette particularité à l'encolure, à l'épaule et à la fesse.

L'absence des châtaignes doit être signalée, de même que les *loupes*, les *verrues*, etc.

§ 2.

2ᵉ CLASSE.

Marques accidentelles.

Oreilles fendues, recousues, raccourcies, coupées, taillées. Ces renseignements doivent figurer dans un signalement, toutes les fois qu'ils peuvent être utiles.

On doit toujours indiquer si la queue est entière ou a été raccourcie. On dit que le cheval est *à tous crins, queue en balai, niqueté, anglaisé*.

Marqué au feu s'entend de la trace, de la cicatrice d'un fer chaud appliqué sur la peau ou sur la corne pour reconnaître les chevaux du Gouvernement.

Taré par le feu indique les traces que produit le feu, après qu'il a été employé pour remédier à l'usure et à des accidents quelconques.

Les *traces de blessures*, les *cicatrices* provenant d'opérations chirurgicales, ou les marques que laissent les sétons ou les vésicatoires, peuvent être regardées comme des renseignements qui facilitent la vérification d'un signalement.

TABLEAU *synoptique des particularités.*

CLASSES.	EXPRESSIONS CONSACRÉES.

PREMIÈRE DIVISION.

Particularités qui peuvent se rencontrer sur toutes les parties du corps.

Iʳᵉ CLASSE. *Reflets brillants.*	Argenté, doré, cuivré, bronzé, miroité, jayet (cette dernière expression ne s'applique qu'au noir).
IIᵉ CLASSE. *Mélanges divers.*	Pommelé (clair et foncé), moucheté (de blanc, de noir), truité, tigré, rayé, zébré, marbré, tisonné, marqué de feu, lavé, bordé rubican.
IIIᵉ CLASSE. *Direction des poils.*	Épis convergents, divergents, doubles, simples, etc., etc.
IVᵉ CLASSE. *Couleur de la peau.*	Ladre.

DEUXIÈME DIVISION.

Particularités qui ne se trouvent que sur des parties isolées.

Iʳᵉ CLASSE. *A la tête.*	Cap de Maure, nez de renard, marques diverses au front, au chanfrein, aux naseaux, aux lèvres (avec désignation de la forme, de la direction, de l'étendue, du mélange) telles que pelotes, marques en raie, ou lisse, en carré, en triangle, etc., prolongées ou interrompues sur le chanfrein, ou entre les naseaux; belle face, moustaches, œil ou yeux vairons, etc.
IIᵉ CLASSE. *Au tronc.*	Raie de mulet (couleur, forme et étendue), ventre de biche.
IIIᵉ CLASSE. *Aux crins.*	Crins semblables entre eux, non pareils à la robe, mélangés (avec désignation précise à la crinière ou à la queue).

IVᵉ CLASSE. *Marques naturelles.*

1ᵉ BALZANES.	Nombre.	A une, à deux, à trois, ou aux quatre jambes.
	Étendue.	Incomplète, en principe, simple, chaussée, haut ou très-haut chaussée (avec désignation précise).
	Composition.	Bordée, terminée, mouchetée, tachetée, truitée.
	Forme.	Régulière ou non, prolongée en pointe, dentelée.
2ᵒ MARQUES.	. . . .	Noirâtres, jaunâtres ou mélangées.
3ᵉ CORNE.	Couleur et disposition.	Blanche, noire, rousse, en bandes ou en raies régulières ou non.

CLASSES.	EXPRESSIONS CONSACRÉES.

TROISIÈME DIVISION.

Particularités diverses.

Ire CLASSE. *Marques naturelles.*	Coup de lance, absence de châtaignes, loupes, verrues, etc.
IIe CLASSE. *Marques acciden- telles.*	Oreilles fendues, raccourcies, taillées. A tous crins, en balai, anglaisé, niqueté, etc. Marqué de feu (place, forme). Taré par le feu (place, forme). Traces de blessures, cicatrices, ou opérations chirurgicales quelconques.

CHAPITRE III.

Taille (*).

La taille du cheval, ainsi que celles des quadrupèdes domestiques, se mesure depuis le garrot jusqu'au sol.

Les moyens employés sont : la *potence*, ou *hippomètre*, et la *chaîne*.

La potence la plus simple consiste en une règle plate d'environ deux mètres, sur laquelle sont tracées les divisions du mètre, en commençant à la partie inférieure de la moitié supérieure. Cette tige traverse à l'une de ses extrémités une tige plus courte (50 centimètres environ) placée en équerre, pouvant glisser pour s'élever ou s'abaisser à vo-

; (*) Lecoq.

lonté sur la première, et que l'on arrête par une vis de pression.

Pour s'en servir, le cheval étant placé aussi horizontalement que possible, et maintenu dans la station fixe, on approche l'instrument de l'épaule après avoir préalablement fixé la traverse au-dessus de la taille apparente de l'animal. On place l'hippomètre bien verticalement et au niveau du sommet du garrot; on abaisse alors la traverse, et on la fixe de nouveau à la taille exacte du cheval, qu'on trouve indiquée sur la tige.

La chaîne est une corde nouée en plusieurs endroits qui indiquent les divisions du mètre. Les maquignons se servent de leur fouet qui est disposé à cet effet.

Pour mesurer le cheval à la chaîne, on place l'instrument comme la potence, et l'on fait suivre ensuite le contour de l'épaule par l'extrémité nouée, qui, au moyen de ses divisions, donne la taille de l'animal, toujours plus forte que si la mesure avait été prise avec la potence.

Les résultats obtenus par la chaîne et par la potence étant très-différents, il est essentiel d'indiquer dans le signalement comment le cheval a été mesuré.

Si la différence était constamment la même, l'inconvénient de la mensuration à la chaîne disparaîtrait par une réduction de la taille; mais la mesure prise de cette manière varie suivant que l'épaule est plus ou moins arrondie, au point que plusieurs chevaux, mesurés à la potence, ayant donné la même hauteur, l'application de la chaîne donnera sur l'un trois centimètres, et sur l'autre jusqu'à six centimètres de plus que la taille réelle.

On doit donc donner la préférence à la potence toutes les fois qu'on le peut.

Il est essentiel, toutes les fois que l'on mesure un cheval, de porter son attention sur l'épaisseur du fer, et surtout sur les crampons, qui donnent à l'animal un ou deux centimètres de plus que sa taille réelle. Cette précaution est surtout importante dans les remontes de la cavalerie, où l'on exige pour chaque arme une taille déterminée par les règlements.

CHAPITRE IV.

Signalements.

On donne le nom de *signalement* à une énumération des différentes particularités qui peuvent servir à faire distinguer un cheval d'un autre.

Parmi les éléments qui composent le signalement, il en est quatre principaux : l'âge, la robe, la taille et les particularités. Ces diverses indications fournissent le signalement qu'on appelle *de reconnaissance*.

Il est un autre genre de signalement qui suit le signalement dont nous venons de parler : c'est le signalement d'appréciation, qui consiste à faire l'exposé des beautés ou défectuosités, des qualités ou défauts du cheval que l'on signale ; il indique, en outre, l'état de santé dans lequel se trouve le cheval, ses tares, en un mot, tous les renseignements qui doivent faire ressortir que tel ou tel cheval est propre à tel ou tel service.

N'ayant pas encore étudié toutes les parties de l'hippologie qui concernent ces différents articles, nous renvoyons à plus tard l'application du *signalement de reconnaissance*, pour ne nous occuper que du premier, qui doit suivre les études que nous venons de faire.

On est dans la coutume de marquer au sabot et à la fesse, du côté montoir, les chevaux qui appartiennent à l'État.

On imprime sur le sabot montoir (*) un numéro d'ordre (numéro matricule), qui est celui de l'arrivée des chevaux dans le corps, et l'on marque le sabot hors montoir du numéro de l'escadron dans lequel est classé le cheval.

L'empreinte que l'on fait à la fesse gauche représente l'arme du corps ou du régiment.

Ces moyens, employés pour faire distinguer les

(*) Ces différentes empreintes se font au moyen du fer rougi au feu.

chevaux des différents corps entre eux, ou pour établir l'identité du cheval dans le régiment où il est placé, sont d'un grand secours pour le signalement.

La marque au sabot disparaît, il est vrai, au bout de six à sept mois; mais il est bien rare qu'un cheval reste perdu aussi longtemps : celle de la cuisse reste toute la vie, si l'empreinte a été bonne. Nous allons établir cinq signalements qui représenteront chacun une robe de chacune des cinq divisions, et qui porteront avec eux à peu près toutes les particularités qui se présentent le plus souvent, et que l'on emploie de préférence.

Les signalements seront faits de deux manières, en toutes lettres et par abréviations. Ce dernier moyen permet de décrire sur un plus petit espace du registre un plus grand nombre de renseignements.

EXEMPLES.

1er LANCIERS.

N° matricule 22.

BABORD, cheval, six ans, taille de 1 mètre 58 centimètres, noir mal teint, en tête, bordée, 4 balzanes, la postérieure mouchetée, corne blanche, queue en balai.

N° M^{le} 55.

CARON, cheval, 11 ans, taille de 1 mètre 56 centimètres, bai mar-

1er LANCIERS.

N° matricule 22.

BABORD, ch., 6 ans, 1m 53c, noir mal teint, en t. bordée, la post. mouchetée, corne blanche, q. en balai.

N° M^{le} 55.

CARON, ch., 11 ans, 1m 56c, b. marron, en t. prolongée par

ron, en tête, prolongée par une lisse bordée, se terminant par du ladre entre les deux naseaux; trois balzanes, dont une postérieure gauche chaussée, la droite en pointe, corne noire en bande au pied postérieur gauche, trace de vésicatoire sur la poitrine, coup de lance à la fesse droite, à tous crins.

Nº Mˡᵉ 109.

DÉSIRÉE, jument, 8 ans, taille 1 mètre 54 centimètres, gris clair, plus foncé à la croupe, crins blancs, mélangés à la queue, truitée à la tête, œil gauche vairon, ladre autour des yeux, du nez et aux lèvres, cicatrice sur le garrot, verrue sous le flanc gauche, corne blanche en bande régulière au pied montoir antérieur, niquetée.

Nº Mˡᵉ 518.

FAQUIN, entier, 9 ans, 1 mètre 560 millimètres, rouan vineux, plus foncé aux épaules, cap de Maure, nez de renard, ventre de biche, balzanes latérales gauches, taré par le feu au boulet antérieur droit, queue en balai.

Nº Mˡᵉ 1200.

GASPARD, cheval, 5 ans, taille de 1 mètre 59 centimètres, pie noir, crins mélangés d'alezan à la queue, tête baie, quelques poils en tête, moucheté, épi double au côté droit de l'encolure, membre postérieur gauche noir, les autres blancs, corne rousse en bandes régulières, noires au pied postérieur gauche, à tous crins.

---

une lisse bordée, se t. par du ladre entre les deux naseaux, 3 balz., dont 1 post. g. ch., la droite en pointe, corne noire en bande au p. post. g., t. de vésicatoire sur la poitrine, coup de lance à la fesse d., à t. c.

Nº Mˡᵉ 109.

DÉSIRÉE, J., 8 a., 1ᵐ 54ᶜ, gris c., p. foncé à la croupe, c. blancs, mélangés à la q., truitée à la tête, œil g. vairon, ladre autour des yeux, du nez et aux lèvres, cicatrice sur le garrot, verrue sous le flanc gauche, corne blanche en bandes irrég. au p. m. ant., niquetée.

Nº Mˡᵉ 518.

FAQUIN, e., 9 a., 1ᵐ 560ᵐᵐ, rouan vineux, p. f. aux épaules, nez de renard, ventre de biche, balz. lat. g., taré par le feu au boulet ant. d., q. en balai.

N. Mˡᵉ 1200.

GASPARD, ch., 5 a., 1ᵐ 59ᶜ, pie noir, crins mélangés d'alezan à la q., t. b., qq. p. en t. mouchetés, épi double au côté droit de l'encolure, m. post. g. noir, les autres blancs, corne rousse en band. rég., noir. au p. post. g., à t. c.

Nota. Les principes de balzanes sont désignés par l'abréviation *pp.* On désigne par *ch.* les chevaux hongres, par J. les juments, et par *e.*, abréviations d'*entier*, les chevaux qui n'ont pas été hongrés.

NOTE SUR LES SIGNALEMENTS.

En général, on ne signale pas toutes les particularités que l'on rencontre sur le corps du cheval; on se borne à en indiquer quelques-unes, les plus remarquables, telles que les bahones, les pelotes, listes, les crins différents de la couleur que comporte la robe.

La nuance de la robe doit être indiquée à première vue, et un cheval bien signalé doit pouvoir être reconnu à distance.

On doit avoir l'attention de ne pas signaler les particularités qui sont les caractères distinctifs de certaines robes. Ainsi, on ne signalera pas dans un bai marron la particularité de *nez de renard*, ni les taches rouges ou plus claires que l'on rencontre sur cette robe.

Un cheval bai marron serait noir ou noir mal teint, si ces taches n'existaient pas. Un bai clair serait alezan, s'il n'avait pas les extrémités et les crins noirs, qui sont les caractères distinctifs du bai, bien que la couleur baie soit plus foncée et bien différente de toutes celles qui sont réellement alezanes.

Enfin, pour plus de sûreté, lorsqu'un cheval aura été perdu, son signalement devra être donné en toutes lettres.

Dans un corps, tous les chevaux d'un même escadron ont un nom de deux syllabes au plus, commençant par une consonne, *B*, *C*, *D*, *F*, *G*.

Dans les haras, on suit l'ordre alphabétique depuis *a* jusqu'à *y*, pour baptiser les produits de chaque année. Ce moyen évite d'ouvrir la bouche d'un cheval, ou de recourir à la matricule pour avoir l'âge.

TROISIÈME PARTIE.

HYGIÈNE DU CHEVAL (*).

TITRE I.

Généralités.

L'*hygiène*, qui, dans la médecine humaine, est l'art de conserver la santé, est plus étendue au point de vue hippologique.

Elle comprend, de plus, l'art de gouverner les chevaux et de les améliorer, en vue de nos intérêts, au moyen de certaines règles qui peuvent s'appliquer à tous les animaux domestiques.

Celles qui règlent la reproduction, l'élève et l'éducation du cheval sont aussi du ressort de l'hygiène.

Bien que ces différentes branches doivent être traitées particulièrement dans la quatrième partie, sous le titre d'*industrie chevaline*, nous détaillerons dans celle-ci tout ce qui leur est applicable, les règles hygiéniques qu'elles comportent étant

(*) Grognier.

pour ainsi dire inséparables de celles que nous avons à établir dès à présent.

L'importance de l'hygiène est plus grande que celle de la thérapeutique; car il est plus facile, et surtout moins onéreux, de prévenir les maladies que de les guérir. Plusieurs sont incurables; d'autres, après leur guérison, laissent l'animal faible, taré, incapable de bons services; il en est dont la cure, dût-elle être sûre et complète, ne doit pas être tentée, à cause des frais qu'entraînerait le traitement.

En soumettant le cheval et tous les animaux domestiques à notre volonté, nous avons changé leurs besoins, nous avons affaibli leur instinct, nous avons, pour ainsi dire, changé leur manière d'être, et telle règle hygiénique qui présenterait, au premier abord, un non-sens, une prescription contre nature, trouve sa justification dans les modifications que nous avons fait subir à la manière de vivre des animaux sur lesquels nous les appliquons.

Cette partie comprendra l'*étude de l'air atmosphérique, des lieux, des climats, des saisons, des habitudes, des aliments, des choses utiles ou nuisibles qui sont appliquées à la surface de leurs corps ou qui en sont extraites, de l'influence qu'opèrent sur eux les bons et les mauvais traitements dont ils sont l'objet.*

CHAPITRE I.

De l'air atmosphérique et de l'influence hygiénique de ses divers états.

COMPOSITION. — PROPRIÉTÉS.

A l'article de la respiration, dans la première partie de ce cours, nous avons donné la composition et les effets de l'air chimique, négligeant à dessein de parler des effets de l'air atmosphérique.

C'est ici le lieu de reprendre cette question.

L'air atmosphérique se compose de trois gaz en proportions inégales, d'oxygène, d'azote et d'acide carbonique en partie infiniment petite. Il contient en général de l'eau, tantôt dissoute, tantôt suspendue, du gaz acide carbonique libre, de l'hydrogène, des fluides impondérés, tels que la matière de l'électricité, du magnétisme et de la lumière. Un grand nombre d'autres corps, la plupart invisibles et qui ont pu se volatiliser, entrent aussi dans sa composition. Parmi ces corps se trouvent des œufs d'animaux, des graines des plantes; les uns éclosent dans l'air, les autres sont transportés à de grandes distances, et, comme les graines, tombent ensuite sur la terre.

La quantité, le nombre, l'état de ces substances,

varient sans cesse. Elles se réunissent ou se séparent dans tous les sens et à tous moments, et produisent les phénomènes appelés météores, que nous examinerons plus tard; ainsi ces substauces hétérogènes se réunissent à l'air pour former l'atmosphère qui enveloppe la terre de toutes parts, jusqu'à une distance de quinze lieues environ.

Les couches de l'atmosphère diminuent de densité, de poids et de composition à mesure qu'elles s'éloignent de la terre.

§ 1.

Pesanteur de l'air.

La pesanteur moyenne de l'air a été comparée à une colonne d'eau de même base et de trente-deux pieds de haut, ou à une colonne de mercure également de même base, d'un peu moins de vingt-huit pouces de hauteur.

Cette pression de l'air qui s'exerce sur tous les points de la surface des corps est nécessaire aux animaux comme aux végétaux pour comprimer les fluides intérieurs qui tendent à faire irruption. Si elle est nulle en quelque point de leur surface, les liquides se dilatent, les vaisseaux cèdent, une tumeur se forme; c'est l'effet des ventouses.

La pesanteur de l'air étant proportionnée à sa densité, on conçoit qu'elle doit diminuer par la raréfaction, et que l'économie animale doit en souffrir.

La hauteur, le calorique et l'eau raréfient l'air.

§ 2.

Effets d'un air chaud.

L'air le plus froid contient du calorique, qui, s'il était soustrait, lui permettrait de se liquéfier et même de se solidifier.

Tant que le thermomètre ne marque pas 20 degrés Réaumur de chaleur, l'air ne peut être appelé chaud.

Quoique les mammifères et les oiseaux soient toujours dans une température vitale de 30 degrés Réaumur, ils éprouvent les effets de la chaleur dès qu'elle dépasse 20 degrés.

Sous l'influence de cette température, tout, dans l'organisation, solides et liquides, se dilate; l'excrétion cutanée devient très-abondante, et au moindre travail le corps se couvre de sueur, l'appétit diminue, la soif augmente, les fonctions sont sensiblement ralenties, la sensibilité devient plus exquise.

Cette température, surtout si elle s'accompagne d'humidité, produit des foyers d'infection et étend ses effluves. C'est en effet dans les pays chauds et dans les étés brûlants que naissent et se propagent les épizooties.

Pour prévenir les mauvais effets d'un air très-
chaud, il faut moins nourrir, abreuver davantage,
introduire dans les boissons des substances rafraî-
chissantes et diurétiques, telles que les acides af-
faiblis ou du sel de nitre, faire prendre des bains,
aérer les habitations, panser plus exactement, éloigner les insectes pernicieux, plus à craindre dans
ces circonstances; exiger moins de travail, donner
du repos le jour, voyager le matin et le soir, ou la
nuit, si c'est possible.

§ 3.

'Air froid; ses effets.

L'air est froid médiocrement à deux degrés au-
dessus et au-dessous de zéro.

Cette température, quand elle n'est pas humide,
convient aux animaux robustes qui ne l'éprouvent
pas brusquement. Elle resserre la peau, refoule vers
l'intérieur, augmente l'activité des fonctions vitales;
elle produit des effets opposés à ceux de la précédente.

Une température de six à huit degrés de froid
est supportée facilement par les animaux domestiques, mais on ne doit point y exposer ceux du premier âge; ceux qui sont faibles, vieux ou qui ont
souffert; les malades, les animaux des pays chauds
non acclimatés, et ceux qui ont été élevés dans des
écuries dont la température a toujours été élevée.

Pour éviter les effets du froid, il suffit de fermer les écuries, où la température marque alors bien rarement le premier degré de froid.

On couvre de vêtements de laine les animaux qui ne peuvent pas supporter cette température pour les causes énoncées ci-dessus.

Il faut se garder de tenir trop chaudement les animaux bien portants qui doivent travailler dehors, afin d'éviter des transitions trop subites que l'on doit craindre plus que la chaleur et la froidure elles-mêmes.

§ 4.

Air sec; ses effets.

Quelle que soit la température, l'air sec est avide d'eau; il absorbe rapidement les vapeurs qui s'exhalent des surfaces tant cutanées que pulmonaires.

Lorsqu'à cet état atmosphérique se joint la chaleur, la transpiration cutanée est abondante et la sueur rare. Sous aucune constitution atmosphérique, il ne se dépose autant de poussière excrémentielle sur le corps des chevaux; aussi le pansage n'est-il jamais plus hygiénique.

L'air froid et sec agit plus vivement et plus directement sur l'organe pulmonaire que sur la peau. Aussi l'air sec et froid est-il plus fatigant pour les poitrines délicates.

L'air sec, froid ou chaud, ne peut guère exercer

son influence que sur les animaux qui sont en plein air. Dans les écuries, il est facile de l'humecter en répandant de l'eau à plusieurs reprises du jour.

Au surplus, l'évaporation aqueuse doit être pratiquée près des chevaux de troupe, sous un soleil brûlant, qu'ils soient à l'écurie ou sous des hangars. Ce moyen facile tempère la chaleur. Des arbres plantés autour des écuries produisent le même effet d'une manière permanente, en répandant dans l'air la matière de leur transpiration, aussi abondante que salutaire.

§ 5.

Air humide; ses effets.

L'air humide semble lourd, et cependant il est léger, comme le témoigne le baromètre, comparativement à l'air sec. Celui-ci est sec lorsqu'il est au-dessous du 30e degré de l'hygromètre, et le premier n'est appréciablement humide qu'au-dessus de 40° ou 45° degrés.

Quand l'air humide est en même temps chaud, il agit à la fois par sa rareté, par sa température et son humidité.

Cet état affaiblit les animaux en relâchant les tissus, ralentissant la circulation et soutirant l'électricité. La peau se gonfle, la sueur devient facile; mais elle reste sur la peau, l'air saturé d'humidité se refusant à la dissoudre; la respiration est plus fréquente et son effet moindre, l'air humide étant aussi peu favorable à la combustion physiologique qu'à la matérielle. Le sang est peu vivifié; tous les organes sont débilités; les forces musculaires diminuent; les sens perdent de leur activité.

Cet air favorise puissamment la décomposition des matières organiques; il se charge des émanations qui s'élèvent des substances putréfiées; il les conserve, les fomente, les transporte. Ces molécules pestilentielles, agissent d'autant plus que l'animal qui les recèle est plus faible et moins vigoureux.

Pour prévenir les effets de cette constitution atmosphérique, il faut donner des aliments toniques, ne pas épargner le sel, exciter la peau par un pansage fréquent, faire prendre des bains, aérer, nettoyer les habitations, éloigner des lieux aquatiques, écarter les foyers d'infection.

§ 6.

Des brusques changements de température; leurs effets.

Les températures contraires à la santé sont d'autant plus fâcheuses qu'elles surviennent plus brusquement.

Il y a même danger pour les animaux délicats, malades ou non acclimatés.

C'est principalement la brusque transition du chaud au froid qui présente les plus graves inconvénients pour les chevaux. Chez ces quadrupèdes vifs et sanguins, plus vigoureux que forts, le mouvement excentrique est considérable, et un léger exercice suffit pour amener chez eux une abondante transpiration. Chez aucun autre animal cette fonction n'est plus facilement troublée. S'il survient alors un refoulement par l'effet d'une impression subite de froid, la transpiration s'arrête, et, en vertu des lois de la physiologie, les organes qui sympathisent avec la peau doivent suppléer aux fonctions de celle-ci; ce sont, dans le cheval, les muqueuses et les séreuses pulmonaires. Ces membranes, surprises par une irruption subite d'une masse de sang, s'irritent, s'enflamment, d'où résulte une pleurésie, ou des catarrhes.

Il peut en résulter d'autres maladies très-graves, telles que des angines, des néphrites, surtout des gastro-entérites, lorsque le parenchyme du poumon est attaqué.

Les inconvénients du passage subit du froid au chaud sont beaucoup moins fréquents et peu dangereux.

Il faut donc éviter d'exposer au froid les animaux en sueur, les vêtir, les exercer doucement, exciter en eux l'organe cutané, et rappeler par des cordiaux le mouvement excentrique, diminuer la différence entre la température extérieure et celle de l'écurie : voilà les moyens simples de sauver une multitude de chevaux.

CHAPITRE II.

Influence de la lumière et de quelques météores.

ARTICLE I.

Lumière.

La lumière, fluide impondéré et dont la nature est inconnue, exerce une action puissante sur les corps bruts, et stimule vivement tous les êtres organisés.

Là où elle n'est pas sensible, les plantes pâlissent, s'allongent, perdent leur odeur, leur sapidité, leur consistance, ne donnent ni fleurs ni fruits. Dans cet état d'atonie, elles transpirent peu. C'est pour se soustraire à cette influence que, par un mouvement automatique bien remarquable, un grand nombre de plantes se dirigent vers la lumière.

Un phénomène analogue à l'étiolement se manifeste dans les grands animaux privés de lumière, sans en excepter notre espèce.

Les animaux qui jouissent de ces bienfaits sont plus forts et plus féconds que ceux qui vivent à l'ombre des écuries ou des étables ; on y élève difficilement des poulains.

L'obscurité est, sans nul doute, nécessaire dans

les cas l'ophthalmie ; mais, si cette inflammation n'est pas accompagnée de fièvre générale, un simple bandeau suffit pour protéger l'organe contre l'impression fâcheuse d'une lumière trop vive.

Cet organe est chez le cheval d'une extrême délicatesse : témoin une foule de chevaux qui deviennent borgnes ou aveugles.

Parmi les causes de ces nombreux accidents, on peut ranger l'impression d'une vive lumière, surtout si elle se produit brusquement. Ce n'est pas sans danger pour la vue qu'on sort les chevaux d'une écurie obscure, pour les présenter tout à coup aux rayons du soleil. Aucune fenêtre ne doit s'ouvrir en face de leur tête.

ARTICLE II.

Les météores.

On nomme ainsi tous les phénomènes qui se forment dans l'atmosphère, quelle qu'en soit la cause.

On les distingue en *aériens, aqueux, lumineux, électriques* ou *ignés*.

§ 1.

Des vents.

Mouvements partiels de la masse atmosphérique, ayant pour cause la dilatation de l'air par la chaleur, et sa condensation par le froid, les vents apportent dans le ciel des changements qui varient selon le lieu de leur départ et ceux qu'ils ont traversés, en font ressentir des influences variables.

Dans notre zone, les vents d'ouest, froids ou chauds, sont humides, parce qu'ils ont passé par-dessus l'Océan, où ils se sont saturés de vapeurs qui se résolvent en pluie ou en neige.

Ceux de l'est sont secs, d'une température moyenne, parce qu'ils ont parcouru un long espace de terre ferme.

Ceux du nord et du nord-est sont froids, parce qu'ils ont traversé, la Sibérie, la Russie, l'Allemagne avant d'arriver sur nos contrées.

Ceux du sud et du sud-est sont chauds, parce qu'ils nous viennent de l'intérieur de l'Afrique; ils sont en même temps humides, parce qu'ils ont soufflé sur la Méditerranée, qui leur a fourni des vapeurs; leur action est très-énervante pour les hommes et pour les chevaux.

Leurs effets, selon qu'ils sont secs, humides, froids ou chauds, se font plus vivement sentir que ceux de l'air calme offrant les mêmes températures; on s'y soustrait en usant des précautions qui ont déjà été indiquées pour l'air.

§ 2.

Des brouillards.

Les amas de vapeurs et d'exhalations suspendues à peu de distance de la terre s'appellent *brouillards*

Ils se forment sous l'influence du calorique, et s'élèvent de la surface des étangs, des mares, des rivières dormantes et des sols aquatiques. La température de l'air sous laquelle ils se forment les maintient dans les couches inférieures de l'atmosphère.

Si les brouillards ne se composaient que de vapeur d'eau, leur influence serait la même que celle de l'air humide; mais ils sont encore plus insalubres, à cause des exhalaisons délétères, souvent âcres et fétides, qui se mêlent à ces vapeurs. Lorsque ces exhalaisons sont des miasmes, des effluves, elles portent les germes d'épizooties souvent contagieuses.

On doit, le moins possible, exposer les animaux à l'influence de ce météore, et jamais alors dans le voisinage des lieux marécageux et autres foyers d'infection.

§ 3.

De la rosée.

Ce météore est très-difficile à expliquer. Il se forme pendant les matinées les plus sereines, sous forme de gouttelettes très-limpides.

On distingue une autre espèce de rosée qui tombe de l'air ou sort de la terre, le soir; elle persiste jusqu'au milieu de la nuit : c'est le *serein*.

Avant de se résoudre en eau, le serein, comme la rosée, est dans un air tout à fait diaphane, sous forme de vapeurs invisibles, rarement fétide comme la plupart des brouillards, mais tout aussi bien qu'eux s'unissant à des gaz délétères et méphitiques.

On a observé que sous son influence les grandes épizooties se répandent facilement.

L'herbe humectée par la rosée est autrement insalubre pour les herbivores que si elle était aspergée par la main de l'homme.

Il est contraire aux règles de l'hygiène de faire pâturer pendant la nuit dans des lieux et dans les saisons où la rosée et le serein sont abondants.

Le vert ne doit être fauché que lorsque le soleil a absorbé totalement la rosée.

§ 4.

De la pluie.

C'est la chute des particules aqueuses qui se sont formées dans l'atmosphère par le refroidissement des vapeurs, la compression des nuages ou l'action de l'électricité.

Les pluies sont utiles en purifiant l'air des effluves telluriens, solubles, et les entraînant vers la terre, où ils servent d'aliment à la végétation. Si les premières pluies sont plus fertilisantes que les eaux d'arrosement, les substances qu'elles entraînent avec elles salissent l'eau, qui, dans ce cas, ne doit pas être recueillie comme boisson; on ne doit introduire dans les citernes que celle qui tombe cinq ou six heures après l'apparition du météore.

Les pluies chaudes sont favorables aux animaux comme aux plantes; froides, elles leur sont nuisibles.

Aux approches de la pluie les étoiles pâlissent, quoique le ciel soit sans nuages; le soleil est rouge à son lever; la lune paraît plus large qu'à l'ordinaire; elle est entourée d'une auréole de vapeurs qui se changent en nuages noirâtres; l'air est plus transparent que de coutume, et l'on distingue mieux les objets éloignés. Les nuages sont d'abord épars dans le ciel comme des flocons de laine; ils s'amoncellent ensuite, et prennent la forme de montagnes ou de rochers entassés. Quand ils viennent de l'ouest, la pluie est plus certaine et plus prochaine.

Les signes de pluie tirés des animaux ne sont pas moins remarquables.

Les chevaux jeunes et vigoureux hennissent avec plus de fréquence et plus de force qu'à l'ordinaire; les ânes braient à grand bruit; ils remuent les oreilles, et se vautrent dans la poussière.

Les bêtes bovines lèvent la tête, ouvrent les naseaux comme pour aspirer l'air, se lèchent le museau et les pieds; mangent avidement, regardent souvent du côté du sud ou de l'ouest, se couchent plus souvent, et mugissent en entrant à l'étable. Les bêtes ovines semblent agitées, elles paissent rapidement et retournent à la bergerie; les chèvres redoublent de pétulance et se querellent; les chiens grattent la terre; les chats nettoient, avec leurs pattes, leurs joues et leurs oreilles; le coq chante à des heures inaccoutumées, et bat des ailes; les poules se roulent dans le sable, secouent les ailes et se baignent avec empressement; les oies et les canards courent à l'eau, ils y plongent, y barbotent avec plus d'ardeur qu'à l'ordinaire; ils battent des ailes, poussent des cris. Les pigeons au colombier gardent leur demeure, tandis que les absents ne sont pas pressés d'y revenir; les abeilles qui sont dans la ruche en sortent rapidement, tandis que celles qui rentrent n'apportent que très-peu de butin; les diptères parasites sont plus tourmentants qu'à l'ordinaire.

§ 5.

De la gelée.

C'est la conversion de l'eau à l'état solide par la soustraction d'une grande partie de son calorique; il en résulte la glace, la neige, la grêle, le grésil, le verglas, le givre, la gelée blanche.

§ 6.

De la glace.

La glace proprement dite se forme dans tou l'univers un peu au-dessous du zéro Réaumur. Une agitation légère facilite sa formation ; une plus forte la retarde. Les étangs gèlent plus tôt que les rivières.

Le dégel, bien plus que la gelée, nuit aux animaux. Les murs, les plafonds, les meubles se couvrent de gouttelettes quelquefois à demi congelées. Ce n'est pas de l'eau pure, reprenant son état liquide ; ce sont des vapeurs animales ou d'autres émanations que le froid avait condensées jusque dans les pierres et le bois, qui transpirent et reprennent leur première forme.

§ 7.

De la neige.

Ce météore résulte de la congélation immédiate des vapeurs constituant les nuages. Il se forme dans les régions les plus élevées de l'atmosphère, et les flocons sont d'autant plus forts qu'il fait moins froid.

La trop longue durée de la neige est nuisible aux animaux en les retenant trop longtemps à l'écurie.

§ 8.

De la grêle et du grésil.

Ces météores résultent de la congélation de la

pluie, qui a lieu par un refroidissement subit dans l'air.

Les grains de grêle sont quelquefois assez gros pour hacher les plantes et tuer les animaux ; on en a vu du poids de neuf à dix onces.

On peut saisir les signes précurseurs de la grêle, pour soustraire à ses ravages les troupeaux qui pâturent.

Le temps est lourd, la chaleur est étouffante ; il s'élève un vent quelquefois violent, venant tantôt du sud, tantôt de l'ouest, charriant des nuages d'abord petits, élevés et blancs ; s'abaissant ensuite et devenant gros et noirs, déchirés sur les bords, d'une surface inégale, hérissés de protubérances ; les jeunes feuilles des végétaux se crispent et se fanent, pour ainsi dire.

Le grésil est une grêle de petit volume, se fondant aisément.

§ 9.

De la gelée blanche et du givre.

La gelée blanche n'est autre chose que la rosée congelée, elle présente les mêmes inconvénients.

Le givre diffère de la gelée blanche en ce qu'il provient des brouillards.

Ces deux météores apparaissent au printemps.

§ 10.

De la foudre.

C'est une grande quantité de fluide électrique qui s'échappe brusquement d'un nuage; pour s'unir ou se rencontrer avec le fluide d'un autre nuage; ce dégagement est suivi d'une vive lumière qui sillonne la nue en zigzag et porte le nom d'*éclair*, et d'un grand bruit que l'on nomme *tonnerre*.

On appelle *bons conducteurs* les corps qu'elle traverse aisément : tels sont les métaux et les corps animés. Les pointes l'attirent. Ses effets sont variés et bizarres; elle a fondu une lame d'épée sans toucher au fourreau; elle a enflammé une pièce de bois à côté d'un tas de poudre qu'elle a seulement dispersée; elle choisira un individu dans la foule, ou en frappera plusieurs à une grande distance les uns des autres. L'individu frappé paraîtra vivant et endormi, ou son corps sera brisé ou consumé.

La foudre tue le plus souvent par asphyxie; elle peut terrasser des animaux sans leur faire aucun mal.

Le bétail manifeste à l'approche d'un orage de l'inquiétude, de l'anxiété; le cheval frappe du pied; le bœuf mugit et se dirige de lui-même vers l'étable; les moutons cessent de paître et s'agglomèrent; la peur fait avorter les vaches et les brebis, le lait des nourrices, et plutôt des laitières tarit ou s'altère.

La surabondance d'électricité avant ou pendant l'orage fatigue beaucoup les animaux malades, convalescents, faibles; elle réveille les vieilles douleurs, reproduit des accès de rhumatisme; sous cette influence, les fruits et la viande se corrompent facilement.

La prudence exige, à l'approche des orages, de rentrer les animaux et de tenir fermées les ouvertures des habitations. Si on se trouve dans la nécessité de rester dehors, on évitera de marcher rapidement, pour ne pas agiter l'air, et on ne se placera pas sous des arbres.

CHAPITRE III.

Altération de l'air par l'interposition des substances insalubres.

§ 1.

Des gaz délétères.

L'oxygène tempéré par l'azote étant le seul gaz respirable, tous les autres sont, de leur nature, délétères.

On connaît au moins vingt-quatre espèces de gaz non respirables, dont les uns asphyxient, les autres empoisonnent.

Parmi les premiers sont les gaz azote et acide carbonique ; parmi les seconds, les gaz hydrogène phosphoré, arseniqué, les acides nitreux, sulfureux, hydrosulfurique , hydrochlorique , le chlore, l'ammoniaque.

Les premiers ne sont jamais assez abondants dans l'atmosphère pour être funestes ; mais, dans les lieux fermés, ils peuvent donner la mort par asphyxie.

Quant aux gaz capables d'empoisonner, ils sont le plus souvent le produit de l'art ; ils peuvent s'échapper en grande abondance des usines pour nuire gravement aux animaux.

Telles sont les fabriques d'acide sulfurique et nitrique , de soude, par la décomposition du sel marin. La dernière surtout étouffe la végétation jusqu'à une grande distance ; on ne doit pas la tolérer dans le voisinage des habitations ni des pâturages.

§ 2.

Des émanations putrides et empyreumatiques.

Les émanations putrides ont toujours une odeur fétide dont les herbivores ont une extrême répugnance. Les chevaux, et surtout les bœufs, plongés dans une atmosphère putride, mangent peu, paraissent souffrir et maigrissent ; leur poitrine s'altère, et ils sont exposés à des maladies très-graves, dont la fièvre typhoïde n'est pas la moindre.

On ne peut nier l'infection de l'air par des exhumations opérées en grand, le curage des fosses d'aisances, le mouvement des matières des égouts.

Les ateliers où l'on prépare des substances animales produisent des émanations du même genre; telles sont les boyauderies, les triperies, les fonderies de suif, etc., etc.

Les émanations empyreumatiques ne sont pas sans influence sur la santé tant des animaux que de notre espèce, et c'est dans ce double intérêt que l'on doit exiger l'éloignement des usines où l'on travaille en grand les arcansons ou résines de pin; de celles où l'on calcine les os des animaux pour en faire du noir d'ivoire; de celles où l'on épure le charbon de terre pour en extraire le gaz d'éclairage; de celles où l'on travaille le goudron, où l'on fabrique des vernis gras, de l'encre d'imprimerie, etc., etc.

§ 3.

Des émanations marécageuses.

Elles sont tantôt nuisibles; tantôt elles paraissent au-dessus des marais et dans leur voisinage sous forme de vapeurs ou de brume, tantôt inodores, tantôt fades et nauséeuses.

La formation de ces matières a lieu dans les eaux stagnantes, où naissent, vivent et meurent des myriades d'animaux et de plantes la plupart nuisibles; la masse de leurs cadavres constitue une vase agitée par une fermentation putride qui ne se passe pas de la même manière que celle qui a lieu en plein air ou dans la terre.

Les particules délétères exhalées avec de la vapeur aqueuse et des gaz hydrogènes de diverses natures, s'élèvent par leur légèreté au milieu du jour; mais, condensées le soir, elles tombent, et c'est alors qu'elles sont nuisibles.

Elles pénètrent par les pores cutanés, entrent avec l'air dans les voies pulmonaires, et avec les aliments dans les voies gastriques. Les effluves marécageux ont, comme les miasmes et le virus, leur temps d'incubation; ils déterminent des maladies aiguës chez les animaux non acclimatés; les indigènes, modifiés par cette influence, éprouvent des altérations plus lentes, et même constitutionnelles.

Ces maladies aiguës varient suivant les idiosyncrasies et les saisons; au printemps, des péripneumonies; en été, des gastrites et des dyssenteries; en automne, des charbons.

Les maladies intermittentes, nommées *fièvres des marais*, offrent chez l'homme une parfaite coïncidence avec les épizooties chez les animaux; chez les uns et les autres les désordres sont semblables.

Les enzooties sont communes dans les lieux marécageux. Dans ces foyers se sont formées la plupart des épizooties qui ont ravagé la terre.

Les précautions les plus efficaces sont de dessécher les marais. En beaucoup d'endroits les enzooties ont disparu avec les eaux marécageuses ; en quelques autres le mal s'est aggravé par un desséchement qui n'a pas été complet : on a changé les étangs en marais.

Les étangs argileux, profonds, d'une certaine étendue, dont le lit se renouvelle, altèrent peu la pureté de l'air.

Si on est dans l'impossibilité d'opérer les desséchements de marais et d'étangs insalubres, on peut atténuer leurs fâcheuses influences en les entourant d'arbres. Indépendamment de ce que ces grands végétaux versent dans l'air des torrents d'oxygène et le purifient, ils absorbent pour s'en nourrir les particules délétères qui empoisonnent les animaux.

Comme nous ne pouvons rien contre l'atmosphère, nous userons des précautions ci-après :

Éloigner le bétail des marais et des étangs marécageux le plus possible.

Le garder à l'étable le plus longtemps qu'on peut.

Le faire sortir tard, et l'y rentrer de bonne heure.

Ne pas l'envoyer au pâturage étant à jeun.

Ne pas lui épargner le sel.

Au pâturage, le tenir autant que possible en mouvement.

Ne pratiquer aucune ouverture aux habitations du côté des foyers d'infection.

Exciter l'organe cutané, et sympathiquement tout l'organisme, au moyen de frictions sèches et d'un pansage fréquent.

§ 4.

Des rizières et des routoirs.

Les marais dans lesquels pousse le riz, et les cloaques dans lesquels on fait rouir le chanvre, répandent à leurs alentours des émanations qui occasionnent souvent des épizooties et des épidémies très-graves. La France a défendu la culture du riz, dans l'intérêt de la salubrité publique.

§ 5.

Des émanations animales morbides.

Tout ce qui émane du corps des animaux sains ou malades infecte l'air. Dans le premier cas, l'infection n'est funeste que dans les lieux fermés; dans le second, elle peut se répandre dans l'atmosphère.

Le propre des émanations morbides est de déterminer souvent des maladies semblables à celles qui les ont fournies. Un effluve claveleux ne produira rien, ou les claveaux; il en est de même des pestilentiels, des typhoïdes, des charbonneux.

Lorsque l'émanation funeste est fixe, elle s'attache aux solides, et ne peut se propager que par le contact ou l'inoculation; elle constitue les virus morveux, psorique, farcineux, etc.

Les effluves morbides résistent à la putréfaction qui décompose les cadavres ; l'infection des typhus, de la peste, de la fièvre jaune, du choléra, s'exhale des fosses où ont été enterrées les victimes de ces maladies ; aussi est-il sage de soumettre ces cadavres à une solution de chaux vive que l'on jette dans la fosse.

CHAPITRE IV.

Des saisons et des climats.

Les saisons sont les successions des parties de l'année, déterminées par le mouvement de la terre autour du soleil.

L'influence physiologique des saisons ne tient pas seulement à celle de la température par la présence plus ou moins longue du soleil sur l'horizon, elle résulte encore des impressions qu'a laissées la saison précédente.

La température de l'automne ne diffère pas de celle du printemps ; dans les deux saisons, les jours ont la même durée et les vicissitudes la même fréquence ; néanmoins elles agissent différemment sur l'économie vivante.

§ 1.

Du printemps.

De toutes les saisons, le printemps est celle dont l'influence physiologique est la plus marquée.

L'économie animale est vivement excitée; les forces qui, dans les animaux bien nourris, s'étaient en quelque sorte accumulées pendant l'hiver, se développent.

La nutrition est active, la respiration fréquente, la combustion physiologique vive, l'hématose énergique, le sang plus abondant, plus épais, plus stimulant; l'accroissement des jeunes sujets plus rapide.

L'énergie musculaire a augmenté.

Les évacuations sont plus copieuses.

Le besoin de se reproduire se fait généralement sentir.

Le printemps est, chez la plupart des grands animaux, l'époque du rut; s'ils entrent en chaleur en d'autres temps, c'est qu'à l'état domestique ils sont sortis de leur naturel.

C'est encore la saison de la mue, crise annuelle qui fait tomber les poils et la plume, et qui exige des toniques quand elle est languissante.

L'herbe jeune est acide, calme la diathèse inflammatoire, qui peut produire, après un chétif hivernage, des pléthores vraies, des stagnations dans les capillaires, des apoplexies pulmonaires, des hémorragies abondantes. Il ne faut pas craindre les fortes saignées.

Les chevaux qu'on a retenus à l'écurie pendant l'hiver, presque sans exercice, tombent facilement fourbus au printemps, si on les nourrit trop et si on ne les soumet graduellement au travail.

Le régime du vert donné en cette saison aux chevaux ne pourrait souvent être remplacé par aucun moyen d'hygiène et de thérapeutique.

§ 2.

De l'été.

C'est dans cette saison que le soleil reste le plus longtemps sur l'horizon. La température, ordinairement sèche et chaude, n'est troublée que par des orages.

Les fonctions digestives ont peu d'énergie; l'appétit est faible : la nourriture sera tonique.

Le pouls est accéléré, et cependant peu énergique; les évacuations cutanées sont abondantes; on doit craindre qu'elles ne s'arrêtent par l'impression subite d'un air froid ou d'une boisson froide : c'est la cause de la perte d'un grand nombre de chevaux.

Les épizooties inflammatoires se déclarent en cette saison.

Les insectes ailés tourmentent les animaux.

On tiendra à l'écurie dans le milieu du jour; on

s'éloignera des lieux marécageux ; on fera prendre des bains le plus souvent possible ; on couvrira les chevaux quand, au retour du travail, ils seront en sueur. On évitera, dans cet état, de leur faire boire de l'eau de fontaine ou de l'eau de puits, à moins qu'elle n'ait été exposée au soleil et à l'air plusieurs heures ; on donnera du sel pour éveiller l'appétit, soit en grains, soit en arrosant le fourrage, après l'avoir fait dissoudre dans l'eau.

§ 3.

De l'automne.

Les vicissitudes de cette saison sont plus débilitantes que celles du printemps ; les brouillards et la rosée abondent. Leur influence est d'autant plus à craindre que les animaux ont été plus débilités par la saison de l'été.

Vers la fin de cette saison, l'humidité devient froide, et constitue l'état atmosphérique le plus insalubre.

C'est la saison où les solipèdes sont le plus exposés à la morve, au farcin, au crapaud.

Il faut, en cette saison, redoubler de soins pour maintenir la santé des animaux, donner des aliments toniques, ne pas demander trop de travail, maintenir l'excrétion cutanée, préserver, autant que possible, des brusques variations atmosphériques, tenir à l'écurie le plus qu'on peut, éloigner des oyers d'infection.

§ 4.

De l'hiver.

Dans cette saison, les nuits augmentent et les animaux sont portés au sommeil.

Il faut tenir chaudement les chevaux de troupe qui ont souffert ou supporté de longs et pénibles travaux.

L'hiver est fatal aux vieux animaux; mais, s'il n'est pas trop humide, il est favorable à ceux qui sont jeunes et robustes. Dans aucune saison il ne se déclare moins de maladies que dans un hiver tempéré.

§ 5.

Des climats.

On entend par climat une partie de la terre comprise entre deux cercles parallèles à l'équateur. Les degrés de température caractérisent les climats. La chaleur est d'autant plus intense qu'elle se rapproche davantage de l'équateur, où elle atteint jusqu'à 35 degrés Réaumur.

La chaleur monte quelquefois aussi haut vers les pôles qu'à l'équateur, et le froid y atteint 72 degrés. Sous la zône tempérée, qui est celle comprise entre les deux premières, la chaleur n'y dépasse pas 30 degrés.

Mais les climats varient suivant les localités. Les vastes plaines, peu arrosées, sont exposées à toutes les vicissitudes atmosphériques; elles sont chaudes en été et froides en hiver; les vents y sont violents.

Le contraire a lieu sur les bords de la mer et des fleuves; les températures extrêmes y sont mitigées par une abondante évaporation. Le voisinage des montagnes couvertes de glaces et de neiges abaisse la température des lieux environnants, et rend plus fréquentes les vicissitudes de l'air.

Les vastes forêts refroidissent la température et la rendent humide; à mesure qu'on déboise, l'air s'échauffe, les courants d'eau tarissent.

L'exposition des lieux contribue à leur température. Dans les lieux exposés au midi, la température est plus élevée que ne le comportent les latitudes; l'inverse a lieu sur les revers opposés. Le côté du levant est plus frais que celui du couchant.

Dans les vallons profonds, l'air n'y circule pas librement; la chaleur et la lumière y convergent, les brouillards y séjournent longtemps et les rendent insalubres.

L'homme modifie les climats qu'il habite en faisant disparaître les forêts ou en opérant des plantations, en desséchant de vastes localités ou en établissant de grandes irrigations.

L'influence des climats ne tient pas seulement à la température, mais encore aux degrés de lumière, d'électricité, d'humidité surtout.

Les sols arides, presque infertiles, conviennent aux moutons et aux chèvres; le cheval se plaît mieux dans ceux d'une médiocre fertilité; le bœuf dans les gros pâturages; le porc et le buffle préfèrent les terrains aquatiques, et résistent facilement aux émanations marécageuses. Ici les animaux sont peu volumineux, sveltes, vifs, alertes, vigoureux, sujets aux maladies inflammatoires, bilieuses, nerveuses. Là, ils sont massifs, lourds, lents, plus forts qu'ardents et vigoureux, disposés aux affections lymphatiques, catarrhales, chroniques.

CHAPITRE V.

Des habitations. — Influence de leur mauvaise tenue sur la santé.

Sous le nom générique d'*étable*, les anciens comprenaient toutes les espèces d'habitations destinées aux animaux domestiques, et les distinguaient en *équité, bubilé, ovilé, caprilé, suilé*, etc., etc.

On appelle *écuries* les habitations destinées aux chevaux, ainsi appelées parce que la direction en était confiée à un écuyer. Avant cette époque, l'écurie du roi de France était gouvernée par un grand

officier qui commandait les armées, le comte de l'es-
table, *comes stabuli*, dont on fit plus tard conné-
table.

§ 1.

Infection par suite d'une mauvaise stabulation.

L'air renfermé ne peut pas servir à la respiration
et à la combustion sans subir des changements qui
le rendent impropre à cette double action. Dans ce
cas, l'oxygène diminue et se trouve remplacé par de
l'acide carbonique, par l'effet de la respiration.

La fermentation du fumier dans les écuries échauffe
l'air, et le rend humide et fétide; il s'est chargé
d'émanations tant pulmonaires et cutanées que de
celles qui se sont élevées du fumier.

L'inconvénient devient plus grave si les émanations proviennent d'animaux malades; et que se-
rait-ce si elles étaient fournies par des animaux atteints de maladies gangréneuses, charbonneuses,
typhoïdes? Ces miasmes, bien plus délétères, sont
absorbés par les corps animés d'autant plus sûrement, que leur quantité est plus grande dans un
plus petit espace. Ils pénètrent par les poumons, par
la peau, se mêlent aux fourrages, aux boissons; ils
pénètrent les couvertures, les harnais, se déposent
dans les murs crevassés, dans les planchers et les
poutres vermoulues, et leur persistance dure quelquefois pendant plusieurs années.

Cette infection, ne fût-elle pas poussée à l'extrême, nuit à tous les animaux domestiques qui en subissent l'influence; les chevaux y résistent très-difficilement, et y trouvent des causes de gale, de farcin, d'eaux aux jambes, de crapauds.

On peut facilement détruire les miasmes, le virus, et toutes les substances délétères des écuries ou de tout autre lieu fermé; mais il n'est pas en notre pouvoir d'atteindre ceux qui circulent dans l'atmosphère.

Les procédés de désinfection sont de deux sortes: physiques ou chimiques.

Les premiers consistent à enlever mécaniquement les corpuscules funestes avec les récipients qui les recèlent, à les brûler, les annihiler en les dissolvant dans l'eau, etc.

A l'aide des seconds, on décompose les substances gazeuses vaporeuses contenues dans l'air, au moyen de fumigations.

Ainsi, en supposant une étable ou une écurie infectée par le séjour prolongé d'animaux atteints de maladies putrides contagieuses, telles que la morve, par exemple, on creusera d'abord le sol à la profondeur d'un pied, et on se procurera ainsi un excellent engrais, qu'il faudra enterrer sur-le-champ si on le suppose contenir des principes de contagion; on fera ensuite un remblai de terre sèche. Les murs

seront raclés, recrépis, blanchis au lait de chaux.
Les auges, râteliers, planchers, seront rabotés ou
raclés. Les vieux meubles et vieux harnais, et particulièrement les instruments de pansage, seront
brûlés; les autres objets de ce genre que l'on voudra conserver seront passés à une forte lessive
bouillante; ce qui est en fer sera chauffé au rouge;
de l'eau bouillante sera jetée à grands flots dans tous
les coins de l'habitation.

On peut ensuite avoir recours aux fumigations, à
la combustion de substances aromatiques ou au
dégagement de la vapeur de vinaigre.

Le procédé le plus actuellement en usage est celui
de M. Labarraque.

Pour désinfecter une écurie ou une étable de
50 pieds de longueur sur 12 ou 15 de hauteur, on
prend une livre et demie de chlorure sec de soude
ou de chaux; on la délaye dans un récipient de la
capacité de cent litres d'eau; on laisse quelque temps
dans l'eau; on sépare ensuite par décantation le liquide clair du dépôt; on remet sur celui-ci vingt-
quatre litres d'eau; on agite pour mêler exactement,
puis on jette le tout sur un linge mouillé; la solution
de chlorure passée, on la réunit à la première. L'habitation étant nettoyée, on lave avec une éponge
trempée dans la solution de chlorure, les murs, les
planches, râteliers, mangeoires, etc., et l'on se sert

du reste du liquide pour laver le sol. Ce dégagement de chlore détruit les virus et les miasmes, ou annihile leurs effets.

CHAPITRE VI.

Règles hygiéniques relatives aux écuries.

§ 1.

Du placement ou assiette.

Les écuries, et, autant que possible, toutes les habitations, doivent être éloignées des usines, des marais et de tout foyer d'infection.

Le sol ne sera jamais au-dessous du terrain environnant, et devra avoir une pente douce ; on sera alors garanti de toute humidité.

§ 2.

De l'orientement.

On entend par ce mot l'exposition, ou plutôt celle des ouvertures d'une habitation.

Il est subordonné à la configuration des terrains qui l'entourent, tels que des chaînes de montagnes, des marais, etc.

En général, l'orientement est très-favorable

quand il est d'un seul côté, au levant ; mais il convient cependant qu'il soit sur tous les points de l'horizon. On fermera, selon les occurrences, les ouvertures du nord, celles du midi ; le plus souvent celles de l'ouest.

§ 3.

De l'aérage.

On opère l'aérage des habitations en renouvelant l'air au moyen de portes, de fenêtres ou de toute autre espèce d'ouvertures. On ne saurait trop multiplier les fenêtres ; il convient qu'il y en ait d'opposées pour établir des courants dépurateurs. On profite pour cela de l'absence des animaux qui travaillent, qui pâturent, que l'on panse ou que l'on mène à l'abreuvoir. Toutes les ouvertures d'une habitation doivent être ouvertes, même en hiver, lorsque les animaux sont dehors.

Les fenêtres doivent avoir 5 ou 6 pieds de largeur sur 4 ou 5 de hauteur, et s'ouvrir le plus près possible du plancher ; plus bas, les chevaux seraient exposés à recevoir des flots de lumière qui pourraient leur affecter la vue.

On pratique dans les murs, au niveau du sol, de petites ouvertures que l'on peut ouvrir et fermer à volonté du dedans.

Les ouvertures, quelles qu'elles soient, doivent fermer hermétiquement.

Les fenêtres et les dessus de portes doivent être garnis d'un vitrage s'ouvrant de haut en bas, au moyen d'une petite poulie et de deux charnières fichées dans la partie inférieure de la boiserie. Deux compas, fixés un de chaque côté du châssis, doivent remplir les fonctions de deux brides qui ne permettent au vitrage de s'abaisser que jusqu'à l'horizontale. De cette manière, l'air passe au-dessus des animaux, et ne peut les frapper qu'après s'être réfléchi, ce qui lui donne le temps de se mitiger avec celui des écuries, dont la température est toujours plus élevée. Au moyen de la poulie, on modère le courant ou l'introduction de l'air, en abaissant plus ou moins le vitrage.

Une écurie doit toujours avoir une fenêtre ouverte, et même deux, quelle que soit la température extérieure.

<h2 style="text-align:center">§ 4.</h2>

Du sol et du plancher.

Le sol des écuries doit être ferme, imperméable, et non point assez lisse pour occasionner des glissades.

Les pavés carrés, d'un décimètre de côté, sont les meilleurs matériaux que l'on puisse employer pour affermir le sol des écuries. On les place sur un lit de sable de rivière, et l'on mastique les joints avec du bon mortier, et mieux encore avec de l'asphalte ou bitume.

Le sol aura, pour l'écoulement des urines, une double pente : l'une, légère, de la mangeoire vers le milieu de l'écurie; et l'autre, plus grande, et allant d'un bout à l'autre. Dans les écuries de grande dimension, cette dernière pente est double, c'est-à-dire que le milieu de l'écurie est plus élevé que ses deux bouts.

L'inclinaison transversale ne doit pas être trop grande, afin de ne pas surcharger l'arrière-main.

Elle se terminera en arrière de la ligne des croupes, à la rencontre de l'inclinaison inverse du chemin laissé derrière les chevaux, de telle façon qu'il y aura à ce point de jonction une rigole très-évasée qui formera un exutoire pour les urines et l'eau répandue dans l'écurie lorsqu'on la lavera.

Il serait à désirer que les écuries fussent voûtées; cette disposition a l'avantage de diminuer les chances d'incendie, d'isoler l'habitation du fenil, qui ordinairement est situé au-dessus, et de faciliter l'aérage.

§ 5.

Des dimensions.

Elles sont relatives, non-seulement au nombre, mais encore au volume des animaux. On donnera plus de place dans la même espèce à ceux qui sont fringants ou malades, et aux femelles pleines ou aux nourrices.

Pour qu'un cheval à l'écurie puisse manger, se coucher à son aise et être soigné convenablement, il faut un espace d'environ 7 pieds de largeur sur 10 de longueur, savoir : 7 pour la place qu'il occupe, 1 et demi pour le râtelier et la mangeoire, autant pour le recul, et derrière lui il doit y avoir de plus 6 à 7 pieds, pour qu'on soit à l'abri des ruades. Ainsi une écurie simple aura au moins 16 pieds de largeur ; la hauteur du plancher sera de 9 à 10 pieds, et de 12 à 15 si elle contient plus de vingt chevaux.

Dans les écuries doubles, tantôt les croupes, tantôt les têtes sont opposées. Nous conseillons la première disposition pour les écuries militaires, parce qu'elle facilite la surveillance. Il doit y avoir, dans ce cas, au moins 7 pieds d'intervalle entre les croupes, non compris l'espace nécessaire pour le recul.

<h2 style="text-align:center">§ 6.</h2>

Des séparations et des compartiments.

Dans les écuries militaires du dernier modèle, les chevaux sont séparés par un *bas-flanc,* planche verticale, ou de champ, dont une extrémité est fixée à la mangeoire par un crochet, et l'autre à des cordes fixées au plancher ou à des poteaux, où elle est attachée au moyen d'une bascule qui peut se

dénouer facilement lorsqu'un animal turbulent s'entrave (s'embarre).

Dans les écuries où règne plus de luxe, les chevaux sont placés chacun dans une stalle, loge en
planches ouverte postérieurement. Autant que possible, les loges particulières ne doivent pas empêcher les chevaux de se voir.

On construit encore dans les mêmes écuries des
box, loges fermées de tous côtés par des planches
jusqu'à hauteur des flancs, surmontées d'une claire-
voie qui arrive à hauteur de la tête des chevaux. Ces
stalles ou loges, plus larges que les précédentes,
permettent de laisser en liberté les chevaux irascibles
ou souffrants.

Dans les quartiers de cavalerie, il doit y avoir des
écuries isolées et à plusieurs compartiments, de manière à pouvoir loger à part les animaux atteints de
maladies diverses, et à isoler ceux que les maladies
contagieuses ont frappés. On appelle cela *infirmerie*.

§ 7.

Des râteliers.

Ces meubles préviennent le gaspillage et l'altération des fourrages.

Le râtelier est une grille ordinairement en bois, à
fuseaux roulants écartés de 3 ou 4 pouces, placée en
avant de la tête des chevaux, au-dessus de la man-

geoire, et inclinée contre le mur par sa partie inférieure. On doit placer entre la partie inférieure des
râteliers et le mur un grillage horizontal de 4 ou
5 pouces de largeur, pour permettre à la poussière
de tomber jusqu'au sol, en passant derrière la mangeoire.

§ 8.

Des mangeoires.

Ce sont des canaux de 15 à 16 pouces de profondeur sur un pied de largeur, en pierre ou en bois,
élevés au-dessus du sol de 3 pieds 4 à 6 pouces, légèrement inclinés des deux côtés.

Les auges en pierre sont plus solides, se nettoient
plus facilement, n'offrent point de fente pour l'issue
de l'avoine ou du barbotage; on n'a pas besoin
d'en recouvrir les carnes de tôle pour s'opposer au
tic à la mangeoire. Des auges trop hautes, qui supportent des râteliers trop éloignés, forcent les jeunes
chevaux à prendre une attitude capable de leur donner l'encolure de cerf, et de les faire porter au vent.

Ces canaux doivent être lavés souvent, même à
l'eau chaude.

Le cheval est un animal très-délicat.

Un cheval ne mangeait pas; on voulait le purger,
lorsqu'on trouva dans la mangeoire le cadavre d'un
rat.

CHAPITRE VII.

Des aliments.

Généralités.

L'aliment est une substance qui, introduite dans un corps vivant, y subit, par l'action vitale, des changements qui la rendent propre à fournir la matière du développement et de la réparation des organes.

La matière qui sert à cet usage n'est pas la masse alimentaire, mais un fort petit nombre de ses principes, qu'on nomme *alibiles*. Le reste n'est qu'un excipient excrémentiel qui traverse l'économie vivante.

Un médicament, un poison, agissent selon leur nature; ils déterminent des changements sans en éprouver. Un aliment, au contraire, devient successivement du chyme, du chyle, du sang, et enfin des os, des muscles, des membranes, des viscères.

Les aliments sont tirés du règne organique.

Ils se divisent en aliments solides et en aliments liquides.

Les premiers comprennent, pour le cheval, les fourrages, tels que le foin, la paille, l'avoine, l'orge et autres plantes ou graines.

Les aliments liquides comprennent les boissons.

Les principes nourrissants que l'on rencontre dans les plantes sont : la fécule, le gluten, le sucre et le muqueux.

Les aliments féculents sont d'une digestion facile, fournissent beaucoup de chyle, beaucoup de sang, d'où peuvent résulter la pléthore et des affections inflammatoires chez les chevaux trop nourris de graines ou de racines riches en fécule.

Le gluten seul est un mauvais aliment; il expose à la cachexie.

Le muqueux seul est très-peu nutritif; à l'état pur il forme la gomme.

Le sucre absolu est un condiment qui, donné en grande quantité, échauffe et nourrit mal ; mais combiné au muqueux et à la farine, il devient un aliment parfait; aussi suffit-il d'en trouver la saveur dans une plante pour qu'elle puisse être considérée comme bon aliment.

Les substances assimilables dont nous venons de parler résident pour la plupart et en plus grande quantité dans la graine des plantes que dans la tige, où leur quantité est très-minime, surtout si la graine est complétement formée.

D'après la plus ou moins grande quantité des divers principes que les aliments peuvent contenir, on les a divisés en aliments toniques ou en aliments nourrissants.

Les graines forment la première classe, et les fourrages la seconde.

Les aliments sont d'autant plus nourrissants qu'ils contiennent plus de principes nutritifs sous un plus petit volume.

Mais il ne faut pas conclure de là qu'on doive les employer de préférence aux autres. La présence d'une certaine masse alimentaire est nécessaire, chez les herbivores, surtout, pour équilibrer mécaniquement les viscères abdominaux. La vacuité de l'estomac et des intestins laisserait sans soutien le foie et la rate; le diaphragme serait tiraillé et la respiration embarrassée. C'est pour se procurer du lest, et en même temps pour empêcher les frottements douloureux des membranes d'un estomac vide, que les chiens et les loups privés d'aliments avalent de la terre glaise.

Ainsi donc, les substances renfermant, sous un petit volume, beaucoup de principes nutritifs, d'une extraction prompte et facile, ne conviennent pas à des animaux robustes soumis à de rudes travaux. Huit livres de pain de froment renferment plus de principes alibiles que cinquante livres de foin; et cependant un cheval de gros trait serait bien moins sustenté par le premier que par sa ration ordinaire. Plus les cavités digestives sont dilatées par l'effet d'une nourriture abondante ou volumineuse, et plus il y a nécessité de lester pour l'équilibration organique.

Les boissons sont de l'eau à l'état naturel ou dans laquelle on a mélangé des substances alimentaires telles que du son, de la farine, etc., ou des acides pour exciter l'appétit.

ARTICLE I.

Des prairies.

Définitions. — Considérations.

Les prairies sont les terrains sur lesquels on récolte les foins ou les fourrages qui sont la nourriture des chevaux.

On les divise en deux grandes classes : en prairies naturelles ou permanentes, et en prairies artificielles ou temporaires.

Les premières peuvent durer un temps très-long sans qu'elles aient besoin d'être ensemencées; les secondes, au contraire, ne peuvent être maintenues que pendant un temps limité, en alternant avec d'autres cultures.

§ 1.

Prairies permanentes.

Elles sont divisées en prairies hautes, prairies moyennes et prairies basses.

Quel que soit leur gisement, et ne fussent-elles pas entièrement abandonnées aux soins de la nature, la quantité des plantes qui y pullulent, dont un grand nombre est inutile ou nuisible, les rend, sous le rapport alimentaire, très-inférieures aux prairies temporaires ensemencées.

Il résulte d'observations faites avec soin ce qui suit :

Dans les prairies situées à mi-coteau, qu'on nomme *moyennes*, et qui sont les meilleures, il y a, sur 42 espèces de plantes, 17 utiles.

Dans les prairies hautes, sur 38.....8.

Dans les prairies basses, sur 29.....4.

Les prairies moyennes conviennent particulièrement au cheval.

La qualité de ces divers fourrages a une influence très-marquée sur l'organisation physique et morale du cheval : à ces causes se joint l'influence des climats.

En nourrissant un cheval à l'écurie, on le soustrait en grande partie à l'influence du climat, et les aliments opèrent moins de changements dans sa manière d'être; mais, s'il pâture, toutes ces causes deviennent infiniment plus puissantes.

Son pâturage est-il assis sur un terrain sec, où la température soit élevée sans être excessive, où croisse l'herbe fine, tonique, substantielle, il sera svelte, de taille moyenne, même petite, haut monté;

il aura les muscles et les tendons bien prononcés,
les sabots petits, durs, la peau fine, les poils courts
et soyeux. Ce cheval aura un tempérament sanguin;
il sera vif et plein d'ardeur, capable de soutenir
longtemps une allure rapide, il se rapprochera du
type de son espèce, du cheval primitif, du cheval
arabe.

Mais, s'il pâture dans un terrain bas, gras et humide, comme dans les plaines arrosées, sur le bord
des lacs, des rivières, de la mer, sa taille s'élèvera,
ses formes deviendront massives, l'abdomen surtout
acquerra de l'ampleur; les extrémités seront courtes, les tendons peu denses, les sabots volumineux
et mous. La peau s'épaissira; elle deviendra dure,
se couvrira de poils longs, grossiers, surtout aux
extrémités. Cet animal aura un tempérament lymphatique; il aura peu d'ardeur, ses allures seront
lourdes et lentes.

C'est le pâturage plus que toute autre cause qui
a créé les races si variées que l'on rencontre en
France; c'est lui, qui a fait du cheval primitif le gros
cheval de trait lourd, qui n'est plus que sa caricature.

Les plantes que fournissent les prairies permanentes peuvent être classées en utiles ou nutritives,
inutiles ou parasites, et en malfaisantes.

Les premières appartiennent presque toutes aux
familles des graminées et des légumineuses.

§ 2.

Plantes qui croissent dans les diverses prairies.

Dans les prairies moyennes, reconnues de première qualité, poussent : la flouve, les pois, les avoines, les pâturins, les méliques, les houlques, les fétuques, les crételles, les fléoles, les vulpins, les fromentals, les ivraies. Les légumineuses sont : les lothus, les gesses, les vesces. On trouve aussi les plantes de plusieurs autres familles, telles que les centaurées, les marguerites, les pimprenelles, les spirées, les scabieuses, les carottes, et certaines espèces de luzernes.

La seconde classe renferme en partie les graminées et les légumineuses qui viennent d'être désignées, mais en moins grande quantité ; elles se combinent avec des plantes qui sont presque totalement dépourvues des principes nutritifs après la dessiccation, et qui font poids dans la ration sans l'améliorer ni la gâter ; ce sont : les stypes, les agrostis, les brômes, les arrête-bœufs, les polygonées, les œnanthes, les jacobées, les rosacées, les lysimachées, les orchidées, les renonculacées.

Dans la troisième classe, qui répond aux prairies basses ou marécageuses, les bonnes plantes y sont très-rares et les mauvaises y pullulent ; ce sont : les carex, les renoncules, les prêles, les roseaux, les

joncs, les paturins aquatiques, les fétuques flottan-
tes, les gesses des marais, les persicaires, les sali-
caires, le fluteau-plantin, les patiences, etc.

Quelques plantes, les renoncules, les ciguës, etc.,
contiennent des principes vénéneux. A l'état sec,
elles sont presque inoffensives, et, lorsque les animaux pâturent, l'instinct leur commande de ne pas y
toucher.

§ 3.

Prairies temporaires.

Les prairies temporaires sont des terrains sur lesquels on ensemence deux à deux ou quatre à quatre
des plantes fourrageuses pouvant se faucher; ce
mode est très-répandu en Angleterre.

En France on ne cultive que la luzerne, le trèfle
et le sainfoin.

Verte ou sèche, la luzerne nourrit beaucoup, et
c'est pour cette raison qu'il y aurait danger à nourrir les chevaux exclusivement avec de la luzerne:
on les exposerait à de graves maladies inflammatoires.

Depuis quelques années, les chevaux de la cavalerie française reçoivent la moitié de leur ration en
luzerne.

Les premières coupes sont plus nourrissantes que
les dernières.

Le trèfle des prés, moins échauffant que la lu-

26

zerne, est tout aussi nutritif; les chevaux le préfèrent, et il leur convient mieux.

Il est d'un fanage très-difficile.

Le sainfoin produit beaucoup moins que les deux
autres légumineuses; il l'emporte sur elles en ce
qu'il peut sans inconvénient être pâturé en vert.
Il météorise encore moins que l'herbe verte, fût-il
donné avec la rosée. Il n'échauffe pas non plus, et
se dessèche très-facilement, même par les temps
couverts.

Tout le bétail et les chevaux en sont avides (*).

Il existe encore une multitude de légumineuses et
de graminées qui pourraient être cultivées tempo-
rairement comme les précédentes, et qui seraient
une très-bonne nourriture pour le cheval, telles
sont :

La luzerne faucille, le trèfle incarnat, la vesce
commune, la gesse ordinaire, le mélilot, etc.

ARTICLE II.

Qualités des foins. — Ses avaries.

La qualité du foin ne dépend pas précisément de
la quantité de bonnes plantes qu'il contient. Avant
d'être emmagasiné, il subit diverses opérations qui

(*) Le sainfoin entre aussi pour moitié dans la ration de fourrages
des chevaux de cavalerie française.

le rendent plus ou moins bon, selon qu'elles ont été bien ou mal réussies : ce sont la fauchaison, le fanage.

§ 1.

De la fauchaison.

Elle doit être faite entre *fleur et fruit*, c'est-à-dire au moment où la fleur se fane et où la graine commence à se former.

Plus tôt, la plante contient beaucoup d'eau de végétation, des acides et des mucilages.

Plus tard, les principes nourriciers sont tous agglomérés dans la graine qui tombe sous le choc de la faux, et la tige n'est plus que le squelette d'elle-même ; dure, ligneuse et sèche, elle ne peut plus servir à nourrir les animaux.

§ 2.

Du fanage.

Le fanage est l'opération par laquelle on fait perdre au foin son eau végétative. Elle comprend deux phases : la première a lieu sur la prairie même, après que l'herbe a été coupée. Pour que cette dessiccation soit efficace, il faut que, favorisée par un beau temps, elle soit prompte et non interrompue. Si l'herbe coupée, même par un très-beau temps, éprouve la chaleur du jour et la fraîcheur de la nuit, elle perd en partie sa couleur et son parfum.

La seconde phase de dessiccation se passe dans le fenil ou dans la meule ; elle a pour effet une soustraction d'eau de végétation qu'on peut évaluer de 37 à 40 pour 100 ; la première est à peu près égale.

La perte totale est des trois quarts, c'est-à-dire qu'un quintal (100 livres) de foin vert, se réduit par la dessiccation au poids de 25 livres.

La seconde dessication est très-difficile, lorsque la première a été incomplète. Le foin enfermé ou entassé avec une trop grande quantité d'eau de végétation fermente, et alors la température de la masse peut s'élever au point d'allumer des incendies qu'on a très-souvent attribués à la malveillance, et, ce qui est le plus ordinaire, le foin pourrit et ne peut plus servir que de fumier.

Jusqu'à ce qu'il ait subi cette seconde dessiccation, qui dure six semaines ou deux mois, on dit que le foin n'a pas ressué. Il est chaud et il exhale une odeur forte, peu agréable ; c'est ce qu'on appelle du foin *nouveau,* qui est indigeste et irritant, surtout pour le cheval.

Lorsque la fauchaison et le fanage auront été faits à propos, le foin aura une couleur verte ni trop foncée ni trop pâle ; son odeur sera agréable sans être trop aromatique ; sa saveur, douce, légèrement sucrée, n'ayant aucun arrière-goût âcre, aigre, acerbe ou amer.

Si, de plus, les tiges sont fines, flexibles, garnies de feuilles, appartenant en grande partie aux familles des graminées et des légumineuses, le foin sera de première qualité.

§ 3.

Du foin vieux.

Le foin en vieillissant jaunit, perd sa saveur et son odeur naturelles sans en contracter de mauvaises; il devient sec, se brise, tombe en poussière; c'est en vain qu'on le mouille pour lui donner de la consistance, il prend plutôt alors une odeur de moisi. Le foin commence à vieillir au bout de dix-huit mois; il n'est jamais meilleur qu'à l'âge d'un an.

§ 4.

Du foin cassant.

Les causes de cette altération sont : une fauchaison tardive, les tiges et les feuilles s'étant déjà appauvries de leurs sucs;

La prolongation de la fenaison par un soleil brûlant : ce qui est le plus difficile à éviter, les pluies et les rosées abondantes.

Le foin de ce genre, sans être malsain, est peu du goût des animaux et les nourrit mal.

§ 5.

Du foin rouillé.

Cette altération est attribuée à la présence d'un champignon du genre *uredo*, qui survient sur les tiges des plantes fourrageuses comme sur celles des céréales, à la suite de brouillards, de rosées abondantes ou de longues pluies.

Le foin rouillé n'est pas seulement dépourvu de principes nutritifs, il est encore irritant, et peut occasionner des coliques, des maladies inflammatoires et des fièvres putrides.

§ 6.

Foin vasé.

Dans les prairies qui bordent les fleuves et les rivières sujets à des débordements, il se dépose souvent sur les plantes, pendant les inondations, un limon qui doit faire rejeter le fourrage, quelque bon qu'il soit d'ailleurs.

Le foin vasé est pâle, sec, cassant, d'une odeur marécageuse, d'une saveur souvent acrimonieuse, encroûté de terre, de détritus organiques, laissant échapper, quand on le remue, des nuages de poussière. Il peut occasionner des épizooties.

§ 7.

Du foin moisi.

C'est le résultat d'une fermentation lente, peu sensible, putride, qui a décomposé les principes mucilagineux, sucrés et féculents, mis à nu le ligneux devenu cassant, et fait développer un champignon du genre *byssus*, à la suite d'un emmagasinement fait mal à propos.

De même que le foin vasé, le moisi affecte les organes gastriques et pulmonaires. Il est plus commun que le premier.

§ 8.

Du foin remanié.

Les fournisseurs de fourrages, et plus particulièrement les fournisseurs d'armée, emploient des ruses qui consistent à mettre en évidence le bon foin, et à cacher dans l'intérieur du tas ou des bottes, des matières qu'on n'oserait montrer : tels sont du vieux foin, du foin rouillé, vasé, poudreux, moisi ; des joncs, des roseaux, du fumier, des plâtras.

On le mouille pour lui donner du poids.

On doit s'assurer si les bottes n'ont pas été faites nouvellement : les liens sont alors frais et ronds, et laissent peu de traces de compression. Une seule botte reconnue falsifiée doit rendre suspecte la masse de la fourniture.

ARTICLE III.

Paille.

On entend par ce mot les tiges des graminées céréales privées de leur fruit.

On distingue treize espèces de paille ; mais la seule employée en France comme nourriture du cheval est la paille de froment.

Pour être bonne, elle doit avoir une couleur jaune pâle doré; elle doit être luisante, d'une odeur légère et suave, d'une saveur douce, sucrée, qui réside principalement dans les nœuds.

Elle ne doit pas être fourrageuse, c'est-à-dire mêlée à des plantes étrangères. Les tiges doivent être menues, flexibles.

Lorsqu'on coupe les céréales, leur végétation est accomplie; par cette raison, elle ne ressue pas comme le foin, et peut être donnée de suite après la récolte.

La paille peut subir les mêmes altérations que le foin ; elle peut être vasée, rouillée, moisie, poudreuse, et ne doit, dans aucun cas d'altération, être donnée comme nourriture.

La paille de froment contenant plus de principes alibiles qu'on ne pourrait le croire, agit comme lest, tenant la place d'une grande quantité de foin, et ne présente pas l'inconvénient de disposer les animaux à la pousse.

ARTICLE IV.

Avoine et son, farine d'orge et de froment.

§ 1.

De l'avoine.

On distingue douze ou treize espèces d'avoine. Celle que l'on emploie comme nourriture des animaux domestiques est l'avoine commune cultivée : on en trouve de blanche, de jaune, de noire, de rouge.

Les propriétés nutritives de l'avoine sont présumées par la proportion de fécule, qui est de 59 pour 100.

Plus qu'à tout autre animal domestique, l'avoine convient au cheval; elle lui donne beaucoup de force et de vigueur.

On doit en donner en grande quantité aux chevaux qui sont soumis à de rudes travaux; on en donnera peu à ceux qui ne travaillent pas, surtout s'ils sont d'un tempérament sanguin.

Quelle que soit son espèce, l'avoine, pour être bonne, devra avoir l'écorce fine, lisse, luisante, sans rides, d'où résulte un grain coulant s'échappant facilement de la main. Son odeur sera presque insensible ; sa saveur féculente, agréable, approchant de celle de la noisette. Sa fécule sera blanche, quelle que soit d'ailleurs la couleur de son écorce.

Elle ne devra contenir aucun corps étranger, tels que terre, sable, gravier, plâtras, poussière ; absence de graines inutiles, telles que celles de coquelicot, de sénevé, de nielle, de perce-pierre, d'herbe aux puces, etc.

Enfin, sa pesanteur relative sera la plus grande possible ; on en conclura alors l'abondance de principes nutritifs sous un petit volume.

§ 2.

De quelques altérations de l'avoine.

Elle cesse d'être nouvelle deux mois après sa récolte. Avant ce moment, elle cause des indigestions, des gastrites, des vertiges abdominaux.

L'avoine trop javelée est celle qu'on a laissée trop longtemps dans les champs en petites gerbes.

Quand cette opération est renfermée dans de justes bornes, elle est utile, même avantageuse ; elle donne au grain et à la paille la facilité de mûrir peut-être plus vite que si elle n'avait pas été coupée.

Mais, si le javelage est trop prolongé par un

temps de pluie ou de rosée abondante, une fermentation est excitée; le grain noircit et augmente de volume. Alors l'avoine a grossi sans acquérir ou même en perdant des principes nutritifs; elle se conserve difficilement.

Dans les magasins on la mouille pour lui donner plus de poids, et on y introduit du sable ou du gravier.

§ 3.

Du son.

Le son est l'écorce, mêlée à un peu de farine, des grains qui ont subi la mouture et le blutage.

Son usage pour les chevaux remonte, avec celui de la paille, aux Romains.

Toutes les céréales donnent du son; le meilleur est celui de froment, qui est presque le seul usité; sa qualité dépend de la quantité de farine qu'il contient.

L'opinion générale est que le son n'est alimentaire qu'en raison de la farine qui l'accompagne. Le cortex contient cependant en assez grande proportion de l'albumine végétale, principe alibile.

On l'emploie pendant les fortes chaleurs comme rafraîchissant, en y ajoutant un peu de farine d'orge ou de froment.

ARTICLE V.

Aliments liquides.

EAU CONSIDÉRÉE COMME BOISSON.

Protoxyde d'hydrogène, l'eau est tout aussi nécessaire à la vie des animaux que l'air qu'ils respirent. A moins de contenir des molécules alibiles, elle ne nourrit pas, mais elle facilite la digestion en ramollissant, délayant, dissolvant les aliments, favorisant la sécrétion salivaire, humectant les surfaces intérieures, charriant les matériaux alibiles et les excrémentiels; étendant les molécules àcres qui, concentrées, irriteraient les premières comme les secondes voies digestives; entraînant ces molécules vers les émonctoires; réparant enfin les pertes qu'éprouvent les fluides vivants qui s'échappent sans cesse par toutes les sécrétions et les exhalations.

Le sentiment de la soif est plus intense et plus cruel que celui de la faim; son siége est principalement dans l'arrière-bouche, où se déclare une brûlante et une insupportable sécheresse.

La soif étant satisfaite, ses effets cessent plus tôt que ceux de la faim.

Les caractères de l'eau potable sont d'être limpide, incolore, inodore, fraîche, légère, aérée, bien cuire les légumes, dissoudre le savon sans former de grumeaux.

Des sels calcaires en petite quantité ne diminuent pas la potabilité de l'eau, ils l'aiguisent plutôt.

§ 1.

Des abreuvoirs en général.

Ce sont des réservoirs d'eau où l'on mène boire le bétail. On puise quelquefois l'eau pour la porter à l'écurie; c'est le système adopté depuis deux ou trois ans pour les chevaux de cavalerie; on la tire d'avance, et on l'entrepose dans des tonnes destinées à cet effet.

Nous diviserons les abreuvoirs en naturels et en artificiels.

Les premiers sont : les sources, les ruisseaux, les rivières, les lacs, les marais, les flaques.

Les seconds sont : les fontaines, les puits, les citernes, les réservoirs, etc.

§ 2.

Des sources.

Une source est l'origine apparente d'un ruisseau ou d'une rivière.

L'eau des sources est argileuse, calcaire ou granitique. Cette dernière est la plus pure, le granit étant à peu près insoluble. La température est celle des lieux qu'elle a traversés, non de celui où elle se montre : aussi paraît-elle chaude en hiver, froide en été. Il est dangereux d'y abreuver dans les grandes chaleurs, surtout après les exercices.

Plusieurs eaux sont dépourvues d'air, sont crues; elles pèsent à l'estomac; il faut les tirer à l'avance et les battre pour les aérer.

§ 3.

Des ruisseaux, des rivières, des lacs.

Lorsque les ruisseaux proviennent des sources, des rivières, et que l'eau en est courante, ils peuvent servir d'abreuvoir; mais on ne doit pas y abreuver lorsque l'eau est paresseuse, encaissée, bordée d'arbres, et qu'elle provient des écoulements d'eau stagnante ou lorsqu'elle a servi à mouvoir des usines.

L'eau des rivières et des fleuves est excellente; elle est aérée, et la température est celle de l'atmosphère.

Quand une rivière traverse une ville, elle balaye et emporte les immondices que les égouts amènent de toutes parts; il faut alors abreuver en amont de la ville.

L'eau des lacs a de grands rapports avec celle des rivières : leurs eaux ne sont pas stagnantes; elles se renouvellent par des conduits souterrains; leur surface est agitée par les vents.

§ 4.

De l'eau des marais.

Tout est insalubre dans les lieux marécageux. Ce sont des terrains recouverts d'une eau croupie, stagnante, provenant des pluies ou des neiges, s'évaporant en grande partie l'été pour mettre à découvert une boue fétide dont la base est une argile pétrie de détritus organiques, et laissant subsister quelques *flaques*, quelques *mares* où l'eau est pestilentielle.

Si l'on était réduit à la fâcheuse nécessité d'abreuver avec l'eau des marais, on la rendrait potable en la faisant bouillir pour détruire les matières organiques et dégager les gaz insalubres. Ce liquide refroidi et filtré, on l'agiterait pour lui rendre l'air atmosphérique.

§ 5.

Des abreuvoirs artificiels. — Fontaines.

Les fontaines auxquelles on mène boire le bétail dans les villages ne sont pas toujours de bons abreuvoirs; elles n'ont souvent qu'un seul bassin dont le fond est couvert d'une boue fétide. On y lave le linge.

§ 6.

Des puits.

L'eau des puits présente souvent le même inconvénient que celle des sources. Creusés quelquefois très-profondément, ils ne sont pas de même degré que la température atmosphérique ; il faut alors éviter, pendant les chaleurs de l'été, d'y abreuver les animaux.

Les eaux de puits sont souvent chargées de sulfate de chaux ; alors elles nuisent, surtout au cheval, qui est très-difficile sur sa boisson.

§ 7.

Des citernes.

L'eau pluviale est celle que l'on recueille dans ces réservoirs souterrains. Elle est excellente comme boisson pour les animaux, et même pour les hommes ; mais on doit avoir soin de ne pas y recueillir celle des premières pluies, parce qu'elles ont balayé l'atmosphère de tous les effluves que la chaleur de l'été avait élevés dans l'air ; elles emportent aussi avec elles, dans les citernes, la poussière, la mousse et même des immondices qu'elles rencontrent sur les toits.

§ 8.

Des réservoirs.

Ce sont des excavations artificielles où l'on ramasse moins les eaux qui tombent du ciel que celles qui sourdent de la terre.

Un étang limpide, alimenté par des sources, est un grand réservoir.

Les réservoirs doivent être vidés et aérés de temps en temps. Leurs bords ne seront pas garnis de frênes ni d'autres arbres habités par les cantharides. Les abords doivent être faciles.

§ 9.

Des étangs.

Lorsque les étangs sont alimentés par des sources ou traversés par des ruisseaux, ils peuvent servir d'abreuvoirs; mais si cette masse d'eau n'est due qu'à l'écoulement des eaux marécageuses, dans le lieu le plus bas de la contrée, il faut se garder d'y abreuver.

§ 10.

Moyen simple de purifier les eaux.

Si l'eau est boueuse, et ne contient que des détritus non encore corrompus, comme cela arrive dans les fortes crues, il suffira de la filtrer à travers du sable de rivière.

Si, au contraire, elle est gâtée par des détritus organiques corrompus, comme celle des mares, des étangs marécageux, etc., on la filtrera à travers du charbon pilé.

Il est des eaux qu'on ne doit pas chercher à purifier : telles sont celles de la mer et de quelques lacs ; celles, plus malfaisantes, qui renferment des sels mercuriels, cuivreux ou saturnins.

Il suffit d'une lame de couteau pour en démontrer la nature malfaisante ; elle rougira si l'eau contient du cuivre ; elle blanchira si elle contient du mercure, du plomb ou de l'arsenic.

CHAPITRE VIII.

Dispensation des aliments et des boissons.

Le cheval est, de tous les herbivores domestiques, celui dont la nourriture est la moins variée. En France, elle se borne au foin, à la paille de froment, à l'avoine et au son. C'est bien rarement qu'on y ajoute du maïs, des féveroles, plus rarement encore des racines.

L'orge, qui fut dans l'antiquité, et qui est encore en Orient, même en Espagne et en Portugal, sa nourriture principale, ne lui convient pas sous notre ciel. L'avoine a été substituée à ce grain.

Quant au foin ordinaire, il est probable que les anciens n'en donnaient pas du tout au cheval, et ce fut uniquement pour affourer les bœufs et les moutons qu'on s'avisa de dessécher l'herbe des pâturages.

Le cheval alors ne labourait pas la terre, il ne traînait pas de pesantes voitures. Il était partout svelte, élastique, analogue par ses formes et le naturel au cheval arabe, type de son espèce. En l'associant aux travaux du bœuf, on lui a imposé un régime alimentaire analogue à celui de ce lourd quadrupède : cette circonstance, jointe à celle des climats et à la transmission par hérédité, a donné naissance à des races équestres lourdes et massives, qui le deviennent d'autant plus que le foin entre en plus grande quantité dans leur nourriture.

Cette alimentation, donnée à profusion dès le jeune âge, dilate ignominieusement l'abdomen et dispose à la pousse. Dans aucun pays on ne donne autant de foin aux chevaux qu'en France; nulle part l'espèce n'est si commune.

§ 1.

De la ration (*).

La ration du cheval doit être subordonnée à la

(1) Voir ci-après le tableau des rations du cheval de cavalerie française.

taille, à l'âge, à la saison, au climat, à l'habitude, au genre de service, à l'idiosyncrasie. Le cheval consomme davantage proportionnellement à son poids, dans le temps de l'accroissement que lorsqu'il est entièrement développé; il mange moins dans la vieillesse.

§ 2.

Ordre des repas.

Le cheval fait pour l'ordinaire trois repas à l'écurie : un le matin, l'autre au milieu du jour, le troisième le soir, chacun d'environ deux heures.

On donne l'avoine après la boisson ; on craindrait, en la donnant auparavant, que l'eau ne fît gonfler les grains dans l'estomac, d'où résulteraient des indigestions.

Tantôt on donne du foin le matin et au milieu du jour, tantôt on donne la paille au second repas, ce qui fait que la moitié du foin est donnée le matin et l'autre le soir.

§ 3.

Manière d'abreuver le cheval.

On le fait boire ordinairement deux fois par jour, une fois le matin et l'autre le soir.

Les chevaux de cavalerie boivent le matin avant le travail, et au pansage du soir, à peu près vers trois ou quatre heures, selon la saison.

Il est bon d'abreuver trois fois dans les grandes chaleurs.

La quantité d'eau nécessaire à un cheval est de douze à treize litres chaque fois (en tout vingt-six).

On doit se garder de faire courir des chevaux après les avoir fait boire ; on pourrait occasionner la rupture de l'estomac ou du diaphragme.

TABLEAU *de la composition des rations de fourrages.* *en France.*

Décision ministérielle du 7 août 1846.

DÉSIGNATION des ARMES.	SUR LE PIED DE PAIX et de RASSEMBLEMENT.			SUR LE PIED DE GUERRE.			EN ROUTE.		SUPPLÉMENT D'AVOINE, en cas DE MARCHE MILITAIRE.	OBSERVATIONS.
	Foin.	Paille.	Avoine.	Foin.	Paille.	Avoine.	Foin.	Avoine.		
	kil.	kil.	kil.	k l.	kil.	kil.	kil.	kil.	kil.	
rabiniers.............	5	5	4.20	7	4	6.60	5.50	5.60	0.40	L'officier qui précède le corps pour la route, a droit de réclamer le remplacement de 1 kil. d'avoine par 4 kil. de paille.
uirassiers, gendarmes, major général, train illerie, du génie, des pages militaires, du or, etc...............	5	5	3.80	7	4	4.20	5.50	5.20	0.40	
rtillerie, chevaux de et de trait des régiments d'artillerie (offis et troupe), chevaux iers des trains.....	5	5	5.60	7	4	4.20	5.50	5.20	0.60	Il est alloué pour les chevaux faisant partie d'un camp de manœuvre et d'instruction, un supplement de nourriture dont l'espèce et la qualité sont déterminées chaque fois par le ministre de la guerre.
avalerie de ligne......	4	5	5.40	6	4	3.80	4.50	4.80	0.40	
avalerie légère.......	4	5	3. »	5	4	3.80	4.50	4.80	0.80	
hevaux des officiers du le, des officiers de té et d'administration.	4	5	3. »	5	4	3.80	4.50	4.80	0.80	La nourriture au vert se compose de 30 kil. de vert et 2 kil. de paille pour litière.
ulets, quelle que soit me..................	5.	5	3. »	5	4	3.80	4.50	4.80	0.80	

CHAPITRE IX.

Autres plantes, racines, fruits qui peuvent être donnés au cheval comme aliments.

Il est des pays où le bétail est nombreux, et qui ne possèdent presque pas de prairies; ils y suppléent par ce qu'ils appellent *des prairies aériennes*.

Plusieurs espèces d'arbres fournissent, en effet, des feuilles très-nourrissantes, et dont les animaux sont très-friands.

L'orme est le meilleur arbre à fourrages. Les fagots qu'on en retire sont d'une facile conservation.

Le frêne, dont les bœufs particulièrement recherchent les feuilles un peu amères;

Le frêne à bouquets, qui fournit beaucoup de fourrages au bétail des Apennins;

L'érable, qu'on peut élever nain, et qui souffre si facilement la tonte;

L'acacia, le charme, le bouleau, l'aune, le hêtre, le saule, le peuplier, le noisetier, l'olivier, le mûrier;

Le genêt épineux et la vigne fournissent aussi d'excellents fourrages.

La tonte des arbres fourragers se fait en automne, avant que la feuille prenne sa couleur morte. On en fait dans le midi de la France et en Italie d'abondantes provisions pour l'hivernage des bestiaux.

On peut encore employer comme aliments des racines, des tubercules, etc.

La racine de la carotte est celle qui se recommande le plus par sa quantité de matière sucrée, de mucilage et de résine tonique qu'elle renferme. Ses propriétés engraissantes dépassent celles des autres plantes. On ne doit pas la donner seule au cheval.

Le panais fournit autant de mucilage que la carotte, un peu moins de sucre, et, au lieu de résine, une huile essentielle *sui generis*. Il y a presque parité entre les deux racines sous le rapport des propriétés nourrissantes, engraissantes et lactifères; mais comme tonique la carotte est préférable.

La betterave, connue aussi sous le nom de *racine d'abondance*, peut être donnée au cheval lorsqu'il y a disette de fourrages.

Elle engraisse beaucoup, mais donne peu de ton.

On peut encore employer la rave, le turneps, le navet, le rutabaga, la pomme de terre, et enfin des choux fourrages.

On comprend facilement que toutes ces racines, surtout les dernières, ne doivent être données au cheval que lorsqu'il y a pénurie de fourrages, et que l'on doit toujours leur préférer les végétaux dont ils se nourrissent le plus habituellement.

Parmi les pailles, celles qui peuvent remplacer celle de froment dans la nourriture du cheval, sont, en première ligne :

Celles de maïs, du millet et d'un grand nombre d'autres légumineuses, qui sont même plus nutritives que celle de froment;

Celle d'orge, de seigle.

Celle d'avoine est souvent altérée par l'opération du javelage, et ce n'est pas sans danger qu'on pourrait la donner au cheval.

L'avoine peut facilement être remplacée par l'orge, surtout dans les pays chauds : cette dernière possède un principe rafraîchissant qui doit la faire préférer dans ces pays.

Le froment, l'épeautre et le seigle peuvent aussi remplacer l'avoine, mais ils doivent être mélangés à d'autres grains; donnés seuls, ils sont trop nourrissants, et occasionneraient des irritations gastriques, des pléthores, des inflammations, la fourbure.

Le maïs (blé de Turquie, blé d'Inde) remplace, en Amérique, l'avoine presque inconnue; son usage commence à se répandre dans le midi de l'Europe.

Le sarrasin (blé noir) contient plus de 50 pour 100 d'amidon. Il peut remplacer l'avoine, puisque, en Auvergne, on l'emploie avec succès mêlé à parties égales avec ce grain.

La féverole, graine du *vicia faba*, est employée en Angleterre en guise d'avoine ou d'orge, pour les chevaux de course comme pour ceux de trait.

On doit la faire détremper pour les jeunes chevaux et pour ceux dont les dents sont usées, ses grains étant plus durs que ceux de l'avoine.

On peut la donner en vert; son fanage avant la maturité des grains est très-difficile, mais après on peut la réunir en bottes; il convient de la hacher.

Cette pratique est suivie en Flandre; sous son influence, les chevaux prennent une chair ferme, un poil brillant, et sont capables d'un travail soutenu.

Le fenugrec, semence du *Trigonella fenum græcum*, était cultivée par les anciens pour leur nourriture et celle de leurs chevaux.

Les maquignons le mêlent à l'avoine, et le réduisent en farine pour les chevaux qui se vident.

Plusieurs autres graines de légumineuses, telles que la vesce cultivée, la gesse cultivée, les pois, la lentille, la gousse de caroubier, principalement destinées à la nourriture des bestiaux, pourraient être employées en cas de disette pour les chevaux.

Les glands, les châtaignes, les marrons d'Inde, les faînes, les poires, les pommes, le marc des raisins, le résidu de la bière, peuvent aussi, dans le même cas, servir de nourriture au cheval.

CHAPITRE X.

Cuisson, autres préparations alimentaires végétales. — Sel comme condiment.

La pratique de la cuisson des fourrages est usitée avec succès dans divers lieux.

Dans les États de l'Union et en Flandre, on donne aux chevaux des coupes de fourrages dont la pomme de terre est la base.

Nous avons vu nous-même ce procédé produire des changements notables sur la santé des vieux chevaux qui ne pouvaient plus bien mâcher leurs aliments; ils étaient maigris et avaient dépéri considérablement; quinze jours de cette nourriture ont suffi pour les remettre en bonne santé.

Employé sur des chevaux appauvris par les maladies, son résultat a été le même.

On mêle ensemble de l'avoine, du son, de la farine d'orge ou de froment, du foin et de la paille hachés, on jette dessus de l'eau bouillante, et on couvre le récipient de manière à concentrer la chaleur et la vapeur d'eau.

On en donne une ou deux fois par jour.

Lorsque des chevaux tombent dans l'inappétence, on leur donne quelques poignées de sel qu'on mêle à leur avoine. Bientôt l'appétit se réveille, la force et la vigueur se manifestent, le cheval reprend sa gaieté et son embonpoint.

Si l'inappétence est causée par l'odeur nauseuse d'un foin avarié ou de la paille, on les asperge avec de l'eau salée : non-seulement on invite ainsi les chevaux à s'en nourrir, mais encore on corrige les effets toujours fâcheux de ces sortes de fourrages.

CHAPITRE XI.

Du régime du vert.

On donne le vert dans la vue de maintenir la santé, de prévenir ou de guérir des maladies.

La saison la plus favorable pour ce régime est le milieu du printemps, au moment où le plus grand nombre de plantes est en fleur.

Ses effets varient selon que le vert convient ou non.

Dans le premier cas l'animal est plus gai, plus vif qu'auparavant.

Les urines augmentent et se chargent de sédiment.

La peau devient plus souple, le poil change et devient luisant. Un effet purgatif se manifeste au bout de cinq à six jours : il ne doit pas durer plus de six ou sept; s'il continuait, il faudrait cesser le régime.

Le pouls acquiert plus de force, et assez fréquemment il se développe un état pléthorique qui indique la saignée.

Dans le second cas, l'animal reste faible et mange peu.

La peau est sèche, tendue, le ventre presque ballonné, le poil hérissé, les membranes muqueuses flasques et pâles.

Les jambes s'engorgent.

La diarrhée se prolonge; les matières varient de couleurs et sont souvent fétides : on distingue des brins d'herbes qui ont échappé à la digestion.

§ 1.

Transitions du régime sec au vert.

Tout brusque changement contrarie l'économie.

Il faut distribuer, en commençant, du foin ou de la paille avec de l'herbe verte, en proportions à peu près égales; on diminue graduellement la quantité de fourrages secs, de façon qu'au bout de cinq à six jours il ait complétement disparu.

§ 2.

Diverses manières de donner le vert.

Le vert se donne de trois manières : en liberté, à l'écurie et sous des hangars.

La première manière consiste à lâcher dans une prairie close les chevaux que l'on veut soumettre à ce régime. Elle offre l'inconvénient d'une brusque transition, et ne permet pas de suivre ses effets sur chaque individu.

Le vert à l'écurie permet d'observer journellement les animaux et les effets qu'ils éprouvent, mais il a aussi ses inconvénients : la nécessité de faucher et de transporter les plantes les fane, et les chevaux, très-délicats, ne les mangent pas avec autant d'appétit; ensuite il faut ne le donner que petit à petit, et encore une portion considérable, échauffée par la respiration, s'en va-t-elle en fumier; enfin, les écuries se salissent, malgré tous les soins possibles, par les abondantes évacuations que produit cette nourriture, et ses effets peuvent, à cause de cela, être quelquefois contrariés.

Le vert sous les hangars est le plus favorable; il réunit aux avantages du vert en liberté ceux du vert à l'écurie.

Les hangars sont des toits mobiles supportés par des poteaux, que l'on transporte à volonté d'un endroit à un autre de la prairie. .

Ce moyen conserve beaucoup de fourrages, en ce qu'il permet de ne livrer aux chevaux que celui qu'ils peuvent manger en trois ou quatre jours.

Si on y ajoute des cloisons mobiles, on met les animaux à l'abri des vents et de la pluie ainsi que des météores aqueux de la nuit.

Enfin, si on y place des crèches et des râteliers, on peut, pendant les jours pluvieux, y affourrer les chevaux au moyen d'herbes fauchées à l'avance et préservées d'humidité ; on peut encore leur donner des grains ou des boissons médicamenteuses.

Le vert doit être de première qualité ; on doit préférer celui d'escourgeon (ou orge carrée).

§ 3.

Conduite après le régime du vert.

On a généralement l'habitude de saigner les chevaux à la sortie du vert : cette mesure est utile aux jeunes chevaux qui ont acquis de l'embonpoint et de la vigueur ; elle est contre-indiquée pour les vieux chevaux.

Les chevaux seront remis avec précaution à leur ancien régime et à leur travail ordinaire.

On suivra la même gradation pour faire passer les chevaux du vert au sec, que celle que l'on aura suivie pour les y mettre.

Selon ses effets, le vert doit cesser après trente ou quarante jours. ·

CHAPITRE XII.

Pansage, bains, lotions.

§ 1.

Effets du pansage.

Le pansage des chevaux se fait habituellement deux fois par jour.

Cette opération nettoie la peau du cheval d'une matière crasse, pulvérulente ou écailleuse, qui est un mélange de substances excrémentielles et de corpuscules venus du dehors; les uns sont particulièrement de l'albumine desséchée, détritus de l'épiderme, du phosphate de chaux, d'autres sels déposés par l'humeur perspiratoire; les autres sont de la poussière, des émanations concrétées, etc.

Ces matières irritent sourdement la surface cutanée, la rendent dure; elles peuvent causer des dartres, la gale, le roux vieux, ou du moins un prurit fatigant qui porte les animaux à se gratter et à se frotter contre les corps durs qui sont à leur portée.

D'un autre côté, ces matières obstruent les pores de la peau, interceptent la transpiration, d'où peuvent résulter des maladies chroniques, telles que la

morve ou le farcin, et des affections aiguës, telles
que les phlegmasies pulmonaires.

Ce n'est pas tout : on délasse, en l'étrillant, un
animal fatigué ; il manifeste le bien-être qu'on lui
fait éprouver.

La stimulation de la peau retentit jusque dans
les organes profonds, particulièrement sur ceux de
la digestion. La circulation capillaire est activée,
ainsi que l'assimilation nutritive ; l'énergie musculaire est augmentée ; l'animal est gai, dispos, plus
propre aux divers services, tandis qu'étant couvert
de crasse, il est triste, en quelque sorte honteux
de son état.

Hors des écuries, le pansage est suppléé par les
bains, les lotions, etc.

Les instruments qui servent au pansage sont
l'étrille, l'époussette, la brosse, l'éponge, le bouchon, le cure-pied, les ciseaux, le couteau de chaleur.

Tout le monde connaît assez ces divers instruments et comment on les emploie, pour que nous
puissions nous dispenser d'en faire la description.

Il est bon de dire pourtant que l'étrille s'emploie
pour commencer le pansage, décrotter le cheval,
pour ainsi dire ; car, sur la plupart des chevaux, ses
dents n'arrivent pas jusqu'à la peau, et ne font
qu'ébranler la poussière que la brosse doit enlever
ensuite.

Le bouchon est remplacé avec avantage par quelques poignées de foin humecté à l'avance ; il lustre beaucoup le poil.

La question du pansage nous amène à parler d'un procédé hygiénique employé depuis quelques années en France : nous voulons parler de la tonte.

§ 2.

De la tonte.

Depuis longtemps les cultivateurs du midi de la France ont la coutume de tondre les bêtes de somme et de labour, même celles de trait, aux approches de l'hiver ; ils ont en cela imité les Espagnols et les Portugais, qui tondent la moitié supérieure du corps des animaux, laissant garnies de leur fourrure les parties inférieures, le dessous du ventre et de la poitrine.

La tonte que nous pratiquons aujourd'hui sur les chevaux se fait d'une manière générale.

On coupe d'abord les poils près de la peau, avec des ciseaux, et en se servant en même temps d'un peigne long en cuivre pour ne pas aller trop bas.

Lorsque le cheval a subi cette première opération, on unit le poil au moyen d'un petit instrument que nous croyons devoir décrire, et avec de l'esprit-de-vin allumé.

C'est tout simplemènt un cylindre en fer-blanc, de cinq ou six centimètres de diamètre, aplati par un bout en forme de spatule; les deux lèvres sont distantes d'à peu près quatre ou cinq millimètres, de façon à pouvoir y engager une large mèche en coton. On le remplit d'esprit-de-vin par le bout opposé. Sur une des faces aplaties, et près du bord, se trouve une lame perpendiculaire, dentée comme celle d'une étrille, mais plus courte. La mèche imprégnée d'alcool, dépassant de cinq à six millimètres, on l'allume.

On passe alors l'instrument à plat et à contre-poil sur tout le corps du cheval. La lame dentée rebrousse le poil, que la mèche enflamme de suite. On a soin de passer aussitôt une brosse en chiendent sur la partie enflammée; sans cette précaution, on rendrait le poil trop court, et on courrait risque de brûler la peau. On réitère cette action jusqu'à ce que le poil soit d'une longueur convenable et bien uni sur tout le corps. On a soin de préserver la crinière et la queue.

La robe des chevaux est singulièrement changée après la tonte; elle devient matte, terne, et ordinairement plus claire dans les robes foncées.

Si on avait à signaler un tel cheval, perdu ou volé, il faudrait indiquer cette particularité.

Les opinions sont encore très-dissidentes sur la question de la tonte quant à ses effets.

Les uns prétendent qu'enlever la fourrure de l'animal, c'est agir contre la prévoyance de la nature, qui la leur a donnée pour les garantir des intempéries de l'hiver, et qu'on les expose à de graves maladies.

Les autres répondent que le cheval vivant à l'état sauvage a besoin de sa fourrure, il est vrai, mais qu'il ne s'échauffe jamais à la course au point de se mettre en sueur, à moins qu'il ne soit vivement poursuivi par un ennemi ; et encore s'est-il bientôt dérobé à sa poursuite, et se cache alors dans les endroits fourrés, boisés, qui le mettent à l'abri d'un arrêt de transpiration ;

Que le cheval dans le domaine de l'homme, au contraire, est soumis à des travaux plus rudes, qui le mettent en transpiration, et même en sueur ;

Que dans cet état, le cheval, couvert de tout son poil, est plus exposé à un refroidissement de la peau, à un arrêt de transpiration, parce qu'il se trouve dans le poil d'hiver un duvet qui s'imprègne fortement de l'eau de transpiration, et qui, se refroidissant ensuite, ne peut être séché que très-difficilement, quels que soient les moyens que l'on emploie ;

Que le pansage, quelque bien fait qu'il soit, sur une robe à longs poils, n'est jamais aussi complet ;

Et qu'enfin ce qui confirme leur opinion est que la plupart des chevaux tondus qui étaient maigres auparavant reprennent leur embonpoint et leur vigueur, et que l'expérience a prouvé que de

deux chevaux, l'un tondu, l'autre avec sa fourrure, ce dernier est plus souvent enrhumé.

Il n'y a nul doute pour nous : la tonte est d'un
effet hygiénique puissamment remarquable pour la
plupart des chevaux (*).

Il est cependant un moment critique, pendant
les premiers jours qui suivent la tonte. Il suffit de
redoubler de soins à ce moment, de bien sécher
le cheval qui rentre en sueur, de le bien couvrir
ensuite, et de ne pas l'exposer aux courants d'air.

Bientôt il s'habitue à son nouvel état, et peut
rester découvert à l'écurie lorsqu'il n'a pas travaillé.

§ 3.

Des bains.

Comme moyen hygiénique, les bains frais sont
d'un très-bon effet sur la santé du cheval ; ils ne se
bornent pas à nettoyer la surface du corps : mieux
qu'un pansage exact, ils stimulent cet organe et le
système vasculaire par l'effet de la percussion de la
peau. A cette heureuse influence se joint celle de
l'exercice de la natation, de l'air libre, et celle des
rayons solaires.

Pour assurer les bons effets des bains, on ne les

____

(*) La tonte est salutaire aux chevaux qui ont des habitations
confortables, et qui trouvent à leur rentrée tous les soins de la main
qu'exige leur état ; mais il n'en serait pas de même pour le cheval
au bivouac.

donnera qu'en été, et dans les jours les plus chauds de l'automne, depuis deux heures de l'après-midi jusqu'à six ou huit heures du soir. On n'en donnera point aux animaux qui sont en sueur. Ils ne devront être ni à jeun ni à l'issue d'un copieux repas.

Lorsque les animaux sortiront du bain, on ne les laissera pas immobiles sur le rivage : un exercice modéré leur convient. Ne voit-on pas, en général, les animaux qui viennent de se baigner se rouler sur l'herbe ou dans la poussière, se secouer avec force, se mettre sur-le-champ en marche à une allure rapide ? Ce sont des mouvements instinctifs.

✦

CHAPITRE XIII.

Du harnachement et du harnais.

On entend par harnachement, en général, tous les instruments qui servent à faciliter le séjour du cavalier sur le cheval, et ceux qui servent à le maîtriser.

Les premiers sont la selle, quelle que soit sa forme ; les seconds sont la bride, le bridon, le caveçon, le collier ou le licol.

Par harnais, on comprend les instruments qui servent à faciliter les services du cheval, soit comme bête de somme, soit comme bête de trait.

Harnachement.

------

§ 1.

De la selle.

La selle est un siége que l'on adapte sur le dos du cheval, et qui est destiné à porter le cavalier.

Il existe plusieurs sortes de selles. 1° La selle à la française, ou selle rase ; elle n'est plus en usage que dans les manéges. C'est celle qui offre le meilleur siége au cavalier, et qui lui donne le plus de moyens de tenue.

2° La selle anglaise, plus élégante, plus légère, s'adapte facilement à toutes les conformations ; elle n'offre pas autant de moyens de tenue au cavalier que la première. Les cavaliers ne s'en servent que lorsqu'ils ont acquis de la confiance, de la hardiesse et de la solidité.

La cavalerie française fait usage actuellement de plusieurs sortes de selles.

1° La selle à la royale et à la demi-royale, et celle perfectionnée par le général comte de Rochefort.

Ces différentes selles ne sont qu'une copie de la selle dont se servaient les anciens chevaliers (la selle à piquet), avec des battes et un troussequin moins élevés. Elles ont l'inconvénient d'être très-lourdes.

2° La selle *à la hongroise.* D'une façon rustique,

cette selle est plus légère, plus facile à réparer, et coûte moins que les autres. Son siége est moins commode pour le cavalier ; mais elle compense cet inconvénient par les avantages que nous venons de signaler.

Si, avec quelques modifications, on parvenait à mettre le cavalier plus à l'aise, cette selle serait la plus convenable, et devrait être la selle unique de la cavalerie. C'est la seule selle de guerre.

Les chasseurs d'Afrique s'en trouvent très-bien, et n'en veulent pas d'autre.

La selle doit être adaptée sur le dos du cheval de manière à n'occasionner aucun frottement. Les parties qui doivent être en rapport, en contact avec le dos du cheval doivent s'y appuyer également, sans toucher au garrot, ni au rein, ni à l'épine du dos.

Le siége doit être commode au cavalier, et le moins éloigné possible du corps du cheval.

La selle de cavalerie doit porter toutes les courroies, les lanières nécessaires à l'équipement du cavalier. Elle sera en outre garnie d'une croupière et d'un poitrail à martingale.

Malgré toute l'attention que les officiers de cavalerie apportent dans l'ajustement de la selle, il survient souvent des blessures très-graves au garrot, sur le dos, sur le rein, et au passage des sangles, surtout après des marches longues sur des terrains accidentés.

Le harnachement est toujours bien ajusté dans les garnisons; la surveillance incessante de l'autorité militaire prévient tout accident; mais, en route et dans les marches forcées et rapides, cette surveillance n'est pas et ne peut pas être la même. Officiers et soldats n'ont que le temps de seller, de brider, de s'équiper et de monter à cheval à la hâte; et, dans cette précipitation, toutes les précautions ne sauraient être prises. Ensuite le cheval est plus chargé que d'habitude.

Lorsque de pareils travaux se prolongent, un inconvénient plus grave vient s'ajouter aux premiers : les chevaux maigrissent quelquefois considérablement, et au point que le harnachement entier devient trop grand, trop large et trop long. On peut bien, dans ce cas, raccourcir la croupière, le poitrail et les sangles, mais on ne saurait modifier la charpente de la selle, qui occasionne alors des blessures qui mettent les chevaux hors d'état de continuer leur service.

Il n'est pas rare, après une route qui se fait seulement par étapes, de voir dans un régiment cent cinquante, deux cents chevaux blessés, et même davantage.

Cela tient un peu à ce que les chevaux ne travaillent pas assez dans les garnisons, et ne sont presque jamais en haleine.

§ 2.

De la bride et autres instruments de sujétion.

La bride est un instrument au moyen duquel le cavalier maîtrise le cheval.

Sa partie essentielle est le mors, instrument en fer ou en acier, qui est maintenu dans la bouche du cheval au moyen d'un appareil en cuir qu'on appelle *têtière*.

La bride a de grandes modifications à subir encore; elle devrait être plus légère, aussi puissante, plus simple, et aussi présenter plus de facilité pour brider le cheval.

Elle ne devrait avoir ni filet, ni sous-gorge, ni gourmette, ni fausse gourmette, qui demandent beaucoup trop de temps à placer ou à ajuster dans les moments pressants.

La bride arabe, non pas celle que la cavalerie d'Afrique a adoptée, mais la simple bride arabe, présente tous ces avantages, et offre plus de puissance au cavalier : le temps de la pensée, et un cheval est bridé.

L'effet du mors arabe sur la bouche du cheval est à la fois plus doux et plus fort que celui du meilleur mors anglais (*). S'agit-il de changer de direction, l'indication de la main, par l'appui de l'une

(*) Le mors anglais, après l'arabe, est celui qui convient le mieux à tous les chevaux. C'est celui dont les effets sont les plus sûrs en équitation raisonnée.

ou de l'autre rêne contre l'encolure, suffit; le mors
n'agit presque pas dans ce cas, son embouchure
aplatie n'ayant pas été déplacée dans la bouche;
mais, si l'on a à arrêter, la moindre action rétrograde
de la main fait basculer l'embouchure, qui vient appuyer son tranchant sur la langue et les barres, et
le cheval est arrêté instantanément.

Cette bride aurait de plus que celle en usage dans
la cavalerie, de forcer les cavaliers à avoir la main
plus légère, et à laisser marcher leurs chevaux
d'eux-mêmes, ce qui contribuerait puissamment à
les rendre plus adroits.

Y a-t-il quelque chose de plus surprenant qu'une
avalanche d'Arabes se précipitant comme un torrent du haut d'une montagne rocheuse, la bride
abattue sur l'encolure, et se jouant de leur fusil
avec la même facilité qu'un maître d'armes d'un
bâton !

Quel est le cavalier français le plus téméraire qui,
se trouvant dans une pareille circonstance, oserait
se hasarder, même au petit galop, dans des chemins où l'on a peine à croire que les chèvres puissent passer, s'il n'avait éprouvé la sûreté du pied
des chevaux algériens !

Eh bien ! cette sûreté d'allures provient, en
grande partie, de ce que l'Arabe dirige plus souvent son cheval qu'il ne le conduit.

Le licol à double montant, avec sa muserole,

charge trop la tête des chevaux, et demande trop de temps pour y être placé; un simple collier suffit pour maintenir le cheval à la corde ou au piquet.

Le caveçon, les diverses martingales, ne sont pas des instruments que le cavalier puisse emporter, et ne peuvent lui servir à conduire son cheval : ils ne doivent être employés que pour le dressage des chevaux difficiles.

La bride est un instrument puissant de domination dans la main d'un bon cavalier; mais une main brutale et inhabile peut amener des accidents très-fâcheux dans la bouche des chevaux, tels que la fracture des barres, ou leur enfoncement, ou le déchirement de la langue.

De plus, elle échauffe la bouche du cheval, l'exaspère, le fait quelquefois s'emporter, et ses effets réitérés finissent par émousser la sensibilité des parties sur lesquelles nos actions de domination doivent s'opérer.

CHAPITRE XIV.

De la ferrure.

Généralités.

Ferrer un cheval, c'est adapter à ses pieds une lame de métal qui préserve la dégradation de la corne sur des terrains durs.

Et cependant les chevaux sauvages gravissent les rochers décharnés, ils courent sur les basaltes vomis par les volcans, sur les cailloux roulés par les eaux, et l'ongle conserve toute son intégrité.

Il en est de même des chevaux domestiques dans certaines contrées.

Poiret rapporte, dans son ouvrage, que les chevaux barbes ne sont pas ferrés. Ce serait un mal qu'ils le fussent, ajoute-t-il, ayant à gravir contre des rochers escarpés, qu'ils montent et descendent quelquefois au galop avec une facilité étonnante.

Les chevaux des chasseurs d'Afrique et des spahis ne sont ferrés que du devant depuis quelques années (*).

De rond que la nature avait fait l'ongle, la ferrure le rend ovale; les quartiers ne se nourrissent pas convenablement. la fourchette se durcit aux dépens de son élasticité, et les autres parties de l'organe s'altèrent également.

Des expériences ingénieuses ont prouvé à Bracy Clarck, savant vétérinaire anglais, que le pied du cheval est une machine élastique, s'élargissant à

(*) Nous croyons à propos de dire ici que les chevaux algériens se gâtent entre les mains des Français. On les nourrit, on les loge, on les habille, on les ferre à la française. Quelques officiers dirigent l'hygiène de leurs chevaux de manière à en faire de la belle viande de boucherie, plutôt que de la bonne chair à canon; et ils s'étonnent ensuite qu'un cheval d'indigène, qu'ils appellent maigre, leur dérobe son cavalier, qu est venu à vingt-cinq pas loger une balle dans le rang.

chaque percussion pour revenir sur elle-même dès que l'appui cesse.

Le fer inflexible fixé par des clous ne permet pas aux talons de s'écarter pendant l'appui sur le sol, comme les onglons du bœuf, comme les doigts du chien; le biseau de la couronne, la sole, la fourchette, n'en sont pas moins comprimés; d'où résulte une douleur sourde, et qui s'exaspère au point de devenir quelquefois insupportable, capable de causer la chute de l'animal.

« Oh! s'écrie M. Bracy Clarck, celui qui le premier introduisit cette méthode n'a pas soupçonné alors de combien de maux elle allait être la source pour le cheval. Non-seulement on doit mettre sur son compte la ruine de je ne sais combien de myriades de chevaux, dont cette méthode est la cause non soupçonnée, depuis au moins treize siècles, mais encore tous les châtiments et les mauvais traitements que le malheureux état de leurs pieds leur attire. »

La ferrure doit être regardée comme un mal très-grave, nécessité par le nouveau système d'empierrement des routes.

Depuis longtemps, les pieds du cheval ont subi la fâcheuse influence de cette méthode; leur forme a changé; leur élasticité a presque entièrement disparu sous la contrainte du fer.

Et, chose plus extraordinaire encore, on n'attend presque jamais le développement complet de l'animal pour lui emprisonner les pieds.

On ne doit jamais l'appliquer au cheval avant l'âge de quatre ans, et même cinq. La corne alors, comme toutes les autres parties du corps, a acquis tout son développement.

La ferrure bien comprise voit souvent des désastres atténués. On remédie aux défauts de la ferrure par la ferrure elle-même.

§ 1.

Description des fers et des clous.

Le fer à cheval est une lame de fer recourbée en forme de croissant.

Il présente deux faces, l'une inférieure et l'autre supérieure, celle qui est en contact avec l'ongle ;

Deux bords ou rives, l'une externe, l'autre interne.

Huit étampures, destinées à donner passage aux clous et à en loger la tête, sont pratiquées à la partie arrondie pour les pieds antérieurs, et sur les côtés pour les pieds postérieurs.

Les parties du fer correspondant aux différentes parties du sabot portent, comme celles-ci, les noms de pince, quartiers, mamelles et talons.

On appelle *éponge* l'extrémité des branches du fer aux talons ; voûte, la partie contournée de la rive interne correspondant à la pince.

Les proportions du fer bien conformé sont les suivantes :

Epaisseur, $\frac{1}{16}$ de sa longueur ; largeur de la pince à la voûte, $\frac{1}{4}$ de sa longueur, ou 4 fois son épaisseur ; longueur, 17 fois son épaisseur, largeur, 16 fois son épaisseur ; largeur des éponges, 3 fois son épaisseur ; distance d'une étampure à l'autre, 2 fois l'épaisseur ; éloignement des étampures du bord externe, 1 épaisseur ; du bord interne, $\frac{1}{2}$ épaisseur.

Le fer étant posé à plat, le bord externe doit un peu relever ; on dit alors qu'il a de l'*ajusture*.

Les proportions des clous sont relatives à celles du fer, et particulièrement à l'étendue des étampures. La tête doit s'y loger en partie, et en remplir le fond.

Les lames ou tiges des clous doivent être aplaties et ne pas être trop déliées.

§ 2.

Manière de ferrer.

Le fer doit être fait pour le pied, dont il doit suivre exactement le contour.

A cet effet, après avoir paré le pied convenablement, c'est-à-dire après avoir abattu la corne inutile, le maréchal appliquera sur la face plantaire une feuille de papier qu'il moulera sur le sabot, pour la découper ensuite en suivant exactement l'empreinte ; après quoi il ajustera son fer sur le patron. Il faut veiller attentivement, si le fer est trop petit, à ce que le maréchal n'abatte pas le pourtour de la corne pour la réduire à la dimension du fer ; il doit remettre au feu, ou forger un autre fer, si la différence est trop grande.

Les dimensions étant sûres, on applique le fer chauffé au rouge (*) sur le pied, de manière à connaître les parties de la paroi qui font saillie, et à les mettre ensuite exactement de niveau et en rapport avec le fer, au moyen du boutoir.

Avant d'enfoncer les clous dans la paroi, ils doivent avoir été scrupuleusement examinés, redressés et effilés, et avoir à leur pointe une légère courbe qui les porte à sortir du pied. Les clous fendus ou *pailleux* doivent être rejetés.

Le pointe des clous ne devra pas sortir trop haut ni trop bas.

On les recourbe ensuite, et on les coupe à leur sortie de la paroi, en sorte qu'ils y soient fixés solidement par le rivet ou crochet qui en résulte.

Le fer doit suivre exactement le bord intérieur du sabot, depuis le talon jusqu'à la pince, et déborder de deux à trois millimètres la muraille externe.

(*) Depuis cinq ou six ans, on pratique en France la ferrure à froid. Elle est excellente lorsqu'elle est pratiquée par des mains habiles ; mais on n'a pas obtenu tous les résultats qu'on doit en attendre.

§ 3.

Ferrure des pieds défectueux (*).

La ferrure peut varier par causes, savoir :
1° Par défaut de proportions ;
2° Par la direction de la corne ;
3° Par la qualité de la corne ;
4° Par la direction des membres.

1° *Défaut de proportions.*

Pieds trop grands ou trop volumineux. Parer avec ménagement, diminuer un peu la circonférence ; fer ordinaire, léger, étampé maigre (près du bord), garnissant très-peu en dehors et très-juste en dedans.

Pieds larges et évasés. Parer très-peu la sole, la fourchette et les points d'appui ; fer mince, couvert ; bandes plus larges, fixées avec des clous à lames déliées.

Pieds très-petits. Abattre la paroi ; ménager la sole, la fourchette et les arcs-boutants ; fer ordinaire, presque sans ajusture, garnissant suffisamment, excepté du côté interne ; graisser souvent la corne et tenir le pied à l'humidité.

Pieds trop longs en pince. Retrancher beaucoup de la pince et peu des talons ; fer ordinaire, épais,

(*) *Ancien cours d'équitation.*

en pince et relevant un peu, très-juste à cette partie, et garnissant un peu en talons.

Pieds trop courts en pince. Parer beaucoup les
quartiers, les talons et la fourchette, mais peu la
pince ; fer ordinaire, avec éponges amincies et courtes, et pince peu allongée.

Pieds à talons très-hauts. Parer beaucoup les
talons ; fer garnissant en pince et étampé vers les
talons.

Pieds à talons trop bas. Parer la pince, légèrement les quartiers, ne pas toucher aux talons ; fer
étampé vers la pince, qu'on tient un peu courte.

Pieds encastelés et à talons serrés. Parer à plat
les quartiers et les talons, ne toucher ni à la fourchette ni aux arcs-boutants ; fer à éponges tronquées : graisser souvent le sabot.

2° *Mauvaise direction de la corne.*

Pieds pinçards ou rampins. Parer beaucoup les
quartiers, les talons et la fourchette ; ménager la
pince ; fer à pince épaisse et prolongée, dont les
éponges soient minces.

Pieds plats ou combles. Diminuer la circonférence, en ménageant la sole et les talons ; fer couvert avec beaucoup d'ajusture, et à éponges réunies, si les talons sont bas et faibles.

Pieds panards. Abattre le côté externe plus que

l'autre ; fer ordinaire ; si le défaut est trop grand, fer à bosse interne.

Pieds cagneux. Employer les moyens contraires.

3° *Mauvaise qualité de la corne.*

Pieds gras ou mous. Parer peu et également ; fer léger, un peu couvert, fixé par des clous à lame peu forte.

Pieds secs ou maigres. (Voir les *Pieds trop petits.*)

Pieds dérobés. Retrancher la mauvaise corne, en parant également le bord inférieur de la muraille ; fer étampé dans les endroits où la corne peut supporter les clous, qui doivent être longs et déliés.

Pieds à fourchette grasse ou molle. Tenir le pied très-propre, y faire de fréquentes lotions dessiccatives, et ferrer comme pour les pieds gras ou mous.

Pieds à fourchette maigre ou sèche. Ce défaut, ordinaire aux pieds encastelés ou à talons serrés, demande les mêmes soins que ceux-ci.

4° *Mauvaise direction des membres.*

Chevaux droit-jointés, brassicourts, arqués ou boutés. (Voir ci-dessus, *Talons trop bas.*)

Chevaux long-jointés. (Voir également *Talons bas.*)

Cheval qui se couche en vache (*). Parer le pied

(*) On appelle ainsi le cheval qui plie son membre sous lui lors-

également, excepté au talon interne, qu'on laisse un peu plus haut que l'autre ; fer dont l'extrémité de la branche interne soit raccourcie et inscrustée dans le talon.

Cheval qui se coupe. Tenir le côté interne du fer très-juste ; si le défaut est grave, diminuer la largeur de la branche, l'arrondir, et n'y point pratiquer d'étampures.

Cheval qui forge. Abattre beaucoup des talons des pieds antérieurs et de la pince des pieds postérieurs ; fer à éponge tronquée pour le devant, et fer à pince tronquée pour le derrière.

On doit agir très-progressivement lorsqu'on veut remédier au défaut d'aplomb des membres.

CHAPITRE XV.

Effets des bons et des mauvais traitements (*).

L'action directe de l'homme sur les animaux domestiques commence immédiatement après le sevrage ; le plus souvent alors on les retire du pâturage pour les renfermer dans l'écurie ; ils regrettent vivement leur mère et leur liberté ; ils s'agitent, se

qu'il se couche, de manière que le talon interne touche le coude et y produit une tumeur.

(*) Grognier.

débattent, se tourmentent. Il faut les laisser libres dans des stalles larges, ou même dans des écuries.

On se gardera bien de les battre, et même de les menacer ; on nuirait à leur développement, on gâterait leur caractère. On attendra qu'ils soient pressés par la faim, pour se substituer en quelque sorte à leur mère en leur apportant de la nourriture. Ce don sera accompagné de beaucoup de caresses ; une fois habitués à la main puissante de l'homme, ils se laisseront attacher, lever les pieds, panser, seller, brider. On les fera ensuite trotter à la longe ; on les montera, et on les soumettra au tirage, en agissant sur eux par l'effet de la nourriture plutôt que par la crainte de la douleur des châtiments.

L'homme chargé de les dresser étudiera leur caractère.

La douceur et la patience rendent les chevaux doux et soumis.

Si, au lieu d'agir sur le plus fier et le plus docile des quadrupèdes domestiques par la douceur, les caresses, les éloges, on le façonne à l'aide du fouet ou de l'éperon,

Les châtiments auront en quelque sorte rendu les châtiments nécessaires ;

Mais encore faudra-t-il ne les infliger qu'à propos, avec ménagement et regret. Bien loin de là, on bat souvent son cheval sans mesure comme sans motif.

Qu'on ne croie pas qu'une douleur physique soit le seul effet de cette brutalité. L'animal qui en est la victime n'exprime pas la douleur intérieure qu'il éprouve; mais il digère mal, on le voit maigrir; ses forces diminuent, sa souplesse et son élasticité s'évanouissent; et si à cette cause se joignent l'excès du travail et l'insuffisance de nourriture, l'animal, jeune encore, est usé, décrépit : il appartient à l'équarrisseur.

CHAPITRE XVI (*).

Du travail et du repos. — Influence du travail.

Généralités.

La question du travail, considérée sous le point de vue de l'influence qu'il exerce sur la force de constitution ou sur toutes les facultés du cheval, est une des plus intéressantes de l'hygiène, puisqu'elle démontre que, par la puissance de ce stimulant bien approprié à certaines conditions organiques, on peut faire un excellent cheval d'un cheval médiocre; et réciproquement, que les plus brillantes qualités

(1) M. de Saint-Ange.

s'éteignent chez ceux que l'on condamne au repos. On ne saurait assez répéter que le cheval est un être éminemment locomoteur; que le grand air, l'espace, le mouvement, sont les éléments de sa vie, les causes efficientes de sa force et de sa santé. L'expérience, d'accord avec la théorie, atteste que ses facultés se développent avec l'exercice, et s'épuisent, s'annihilent par le repos prolongé.

§ 1.

Effet du travail sur les muscles, démontré par la physiologie.

Les changements qui s'opèrent dans la nature d'un muscle, sous l'influence du travail, sont le meilleur argument qu'on puisse invoquer.

Qu'arrive-t-il à un muscle toutes les fois qu'il se contracte? Ses fibres se plissent, se raccourcissent, se resserrent sur elles-mêmes, et sa masse charnue, comme si elle avait été comprimée, laisse échapper les fluides graisseux et lymphatiques qu'elle retenaient sous ses mailles, d'où il résulte que le muscle devient plus dur, plus dense, et qu'il acquiert des propriétés contractiles d'autant plus énergiques que ses contractions auront été plus répétées.

C'est ce que comprennent parfaitement les entraîneurs; car, aussitôt que leurs chevaux rentrent à l'écurie, après leur avoir donné une suée, ils vont palper les muscles pour reconnaître le degré de dureté qu'ils ont acquis, afin de savoir le nombre de suées qu'ils leur doivent demander encore.

L'entraînement ainsi compris comme gymnastique propre à développer les facultés contractiles, et partant celles du mouvement, est un moyen des plus efficaces et des plus féconds en prompts résultats. Les chevaux de poste, des voitures publiques, etc., ne doivent leur faculté de résister à leurs travaux les plus fatigants qu'à l'espèce d'entraînement qu'ils subissent chaque jour.

Mais la puissance du travail ne se borne pas à fortifier et à développer les facultés du système musculaire, elle s'étend encore aux organes des fonctions vitales. En effet, toutes les fois que le cheval marche ou court, la locomotion communique à sa masse un ébranlement qui se transmet à tous les organes du corps; savoir : le cœur, le poumon, le cerveau et les intestins; cette commotion agit sur eux à la manière d'un stimulant qui excite leur propriété et favorise les actes qu'ils accomplissent.

Cette influence est surtout manifeste sur l'hématose, parce que, le travail se faisant toujours à l'extérieur, il arrive que la respiration s'exerce sur un air plus pur et plus vital que celui des écuries, que par conséquent il doit doter le sang de propriétés qui sont la source des facultés qu'il tient sous sa dépendance. C'est ce que prouve la force et l'aptitude des animaux qui sont les plus exercés.

Le bon appétit témoigne aussi de cette heureuse influence : car le besoin d'une alimentation plus abondante doit naître incessamment du besoin de réparer les pertes que l'usure a produites.

§ 2.

Des différents genres de travail.

On peut définir le travail : le degré de fatigue qu'un cheval peut supporter sans inconvénient.

Le travail modéré est simplement un exercice. L'exercice est indispensable à la vie ; il favorise la circulation et l'action régulière de toutes les fonctions.

Un cheval bien portant doit travailler trois ou quatre heures par jour au moins, et dehors ; mais ce travail doit être modifié suivant les individus.

Les chevaux de cavalerie, pendant la saison des manœuvres, dépensent quelquefois plus de forces en deux heures que ne le comporte leur organisation : ce sont les à-coup, les arrêts et les départs brusques qu'exigent les évolutions qui fatiguent les chevaux beaucoup plus que ne le ferait un travail fait isolément de cinq et six heures.

Les évolutions se font habituellement de deux jours en deux jours, et sont entrecoupées de promenades au pas; exercice très-salutaire dans ce cas à la santé des chevaux.

Mais, une fois les inspections terminées, les chevaux passent, sans transition aucune, d'un travail pénible à un repos presque complet.

Au lieu de faire des promenades de deux heures au pas, chaque jour, en couverte en bridon, les chevaux devraient continuer de travailler couverts de leur harnachement, et les cavaliers, équipés pendant quatre ou cinq heures, et même six. On devrait alors leur faire parcourir au pas et au trot sept à huit lieues, en recommandant aux cavaliers de ne pas rechercher leurs chevaux, mais bien de les laisser libres à toutes les allures que l'on s'efforcerait de bien régler.

Ce travail devrait se continuer toute l'année, excepté pendant les chaleurs de l'été, où il doit être plus modéré et de moins longue durée. On aurait alors des chevaux toujours prêts à entrer en campagne et capables de supporter de longues fatigues. Alors on ne verrait plus dans les régiments des chevaux boursouflés de graisse et suant à la moindre fatigue, ce qui les expose à des arrêts de transpiration, à des répercussions à l'intérieur qui leur sont souvent funestes.

Les blessures causées par le harnachement seraient moins fréquentes et plus faciles à guérir. Les maladies de pied, qui rendent tant de chevaux indisponibles, seraient moins nombreuses et moins graves : en un mot, on éviterait tous les inconvénients du séjour à l'écurie, pour profiter des avantages de la lumière, de l'air libre, de l'exercice, si favorables à tous les animaux.

§ 3.

Du repos. — Abus du travail et du repos.

Le travail et le repos sont nécessaires, et doivent être en rapport avec l'âge, les forces et la santé des chevaux.

La nature a voulu que tout organe qui a travaillé trouve dans le repos les moyens de réparer ses forces, et c'est précisément de la juste répartition du travail et du repos que dépend la santé du cheval et la somme de services qu'il nous peut rendre.

L'abus de l'un comme de l'autre rend les chevaux incapables d'aucun service.

Les excès du travail énervent, épuisent les qualités les plus brillantes, portent atteinte aux sources de la vie.

Par un repos excessif, le mouvement circulatoire se ralentit, le sang s'épaissit, stagne dans les vaisseaux, s'accumule particulièrement dans les membres : enfin le sang perd encore les qualités vivifiantes, parce que pendant le repos la transpiration s'exerce sur l'air souvent infecté et désoxygéné des animaux.

En résumé, les chevaux se ruinent, s'énervent par l'abus du repos comme par l'abus du travail.

TITRE II.

Des maladies (*).

CHAPITRE I.

Symptômes précurseurs des maladies.

Les maladies se traduisent par des symptômes dont les uns, généraux ou communs, se montrent dans toutes les maladies; les autres, spéciaux, n'appartiennent qu'à quelques-unes d'entre elles, et servent à faire connaître leur genre et leur espèce.

La connaissance des symptômes généraux est importante pour l'officier de cavalerie, en ce qu'elle lui permet de saisir l'incubation ou tout au moins le début des maladies, surtout celles à type inflammatoires, et partant d'en arrêter le développement et rendre ainsi leur guérison plus facile et plus prompte.

La plupart des maladies s'annoncent par la tristesse, la diminution ou la perte complète de l'appétit, la nonchalance dans la marche, la faiblesse

(*) M. de Saint-Ange.

dans le travail, les sueurs, la sécheresse de la peau, le hérissement du poil, les tremblements généraux ou partiels, la roideur du rein, l'accélération de la respiration, la rougeur ou la pâleur des muqueuses, la chaleur et la sécheresse de la bouche, l'irrégularité dans l'excrétion des matières fécales, la toux et le jetage.

Lorsqu'un ou plusieurs symptômes réunis se déclarent chez un cheval, il y a maladie, ou tout au moins incubation de maladie; dans ce cas, il faut immédiatement mettre le cheval au régime blanc (à la paille et au barbotage), et si les symptômes annoncent un progrès rapide d'inflammation, il faut ordonner la diète.

La médecine que doit pratiquer l'officier de cavalerie doit être purement préventive; car, s'il arrive que l'on puisse reconnaître l'existence de quelque maladie, on peut se méprendre bien souvent et tuer le cheval que l'on tentait de sauver : les hommes de la science eux-mêmes ne sont pas toujours à l'abri de l'erreur.

En effet, combien n'est-il pas difficile de reconnaître le siége, l'intensité, la marche des maladies intérieures, les phases qu'elles parcourent, toutes choses qui doivent faire varier le mode de traitement, la nature des médicaments, etc., etc.

En décrivant les maladies, nous indiquerons le traitement qui doit leur être approprié.

———————

CHAPITRE II.

De l'inflammation.

L'inflammation est une irritation des tissus dont elle est le siége, ou une exaltation des phénomènes vitaux par l'afflux du sang ; elle précède toutes les affections morbides.

On distingue l'inflammation aiguë de l'inflammation chronique. La première est rapide dans sa marche et offre des caractères morbides très-intenses ; la seconde parcourt lentement ses périodes, et arrive à un certain état où elle persiste indéfiniment.

Les symptômes de l'inflammation sont la rougeur, la chaleur, la tuméfaction et la douleur ; ils reconnaissent pour cause l'afflux du sang dans la partie malade.

L'inflammation peut se terminer par délitescence, quand, la circulation étant rétablie dans son état normal, l'inflammation disparaît sans avoir parcouru ses périodes.

Par résolution, quand le rétablissement est plus lent, plus gradué dans sa marche.

Par gangrène : quand l'inflammation, arrivée à son dernier terme, laisse la partie sans douleur, et qu'il y a prostration et souvent des métastases. La gangrène est à redouter, parce qu'elle peut gagner les parties qui communiquent avec elle, et déterminer la mort.

Par induration, quand la partie acquiert une dureté anormale et que la sensibilité disparaît; l'induration éteint souvent la vie, et peut amener la gangrène.

Par suppuration, quand, la tumeur s'étant durcie par l'accumulation du sang, le fluide brise les vaisseaux, s'infiltre dans les tissus; la tumeur se ramollit; le sang épanché éprouve alors un travail particulier, change de nature, se modifie, et devient le principe d'une sécrétion anormale du tissu enflammé. Le produit de cette sécrétion constitue le pus.

Lorsque le pus ne s'échappe pas naturellement au dehors, tous les efforts de l'art doivent tendre à lui donner une issue; car, s'il stagne dans la partie, il peut y apporter les plus grands désordres.

L'inflammation varie dans son degré d'intensité, sa marche et sa terminaison, en raison de la cause qui l'a produite.

C'est donc sur l'appréciation exacte des causes que l'on doit baser le traitement de cette affection.

Si l'on est bien convaincu que la cause de l'inflammation soit due à l'irritation des tissus et l'exaltation des phénomènes vitaux par suite de l'afflux du sang, les premiers moyens curatifs sont les antiphlogistiques, tels que les substances aqueuses,

les topiques émollients et les narcotiques, la soustraction générale (la saignée) ou locale du sang,
afin d'empêcher l'accumulation dans la partie enflammée.

On emploie avec succès les aliments délayants et
la diète contre toutes les inflammations; puisque les
aliments forment le sang, il faut les supprimer en
partie ou en totalité.

CHAPITRE III.

Des tares.

Généralités.

On désigne particulièrement sous le nom de *tares*, les phlegmasies ou inflammations qui surviennent aux tissus blancs, les ligaments, les capsules,
les tendons que l'on rencontre dans les membres.
On les appelle *tumeurs molles* dans ce cas.

On désigne sous le nom de *tumeurs osseuses*, les
tares qui surviennent aux os et qui sont dues à la
même cause.

Ces tares sont graves, parce que les tissus qui
en sont atteints n'admettent, pour se nourrir,
que peu de sang, et que, par cette raison,
ils sont doués de peu de propriétés vitales; c'est

pour cela aussi que l'inflammation dont il s'agit est toujours grave, et d'une guérison lente et difficile.

Elles sont assez fréquentes, parce que les organes servant à la connexion des rayons articulaires des membres et à leurs fonctions sont exposés à des efforts et à des tiraillements continuels, qui engendrent ces sortes d'affections.

L'étude des tares se recommande à l'officier de cavalerie sous deux rapports distincts : 1° parce que les chevaux qui sont présentés à la vente étant souvent affectés de tares qui déprécient plus ou moins leur valeur, on ne peut être capable de les juger qu'autant qu'on les a étudiées dans leurs causes, leur nature et leurs conséquences.

2° Elle enseigne les moyens curatifs auxquels il faut avoir recours pour arrêter leurs progrès lorsqu'on ne peut pas les faire disparaître. Enfin l'équitation démontrera qu'on doit chercher surtout à les prévenir en ne demandant aux chevaux que le travail dont ils sont capables.

ARTICLE I.

Des tumeurs molles.

Toutes les tares que l'on désigne sous le nom de *molettes, vessigons, engorgement du genou, des boulets*, etc., reconnaissent pour cause une phlegmasie des capsules articulaires ou des gaînes tendineuses, qui sont devenues le siége d'une sécrétion morbide de la synovie.

Elles sont occasionnées par des arrêts brusques, violents, par des coups que les chevaux se donnent, par un travail forcé ou le repos trop prolongé, par la surcharge que les membres postérieurs éprouvent dans les écuries à pente transversale trop prononcée, par l'humidité des écuries et celle des endroits bas et marécageux.

Leur nom varie suivant la place qu'elles occupent : aux jarrets, on les appelle *vessigons*; aux boulets, *molettes*; à la pointe du jarret, au genou, elles n'ont pas de nom.

C'est particulièrement pendant l'appui du membre qu'elles apparaissent, attendu que la synovie s'échappe des surfaces de frottement et s'appuie contre les parois de la capsule qu'elle distend. Dans le lever du membre, au contraire, la synovie abandonne les parois de la capsule pour se porter dans l'espace interarticulaire, et les molettes disparaissent.

Les tumeurs molles qui proviennent de l'inflammation des gaînes tendineuses se remarquent le long des tendons fléchisseurs du pied.

Les tumeurs molles qui existent chez les poulains sont beaucoup moins dangereuses, parce qu'elles ne sont dues qu'à la présence d'une plus grande quantité de synovie, et non à un état maladif.

Les molettes viennent ordinairement sur les faces latérales des boulets, tantôt d'un seul côté, tantôt des deux à la fois; quelquefois aussi l'inflammation se propage aux parties environnantes, et la tumeur remonte le long des tendons, après avoir envahi tout le boulet.

Les vessigons apparaissent sur les surfaces latérales du jarret, à l'endroit des os aplatis.

On appelle *capelets*, des engorgements qui surviennent au sommet du jarret, à la pointe du calcanéum, à la suite d'un choc. Lorsqu'ils proviennent d'une inflammation à la suite d'un effort, ils sont beaucoup plus dangereux.

L'hydropisie capsulaire d'un genou présente les mêmes inconvénients.

Les tumeurs molles naissantes, étant dues à l'inflammation, doivent être traitées par une saignée locale, des cataplasmes émollients, ou encore par des bandes en flanelle dont on entoure l'articulation.

Si ces moyens n'amènent pas la résolution, ils pourront tout au moins arrêter les progrès du mal.

Toutefois il faut persister; car la résolution de l'inflammation, dans ces parties, est très-longue à obtenir.

Ici se bornent les moyens dont peuvent faire usage les officiers de cavalerie; mais, si le mal em-

piro, le traitement tombe dans le domaine du vétérinaire, qui emploie alors les frictions mercurielles,
de l'onguent ammoniacal camphré, la teinture de
cantharides, et même la cautérisation.

ARTICLE II.

Du bouté ou bouleté par l'affection des tendons.

Lorsque les tendons fléchisseurs du pied ont
éprouvé une rétraction, le boulet se redresse, reste
dans une demi-flexion, l'appui s'opère sur la pince,
devient incertain; la chute est imminente. Telle est
l'affection que l'on désigne sous la dénomination de
bouté ou bouleté.

La ferrure peut apporter un grand changement
dans cette affection, lorsque la rétraction des tendons provient de fatigue.

Le repos et la mise au vert peuvent aussi faire
reprendre aux tendons leur position normale.

Il se déclare quelquefois une inflammation partielle des tendons, qu'on désigne sous le nom de
nerf-ferrure, et qui est produite, soit par le choc
de la pince des fers postérieurs, soit par un effort
dans le travail.

Lorsque la cause n'est pas un choc, et que tout
porte à présumer que l'inflammation provient d'un

effort, le mal est plus grave, car il peut se représenter souvent.

Après avoir usé de tous les moyens curatifs que réclame l'inflammation, si ces affections ont résisté à leurs effets, on a recours à la cautérisation.

ARTICLE III.

Des entorses et luxations.

Lorsqu'une articulation a éprouvé un effort violent dans la marche, et que les ligaments ont souffert, on dit qu'il y a entorse. Il se déclare une inflammation.

On désigne particulièrement sous le nom d'*entorse* les accidents de ce genre qui surviennent aux boulets; *écart*, ceux qui frappent l'articulation scapulo-humérale; *effort de hanche*, ceux qui arrivent à l'articulation coxo-fémorale.

Il arrive parfois que les cartilages d'encroûtement sont fortement contus et participent à l'inflammation.

Le premier moyen à appliquer sur les entorses consiste à immerger la partie inférieure du membre dans de l'eau froide, ou dans laquelle on introduit du *sous-acétate de plomb*. On peut aussi appliquer des sangsues pour prévenir l'engorgement. On entoure ensuite l'articulation d'un bandage contentif imbibé du même astringent. Le repos doit être absolu dans les premiers moments.

Si ce traitement n'a pas réussi à la résolution de l'inflammation, il faut cesser et seconder la marche qu'elle doit suivre ; alors on emploiera la saignée locale et des émollients. La douleur et l'inflammation disparues, on aura recours aux résolutifs, tels que les frictions d'alcool camphré, pour opérer la guérison.

Si ce traitement ramenait l'inflammation, il faudrait reprendre les émollients, et employer ensuite les résolutifs.

Si la suppuration s'établit, il faut s'empresser de donner issue au pus, employer les cataplasmes, mais, le mal arrivé à ce point, réclamer les soins du vétérinaire.

Les efforts de hanche ne peuvent être traités que par le vétérinaire, qui est souvent obligé d'employer la cautérisation.

Dans l'entorse, les ligaments sont tiraillés, mais ils résistent assez pour maintenir en contact les abouts articulaires ; dans la luxation, au contraire, le déboîtement a lieu, et le mal est plus grave.

Les luxations sont fort rares ; leur réduction se fait par les soins du vétérinaire.

La rotule est sujette à se luxer chez les poulains ; il suffit pour la réduire de pousser la rotule de dehors en dedans.

CHAPITRE IV.

Tumeurs osseuses.

—

Généralités.

Sous la dénomination générique d'*exostoses*, on comprend toutes les tumeurs osseuses qui viennent à la surface des os.

Elles se développent à la surface des os, et proviennent d'une inflammation du périoste, qui s'irrite, s'épaissit et s'encroûte de phosphate calcaire. Cette inflammation gagne bientôt le tissu osseux, y amène une sécrétion anormale du phosphate, qui, d'abord mou comme du plâtre délayé, s'organise par un mécanisme semblable à celui de l'ossification; enfin il devient un os. L'exostose peut donc être définie un os qui pousse sur un autre.

Dans leur principe, les exostoses sont très-difficiles à reconnaître, et c'est alors qu'il importe de les distinguer pour les juger dans le mal qu'elles peuvent occasionner, essayer alors de les résoudre ou d'arrêter leur marche.

Elles surviennent, comme les tares molles, à la suite d'un arrêt brusque, d'un effort violent, d'une glissade, d'une chute ou d'un travail forcé, ou bien encore d'un choc.

Pendant la première période de l'inflammation,

les exostoses se traitent, comme toutes les autres inflammations, par des astringents ou par des émollients et des narcotiques.

Lorsque l'inflammation est calmée, on fait usage
des résolutifs, des emplâtres savonneux, des frictions mercurielles, spiritueuses, des vésicatoires;
le deuto-chlorure de mercure uni à la térébenthine
agit comme vésicatoire.

Ce n'est que par suite de l'impuissance des premiers moyens que l'on a recours à la cautérisation.

ARTICLE I.

*Divers noms des exostoses, suivant la place qu'elles
occupent. Leur gravité.*

Les exostoses ont reçu des noms particuliers, relatifs à la place qu'elles occupent. Au canon, on les
appelle *suros;* au pâturon et à la couronne, *formes;* au genou, *osselets;* au jarret, *éparvins,
courbes, jardon, jarde.*

Les exostoses sont plus ou moins graves suivant
leur position, leur volume, leur forme.

Dans le voisinage des articulations, elles peuvent gêner les mouvements et amener la claudication, parce qu'elles soulèvent les ligaments, les
capsules, et qu'elles s'opposent aux mouvements si
elles naissent sur les surfaces articulaires. Elles sont
aussi à redouter lorsqu'elles se rencontrent sur le
passage des tendons.

Leur volume aggravera encore le mal.

Si leur surface est rugueuse, si elle présente des pointes ou des arêtes tranchantes, elles pourront léser très-gravement les ligaments et les tendons qui jouent ou s'appuient sur elles.

Les suros sont plus dangereux à la face externe du canon, parce que là existent des tendons.

On a vu précédemment que l'hydropisie articulaire du boulet pouvait envahir toute son étendue, et prendre l'apparence d'une boursouflure circulaire. Il peut arriver que le boulet prenne cette forme cerclée par suite de tumeur dure ; ce dernier cas est plus grave et se reconnaît facilement au toucher. Le boulet cerclé est produit par la fatigue, par l'usure des ligaments des capsules, et même par la détérioration des abouts articulaires.

On conçoit facilement qu'une telle tare mette le cheval hors du service de la selle. Les exostoses du pâturon et de la couronne, *les formes* entraînent une grande gêne dans les mouvements, et même assez souvent la claudication. A cette partie, les ligaments sont très-forts et très-rapprochés, les tendons s'épanouissent pour s'implanter aux os.

Les exostoses du genou, les *osselets*, ne sont dangereuses qu'autant que leur forme ou leur volume peut blesser les ligaments ou les capsules de cette région ; elles font bien rarement boiter le cheval.

Les éparvins à leur naissance envahissent quelquefois toute la face interne du jarret, et restent souvent dans cet état.

Quelquefois l'induration s'accomplit, et l'éparvin prend la forme des autres exostoses. Le siége de cette tare est assez variable.

Beaucoup de chevaux ont des éparvins, et peu en boitent; les mouvements sont moins faciles. Quoi qu'il en soit, on ne doit pas acheter un cheval affecté de cette tare.

La courbe est une exostose qui vient à la malléole interne du tibia. Lorsqu'elle prend beaucoup d'étendue, elle peut envahir le jarret, et devenir contraire au jeu de son articulation, en rendant très-difficiles les mouvements de l'astragale.

On appelle *jardon* une exostose qui vient à la tête du péroné externe des membres postérieurs. Elle peut être très-dangereuse pour les cordes tendineuses qui passent dans son voisinage.

Le jardon passe à l'état de jarde lorsque la substance sécrétée s'étend d'un péroné à l'autre et soulève les tendons fléchisseurs.

Un hippiâtre prétendait, il y a quelques années, que la jarde et le jardon étaient plus souvent un engorgement des tissus blancs qu'une maladie des os.

Un vétérinaire de notre connaissance voulut vérifier le fait. Après un grand nombre d'expériences, il reconnut que tous les jardons et jardes qu'il avait aperçus sur des chevaux vivants n'existaient en effet que dans les tissus blancs, et non sur les os.

Aussi, bien rarement les chevaux boitent-ils de jarde ou de jardon ; la tare est osseuse dans ce cas.

Les tares ne sont pas toujours faciles à distinguer, surtout chez les chevaux communs, dont les éminences osseuses sont tellement prononcées, qu'on les prendrait même pour des exostoses.

La première précaution à prendre, dès que l'on croit voir une tare, est de la palper : la dureté, l'irrégularité de la surface donneront aussitôt un indice certain.

Il ne faut pas prendre pour une tare la saillie que l'on rencontre aux faces latérales du canon, au-dessus des boulets des quatre membres : ce n'est autre chose que l'extrémité mousse des péronés ; elle cède à la pression de la main.

Les suros et les osselets sont très-visibles ; le toucher assure de leur existence.

Pour apercevoir le jardon, il faut se placer derrière le cheval, et comparer la même partie des deux membres.

La jarde est plus facilement visible ; en se plaçant de côté, on la voit soulever les tendons, qui forment alors une courbe à l'endroit de jonction du canon avec la tête des péronés.

Les éparvins et la courbe demandent plus d'habitude. Le meilleur moyen est encore ici d'examiner les deux jarrets, et de bien s'assurer si la forme, la position des éminences, la grosseur, offrent des caractères parfaitement identiques ou différentiels. Là est la difficulté, et là aussi est le moyen de la vaincre.

Tout en admettant que le cheval taré perd beaucoup de sa valeur, il faut admettre aussi qu'il est des conditions particulières des tares qui peuvent annihiler leur conséquence. L'expérience est là pour attester que l'on a vu un grand nombre de chevaux atteints d'éparvins, de courbe, de jarde, de jardon, etc., qui ont fait un très-long et bon service sans que leurs mouvements en aient été gênés, sans la moindre petite boiterie : c'est qu'alors les exostoses avaient pris une forme, une croissance particulière qui n'avaient aucun inconvénient, et qu'en outre elles s'étaient arrêtées au point où elles s'étaient établies, et étaient devenues stationnaires. Mais comment savoir si telle tare qui vient d'apparaître s'arrêtera juste à ce même point et se présentera sous les mêmes conditions? Il n'y a que le temps qui puisse résoudre cette question; ce n'est que lorsque la tare aura résisté à l'épreuve du travail qu'on pourra acheter le cheval pour son propre compte, et non pour celui d'un autre, ou pour le gouvernement.

CHAPITRE V.

De la cautérisation.

Le feu ou la cautérisation est un des agents les plus puissants qu'emploie la chirurgie vétérinaire pour agir sur les organes locomoteurs affectés de tares.

On l'applique aux tumeurs dures et molles pour arrêter leurs progrès, quand les autres moyens thérapeutiques ont été impuissants pour les guérir. Elle sert encore dans d'autres circonstances déterminées.

Le but qu'on se propose par la cautérisation est de déterminer une inflammation dans les engorgements froids, pour obtenir leur résolution ou encore donner de la tonicité à une partie frappée d'atonie.

On ne cautérise, règle générale, les tumeurs molles et dures que lorsqu'elles sont passées à l'état chronique. Si l'inflammation persistait encore, on ne pourrait que l'augmenter par la cautérisation.

L'animal qui doit recevoir le feu doit y être préparé par le régime.

Le degré de cautérisation sera subordonné au degré de sang de l'individu.

On coupera très-ras le poil de la partie à cautériser.

On ne doit chauffer que très-modérément le cautère pour la première chaude, vu qu'il ne doit servir qu'à tracer le dessin des raies et à faire pénétrer le calorique dans les tissus sans désorganiser la

peau. Il est nécessaire d'éviter que la première impression du feu, qui est toujours la plus douloureuse, n'affecte trop la sensibilité.

On ne doit pas passer deux fois de suite le cautère sur la même raie ; il faut attendre qu'elle soit
refroidie complétement, c'est-à-dire que le calorique
ait abandonné la surface de la peau pour pénétrer
dans les tissus intérieurs.

Pour se guider dans cette opération, on recommande de ne chauffer le fer qu'au rouge terne, de
faire courir légèrement le cautère sur les raies en
n'appuyant que légèrement l'instrument, et d'avoir
soin d'effleurer les parties délicates qui pourraient
être entamées.

On doit cesser la cautérisation si la peau reflète
une teinte jaune doré, et laisse exsuder des gouttelettes de sérosité.

Enfin, il faut observer que le feu doit être mis
avec beaucoup de discrétion et de ménagement sur
les animaux de pur sang, dont la sensibilité est toujours exaltée. Une jument de l'école de Saint-Cyr est
morte de la cautérisation. Elle n'était nullement
malade, mais irascible au dernier degré.

La cautérisation sur les tumeurs se fait en pointe ;
ordinairement on l'applique au moyen du cautère
conique, qui est susceptible de traverser le derme
et d'aller atteindre les tissus affectés. On ne doit
chercher à obtenir cet effet que par des applications

très-réitérées; les pointes de feu, lorsqu'elles sont bien appliquées, ne laissent que peu de traces de leur passage.

Si la cautérisation a été bien faite, la peau doit être brûlée, mais non désorganisée; bientôt ses propriétés vitales s'exaltent, l'inflammation parcourt toutes ses phases, jusqu'au moment où les escarres se détachent. La suppuration s'établit au bout de quatre à cinq jours, et dure de douze à quinze jours.

. La cautérisation peut avoir été trop faible ou trop énergique. Dans le premier cas, le gonflement, la douleur et la suppuration n'ont pas lieu, et il faut recommencer l'opération ou employer les irritants, comme du savon vert, l'onguent vésicatoire, etc. Dans le second cas l'inflammation est très-aiguë, elle détermine la formation de foyers purulents. Ce résultat peut être prévenu par les adoucissants, tels que l'onguent populéum, les lotions de décoction de mauve.

Si le mal arrive à une terminaison heureuse, il suffit de l'impression de l'air sur la partie cautérisée pour amener la cicatrisation; on peut encore la hâter par des lotions d'extrait de saturne ou des bains d'eau froide.

Il ne faut pas trop se presser de faire travailler les chevaux qui ont reçu le feu, parce que ses effets sont lents. Quelquefois il faut attendre six semaines, trois mois, et même six mois, un an, pour avoir les effets désirés.

La cautérisation avec le fer chauffé à blanc ne s'emploie que pour arrêter la propagation de la gangrène, pour perforer les boutons de charbon, détruire les membranes enkystées, les polypes.

CHAPITRE VI.

Maladie des yeux.

Ophthalmie.

L'ophthalmie est une inflammation de l'œil ; elle frappe la conjonctive et le globe oculaire.

Des coups, des contusions, des brins de paille introduits sous les paupières, des insectes, des émanations de gaz irritants provenant de la stagnation des urines sur le sol des écuries, les prairies marécageuses, les écuries humides, et enfin une forte insolation, sont les causes des ophthalmies.

L'ophthalmie se reconnaît à la tuméfaction des paupières, à la rougeur de la conjonctive, à la sensibilité de l'œil. Si le mal est dû à un corps étranger, son ablation et de fréquentes lotions d'eau fraîche laissent bientôt l'état normal se rétablir. Mais, quand il est dû à l'une des autres causes ci-dessus mentionnées, il est plus difficile à guérir ; il faut le combattre par les antiphlogistiques. Il faut mettre le cheval fluxionné à la diète blanche, retrancher les

aliments excitants, ne laisser qu'un demi-jour à l'é-
curie, envelopper la tête d'un morceau d'étoffe. Si
les paupières s'agglutinent, on les lave souvent avec
de l'eau de mauve ou du bouillon blanc; si le mal
persiste, il faut recourir aux saignées, et alors le vétérinaire peut seul diriger le traitement.

La *fluxion périodique* a reçu son nom des inter-
mittences qui la caractérisent. Elle s'annonce par
tous les signes qui appartiennent à l'ophthalmie; la
conjonctive s'enflamme, ainsi que les parties environnantes de l'œil; les larmes coulent avec abondance, mais l'humeur aqueuse devient trouble, se
précipite au bas de la chambre antérieure, et prend la
couleur de feuille morte. C'est par cette altération de
l'humeur que la fluxion périodique est caractérisée.

Lors de la première attaque, le mal ne montre
pas de caractères plus graves; il s'amende par degrés après huit ou quinze jours : on voit alors l'humeur floconneuse se précipiter comme un nuage
à la partie inférieure de l'œil; la conjonctive reprend
sa couleur normale, et tous les signes de l'inflammation disparaissent. Cependant l'œil n'est pas
guéri; il conserve le germe de la maladie, qui re-
paraîtra bientôt plus violente que la première fois.

Les intervalles qui séparent les attaques sont plus
ou moins rapprochés, et présentent des différences
sensibles dans leur intensité. Le terme de cette maladie est ordinairement l'opacité du cristallin, con-

nue sous le nom de *cataracte;* et lorsqu'elle a produit la cécité de l'œil, il est à craindre que l'autre
ne soit atteint, et que le cheval ne devienne aveugle.

Jusqu'ici on n'a pas trouvé le spécifique propre
au traitement de cette maladie. Toutefois il a été
reconnu qu'elle est due à l'influence des mauvaises
localités, de la nourriture, et à l'humidité constante
des lieux.

La fluxion périodique est inhérente à certaines localités, à certains climats.

Lorsque cette maladie se déclare dans une contrée,
il faut donc changer la nourriture et préserver les
animaux de l'influence climatérique par des moyens
artificiels, si on ne peut les changer de pays.

On connaît le trafic des marchands espagnols,
qui tous les ans viennent dans le département de la
Haute-Vienne pour faire leurs achats de mulets, et
qui profitent de leurs excursions dans le Limousin
pour acheter tous les fluxionnaires, sachant bien
qu'aussitôt sous le ciel de la Péninsule, la fluxion
disparaît.

Il faudra s'abstenir d'acheter un cheval toutes les
fois que l'on apercevra sur le chanfrein, au-dessous
de l'angle nasal, une rigole dénuée de poils. Pendant les attaques de fluxion, les larmes coulent en
grande abondance sur cette partie, et détruisent
les poils par leur action corrosive.

Lorsqu'il y a cataracte, on ne pourrait se laisser

tromper : on distingue parfaitement le cristallin au fond de l'œil; il est opaque et blanc; les humeurs reprennent ordinairement leur transparence.

Une maladie des yeux non moins redoutable que la fluxion est la *goutte sereine* ou *amydrias;* elle est attribuée à la paralysie du nerf optique; l'œil affecté paraît parfaitement sain, ses humeurs sont transparentes, toutes ses parties constituantes paraissent intactes; cependant, si on examine la pupille après avoir placé la main sur l'œil, on s'aperçoit qu'elle est immobile, et toujours dilatée et plus grande que l'autre sous l'influence de la lumière.

On ne doit jamais négliger cette précaution.

Les taies sont des taches d'un blanc opaque, qui surviennent à la cornée lucide; elles peuvent être totales ou partielles : dans le premier cas, il y a interception presque complète de la lumière; dans le second, le mal est moins grave, surtout quand la tache ne se trouve pas exactement en face de la pupille. Toutefois les taies rendent très-souvent les chevaux ombrageux.

On doit s'assurer si elles sont la conséquence de maladies, ou si elles ont été causées par un coup sur l'œil. La première circonstance peut faire présumer que les taches s'agrandiront, et même pourront gagner les deux yeux.

—◦—

CHAPITRE VII.

De la gourme.

La gourme est une maladie humorale, et non pas une phlegmasie de la membrane nasale. C'est un moyen employé par la nature pour débarrasser les jeunes sujets du surplus d'humeurs qui deviendrait nuisible à leur organisation complétée.

Les gourmes se portent vers la tête vers l'âge de quatre ans à quatre ans et demi, au moment où la dentition amène l'inflammation dans cette partie.

La gourme ne se rencontre que très-rarement chez les chevaux des pays chauds et chez ceux qui ont été nourris de bonne heure aux grains; mais elle sévit beaucoup, au contraire, dans les pays froids et humides, sur les chevaux nourris avec des aliments aqueux.

La membrane nasale s'enflamme, les glandes de l'auge s'engorgent; le cheval devient triste et abattu. Au bout de six à huit jours, un flux clair, floconneux, s'écoule par les naseaux; et si la tuméfaction de l'auge disparaît, l'appétit revient, le cheval se rétablit.

Mais, si le jetage n'est pas complet, la tuméfaction augmente; le cheval tousse, la déglutition devient difficile; bientôt les ganglions tuméfiés se ramollissent, l'abcès se forme, crève, le pus s'échappe, et la guérison est prochaine.

Dans le premier cas, quelques soins hygiéniques suffisent pour obtenir la résolution de l'inflammation. On emploie le régime rafraîchissant, on entretient la chaleur autour de la ganache, en l'enveloppant d'une peau de mouton. Dans le second cas, elle réclame le soin du vétérinaire.

———◦———

CHAPITRE VIII.

Des tics.

On appelle ainsi toute mauvaise habitude que le séjour à l'écurie fait contracter au cheval.

Le cheval tique en s'appuyant, ou en l'air, ou en se balançant sur ses jambes antérieures.

Dans le tic d'appui, le cheval s'appuie sur sa mangeoire, son râtelier, ou toute autre chose à sa portée, roidit son encolure, et fait entendre un bruit sonore, pareil à l'éructation chez l'homme.

Le tic en l'air diffère du premier en ce que le cheval roidit son encolure et lève la tête sans l'appuyer; il y a production du même bruit.

Ces deux mauvaises habitudes ne sont contraires au cheval qu'en ce qu'elles le fatiguent, et, pendant ses repas, lui font perdre une partie de son avoine. Elles indiquent souvent une affection stomacale.

Dans le troisième tic, le cheval se balance d'une jambe sur l'autre, à la manière des ours, ce qui a dicté le nom de *tic de l'ours*.

Il y a un moyen d'empêcher les chevaux de tiquer, c'est de les laisser le moins possible à l'écurie, de les lâcher dans un parcours toutes les fois que le temps le permet. On peut encore employer les colliers, les licols ou les paniers antitiqueurs.

Toutefois il est bon de mettre à part les chevaux tiqueurs, car bientôt les voisins contracteraient, par imitation, les mêmes habitudes.

CHAPITRE IX.

Du cornage.

Le cornage est un sifflement que certains chevaux font entendre pendant la respiration ; il est dû à un défaut organique des voies aériennes, tel que l'étroitesse des cavités nasales, du larynx ou de la trachée-artère, ou encore à la présence d'un polype, d'une exostose, d'une conformation particulière des cornets, etc., etc.

Ce défaut est quelquefois si grave chez certains chevaux, qu'ils tomberaient suffoqués si on les poussait à une allure rapide.

Sur le moindre doute, il faudra éprouver le che

val, et ne pas l'employer à la selle si la respiration était tant soit peu gênée.

Il ne faut pas prendre pour du cornage un bruit que les chevaux d'ardeur font entendre à chaque temps de galop : l'ébrouement est au contraire une preuve de la puissance des voies respiratoires.

CHAPITRE X.

Mal ou phlegmasie du garrot, du rognon, de la nuque.

Le mal de garrot consiste en une meurtrissure, une contusion des tissus sous-cutanés de cette partie, qui détermine parfois de la suppuration, et même la carie des vertèbres dorsales.

Toutes les fois que le mal de garrot n'est pas traité dès son apparition, la cure en est très-difficile, à cause des tissus blancs qui se trouvent dans cette partie.

Mais, si l'on a soin d'examiner son cheval chaque jour, surtout dans les marches, on évitera les graves accidents qui résultent de ces diverses meurtrissures. A la moindre inflammation, le cheval éprouve de la douleur ; il faut alors cesser de le seller, et traiter ce mal comme les autres inflammations.

Si la partie venait à s'abcéder, en l'absence d'un vétérinaire, l'officier de cavalerie ne devrait pas hésiter à appliquer des cataplasmes émollients jusqu'à maturité de l'abcès; il devrait alors donner issue au pus en pratiquant une ouverture latérale de manière à empêcher sa stagnation. Une fois le pus écoulé, on doit entretenir la plaie dans un très-grand état de propreté, et la garnir d'étoupes; car la cicatrisation doit avoir lieu de dedans au dehors. Sans cette précaution, la plaie se fermerait bientôt sur elle-même, et l'on enfermerait le loup dans la bergerie.

Le mal de rognon est une phlegmasie du rein au-dessus des vertèbres, occasionnée ordinairement par la compression du harnachement.

La phlegmasie de la nuque est produite, ou par la compression de la bride, du collier, ou par un coup que le cheval se donne ou qu'il reçoit.

Ces deux cas de maladie se traitent comme le mal de garrot, et ne sont pas moins graves que lui.

CHAPITRE XI.

De la pousse.

La pousse, comme beaucoup d'autres maladies, est incurable; tout traitement reste impuissant contre elle.

Il est donc plus utile d'étudier les causes que la

maladie elle-même, afin de pouvoir y soustraire les animaux.

Les signes les plus caractéristiques de la pousse sont un soubresaut ou contre-temps qui se remarque dans l'expiration. En étudiant les mouvements du flanc, on verra que les côtes se soulèvent pour produire l'inspiration ; mais à peine leur abaissement est-il commencé qu'il est presque aussitôt suspendu pendant un certain temps, après lequel l'expiration s'achève.

Les autres signes caractéristiques des chevaux poussifs sont l'écartement des ailes du nez, ce qui les fait plisser, et l'apparence bien marquée des côtes, quel que soit l'embonpoint des chevaux.

La pousse est constituée par des affections organiques de l'appareil de la respiration ou de celui de la circulation. Tantôt la muqueuse des bronches est épaissie par l'effet d'une inflammation antérieure : c'est une bronchite chronique ; tantôt les vésicules aériennes sont dilatées ou rompues : il y a emphysème ; quelquefois aussi le tissu parenchymateux du poumon présente des indurations plus ou moins profondes, des tubercules, etc.

Ces lésions organiques sont dues évidemment à l'excès de travail, à des causes trop violentes.

Le foin donné en trop grande quantité aux chevaux de selle occasionne aussi la pousse ; les viscères abdominaux trop remplis refoulent le diaphragme en avant, gênent l'acte respiratoire, et occasionnent une rupture des vésicules, ou une inflammation, qui amènent la pousse.

Le régime est le moyen le plus propre à combattre, ou tout au moins à arrêter le progrès du mal.

Il consiste à supprimer le foin, à réduire la ration d'avoine, et à donner de la paille de première qualité.

CHAPITRE XII.

Affections des organes digestifs.

ARTICLE I.

Des indigestions.

L'indigestion est un trouble apporté dans l'acte digestif, soit par une influence extérieure, soit par une trop grande quantité d'aliments ou leur mauvaise nature.

Le cheval atteint d'indigestion cesse de manger, se tourmente, se couche, se relève précipitamment. Il regarde son ventre ou ses flancs, frappe du pied, presse avec son front les corps qui sont devant lui; sa bouche est chaude et sèche, sa peau est tendue, son poil piqué.

Les premiers moyens à employer sont de mettre

le cheval à la diète, de le frictionner fortement, le promener ; on lui administre des breuvages toniques et excitants. On peut aussi stimuler la muqueuse par une ou deux doses d'éther sulfurique.

Le retour a lieu lorsque la constipation cesse, que les déjections alvines et urinaires s'exécutent ; le dégagement des gaz est un signe assuré de la disparition du mal.

ARTICLE II.

Des coliques.

Les coliques sont des troubles de la digestion intestinale, et reconnaissent les mêmes causes que ceux qui se passent dans l'estomac.

Les symptômes sont ceux que nous avons indiqués plus haut ; quelquefois le cheval se couvre d'écume, de sueurs froides ; cet état est très-grave.

On s'empressera de frictionner fortement la région abdominale ; on fera prendre au cheval des breuvages émollients ; on administrera des lavements.

Les coliques sont souvent occasionnées par l'eau trop froide ou séléniteuse ; par le vert coupé sous la rosée, par le son donné trop sec, par une impression trop subite du froid aussitôt après le repas.

Le cheval ne doit prendre ses repas que lorsque ses forces sont en équilibre ; c'est-à-dire qu'il ne

doit pas travailler aux allures vives aussitôt après
avoir mangé, et qu'on ne doit pas lui donner sa
ration immédiatement après le travail.

CHAPITRE XIII.

Affection du pied.

Ces affections sont dues à diverses causes.

En ferrant le cheval, on peut le piquer avec les
clous. La douleur qu'éprouve l'animal indique l'accident. On doit s'empresser de retirer le clou, et le
mal cesse le plus ordinairement.

Mais, lorsque la piqûre est produite par une paille
qui s'est détachée ou par un tronçon de vieux clou,
le mal peut quelquefois devenir très-grave, parce
que l'extraction du corps étranger est difficile, et
qu'il peut en rester quelque parcelle.

Lorsqu'on sera bien sûr que rien n'est resté dans
la partie malade, on calmera l'inflammation par des
antiphlogistiques.

Les maréchaux serrent quelquefois beaucoup trop
le fer contre le pied, et la douleur que le cheval
en ressent amène souvent la boiterie. On doit déferrer et calmer l'inflammation.

Lorsque le fer a été appliqué trop chaud sur la
sole, les fluides nourriciers ont été absorbés, la

corne se dessèche et s'atrophie ; il faut employer les moyens propres à ramollir les tissus et à ranimer l'action vitale.

Une marche forcée, un séjour trop prolongé à l'écurie, une ferrure mal appliquée, peuvent amener ce qu'on appelle des *bleimes*, des *meurtrissures de la corne*. Ce sont des maladies longues, difficiles à guérir, et sujettes au retour, lorsqu'elles sont la conséquence d'un vice d'organisation de la corne.

Lorsqu'une bleime se déclare, on commence par amincir la sole ; on applique ensuite des cataplasmes émollients ; mais il faut laisser ce soin autant que possible aux vétérinaires.

La corne de la paroi se divise quelquefois entièrement et d'un bout à l'autre : on appelle ces fentes *seimes ;* elles viennent le plus souvent à la muraille interne, parce que la corne est plus mince en cet endroit.

La seime commence à la couronne, et descend peu à peu vers le bord inférieur de la paroi ; bien rarement elle arrive jusque-là. C'est un accident très-long et très-difficile à guérir. On doit l'attribuer en partie à la ferrure.

La fourbure consiste dans l'inflammation du tissu réticulaire du pied ; elle est occasionnée par des marches forcées, par le resserrement trop grand du fer, par l'excès d'alimentation avec des substances trop nutritives et échauffantes, enfin par le repos trop prolongé à l'écurie, le cheval étant en santé.

Le cheval fourbu porte ses pieds antérieurs en avant, de manière à les éloigner le plus possible du centre de gravité, et à ne pas leur faire supporter le poids du corps.

Pour calmer la fourbure, on s'empresse d'abord de faire déferrer le pied, de le plonger dans l'eau froide, ou encore de faire un creux en terre, d'y former un lit de terre glaise mouillée dans lequel on force les pieds de tremper. Enfin ces soins se complètent par ceux du régime et par la cessation du travail.

Si, après une marche rapide, un cheval tombait fourbu, il faudrait aussitôt le déferrer, et pratiquer en pince, à l'endroit de jonction de la sole et de la paroi, une saignée avec un instrument quelconque. Le pied serait aussitôt soulagé, et on pourrait continuer sa route jusqu'à l'écurie, où des soins plus étendus conjureraient le mal.

On appelle *clou de rue*, un clou, une pointe, une arête de bois, un corps quelconque qui s'introduit dans la face plantaire du pied.

On doit immédiatement l'arracher et le conserver pour le faire voir au vétérinaire.

On est obligé, dans le cas de graves lésions, de pratiquer un trou en entonnoir jusqu'aux parties vives, et de ne le laisser se fermer que lorsque celles-ci ont été entièrement guéries.

CHAPITRE XIV.

Des maladies contagieuses.

ARTICLE I.

De la morve.

La morve est la maladie la plus redoutable pour le cheval.

La morve est encore inconnue. On l'attribue à un appauvrissement général, et particulièrement à celui du sang : c'est parce qu'elle frappe les chevaux qui ont souffert de l'excès de travail, de la mauvaise nourriture, du défaut de soins hygiéniques, que l'insalubrité des écuries, et le séjour prolongé que les chevaux y font, les prédisposent beaucoup à cette maladie.

Dès qu'un cheval en est atteint, il faut l'isoler, et suivre ensuite les progrès du mal. S'il persiste, on doit l'abattre immédiatement, pour éviter la contagion. On a vu des régiments entiers décimés par cette peste, parce qu'on avait négligé cette précaution.

Les recherches faites au sujet de la contagion de cette maladie ont amené des dissidences dans les opinions : les uns, les contagionnistes, prétendent que la morve est contagieuse, et que la propagation du mal ou sa bénignité dépendent de l'état des sujets, et surtout de l'influence des localités. Les anticontagionnistes disent qu'on a inoculé du virus morveux dans les veines de chevaux sains, et que leur santé n'en a ressenti aucune altération.

On peut conclure que la morve n'est pas toujours de même nature, qu'elle est contagieuse quand elle est à l'état aigu, tandis qu'à l'état chronique la contagion est encore contestée.

Or, en présence de tous ces faits, la prudence ordonne d'isoler les animaux aussitôt qu'il y a apparence du mal, et de les abattre dès qu'il est reconnu qu'ils sont morveux.

La morve s'annonce par le jetage par un ou par les deux naseaux, d'un flux verdâtre, adhérent aux ailes du nez, et d'une odeur fétide, la couleur plombée de la pituitaire, l'engorgement des glandes de l'auge et leur adhérence aux os de la ganache. Les ulcérations de la membrane nasale sont un des derniers termes qui caractérisent l'intensité du mal.

Du moment où ces symptômes apparaissent, il faut abattre l'animal.

Les commencements de la morve ont beaucoup de ressemblance avec ceux de la gourme : dans celle-ci, les glandes ne sont pas adhérentes à la ganache, et le jetage a lieu par les deux naseaux. La matière ne présente pas la couleur verdâtre de celle de la morve; son odeur est moins fétide; jetée dans l'eau, elle surnage, tandis que celle de la morve se précipite aussitôt.

ARTICLE II.

Du farcin.

Le farcin est une maladie contagieuse dont le siége est particulièrement dans le système lymphatique, et qui se montre à l'extérieur avec des caractères variables, tels que boutons, tumeurs, engorgements et cordons avec ou sans plaies ulcéreuses. On arrête souvent le mal par la cautérisation; mais si les boutons gagnent les parties profondes, les moyens thérapeutiques demeurent impuissants, et l'animal meurt.

ARTICLE III.

De la gale.

La gale se guérit par son spécifique, le soufre. Il est reconnu qu'elle est due à un petit insecte du genre *acare* qui s'établit à la racine des poils. Elle provient souvent de la malpropreté.

On doit isoler les chevaux galeux.

ARTICLE IV.

Du charbon.

Cette affection, toujours grave et à terminaison rapide, se reconnaît ordinairement au développement de tumeurs qui viennent au poitrail, à la face interne des cuisses ou à la langue. Elles renferment une humeur roussâtre, et présentant quelquefois au centre une espèce de bourbillon qui se détache du reste de la tumeur.

On ne doit pas transiger avec ce mal, car il marche avec une rapidité telle qu'il suffit de quelques heures pour tuer le cheval. Aussitôt son invasion, il faut extirper les boutons, ou les détruire au moyen de la cautérisation à blanc.

ARTICLE V.

De la rage.

La rage est propre aux carnivores; il est bien rare qu'elle attaque les herbivores.

L'animal enragé a généralement du dégoût pour l'eau; c'est pourquoi on l'appelle hydrophobe : ses lèvres se couvrent d'écume, ses yeux sont étincelants; il les roule dans la tête d'une manière effrayante, se précipite sur ce qu'il rencontre, mord, donne des coups de pied ou des coups de corne.

L'incubation de la rage dure de quinze à quarante jours et plus.

Elle est incurable.

On doit se hâter de détruire tout animal enragé, car cette maladie se communique par la salive toutes les fois que celle-ci pénètre les parties vivantes.

Remarque. Non-seulement on doit isoler les animaux atteints de maladies contagieuses, abattre ceux qui sont incurables, mais encore on doit désinfecter les écuries et tous les objets qui ont pu les toucher, par les moyens prescrits à l'article *Désinfection* (hygiène).

<hr>

CHAPITRE XV.

Maladies nerveuses.

Du vertige. — Épilepsie. — Immobilité. — Tétanos.

Le vertige, comme l'épilepsie et l'immobilité, sont des affections diverses du système nerveux.

Dans les paroxysmes du vertige, l'animal, dans un état violent de surexcitation, est très-dangereux pour ceux qui l'approchent; il se livre à des actes de fureur, cherche à reculer, se cabre et se renverse quelquefois, ou encore se précipite la tête contre les murs, contre sa mangeoire ou son râtelier, et quelquefois se tue en se rompant le crâne.

Cet état amène l'aberration des sens. Les chevaux ne voient plus, n'entendent plus, et perdent presque toute faculté sentante.

Aussitôt que s'annonce le vertige, il faut isoler l'animal, l'attacher fortement, et ne l'approcher qu'avec précaution.

Si la maladie est aiguë, elle entraîne la mort; mais elle peut passer à l'état chronique et se terminer par l'immobilité.

On doit se défier des chevaux qui ont des cicatrices à la tête; car, si elles ne sont pas toujours la conséquence du vertige, elles annoncent un cheval de caractère méchant ou très-irascible.

Le cas d'épilepsie est très-rare chez le cheval; les symtômes sont aussi effrayants que ceux de l'homme épileptique.

Le cheval atteint d'immobilité est tout à fait dans l'impossibilité de reculer.

Il est dangereux de forcer un cheval immobile à reculer; tous les moyens qu'on emploie demeurent inutiles. Si on persiste, le cheval entre en fureur, bondit, se renverse, mais ne recule pas.

Un autre moyen de s'assurer de cette maladie chez un cheval, c'est de lui croiser les jambes de devant; alors tous ses efforts demeureront impuissants pour les décroiser, et il tombera avant d'y réussir.

On emploie pour ces maladies nerveuses l'opium et le camphre.

Le tétanos détermine la contraction permanente et très-intense de l'encolure, de la mâchoire et quelquefois de toute l'économie. Si cet état persiste, il peut mettre le cheval en danger de mourir de faim.

Le tétanos vient souvent à la suite des opérations chirurgicales, comme celle de la castration; des coups sur la tête, une forte insolation; des fourrages verts fermentés, etc., peuvent aussi l'occasionner.

CHAPITRE XVI.

De quelques autres maladies.

Les fractures sont ordinairement produites par des coups, des heurts, bien rarement par l'action musculaire.

Le soin que réclament les fractures, les appareils, la médication entraînent toujours des dépenses bien au-dessus de la valeur du cheval; et encore, après la guérison, est-il toujours plus ou moins estropié.

Il vaut mieux abattre l'animal, à moins toutefois que ce soit un étalon distingué.

Les chevaux de races communes, habitant des pays bas et marécageux, sont souvent atteints de *crevasses* aux plis des rayons inférieurs des membres; elles sont souvent un symptôme ou un effet d'une affection générale.

Elles consistent en un suintement de matières séreuses au moyen de fentes de la peau.

Leur traitement nécessite un changement de régime et une très-grande propreté. On leur applique
d'abord de l'onguent populéum ou l'huile battue;
et si la plaie persiste avec une apparence de chair
morte, pâle, il faut employer l'extrait de Saturne,
et même la cautérisation.

Les chevaux de sang, et ceux des pays secs et
chauds, sont quelquefois atteints de crevasses; mais
ici elles ne sont pas la conséquence d'une affection
intérieure : elles sont ordinairement produites par la
boue des rues, des ruisseaux, et quelquefois par
l'influence de certaines terres que le cheval a
foulées.

Il suffit alors de tenir les membres très-propres
et d'appliquer l'onguent populéum pour les faire
disparaître. Si cependant le mal persistait, il faudrait
avoir recours au régime et aux caustiques. On
appelle *eaux aux jambes* un amas de matières séreuses et lymphatiques qui se donnent issue à la
partie inférieure des membres, près du boulet.

Cette affection frappe assez rarement les chevaux
de cavalerie. Elle peut être, comme les crevasses,
une conséquence d'une organisation lymphatique
ou bien provenir de malpropreté.

On la traite de la même manière que les crevasses.

CHAPITRE XVII.

De la castration (*).

La castration est une opération chirurgicale qui consiste à enlever aux animaux les organes nécessaires et indispensables à la reproduction de l'espèce, savoir : les testicules dans le mâle, les ovaires dans la femelle, ou seulement à annuler leur action. La castration ne se pratique pas sur la jument.

On se propose ordinairement, dans la castration, de modérer l'impétuosité des animaux, de les rendre plus dociles, plus soumis, plus aptes aux différents services qu'ils doivent nous rendre.

Mais, si la castration a ses avantages, elle a aussi ses inconvénients : elle ôte aux animaux beaucoup de force, de courage, d'ardeur et de fierté; elle émousse les sentiments dont ils sont susceptibles, diminue la puissance de leurs facultés, et abrége leur carrière.

Si la castration est quelquefois une nécessité, il n'est pas moins déplorable qu'on en fasse un abus, surtout à l'égard du cheval, le plus noble des animaux domestiques, celui dont on obtient tout par les bons procédés.

En France, elle sera nécessaire tant que l'élevage

(1) Hurtrel d'Arboval, *Dictionnaire de médecine vétérinaire.*

du cheval se fera de la même manière. Cet animal, abandonné, pour ainsi dire, à lui-même au milieu d'immenses pâturages, depuis sa naissance jusqu'au moment où il est vendu, n'a pas la douceur de caractère que présentent les chevaux élevés sous la main; il est sauvage, méchant quelquefois, et, au lieu de travailler à se le rendre ami, le propriétaire, qui veut de suite en tirer bénéfice, cherche dans la castration un moyen de domination plus expéditif que les caresses.

Qu'on jette un instant les yeux sur le cheval arabe, ce cheval des batailles, si fougueux, si ardent, si courageux les jours de combat : n'est-il pas l'ami de son maître? Encore jeune, il suivait partout sa mère, jouait avec les enfants sous la tente; il n'y avait pour lui que caresses et bienfaits. A peine peut-il supporter un léger fardeau, un enfant de six à sept ans le monte pour le mener au pâturage ou à l'abreuvoir; pour lui un frein est inutile, la voix de son compagnon le dirige. A-t-il atteint trois ans, une selle est placée sur son dos, un frein modère son ardeur; il vole dans les *razias*, il court, il pointe, il bondit dans la *fantazia;* le bruit des armes l'exalte, la fumée de la poudre l'enivre; un mot de son maître l'arrête à l'instant. Il court, travaille et habite pêle-mêle avec les juments, sans jamais manifester aucun désir, si ce n'est au moment du rut; mais alors encore la voix de son maître le contient; il se contente de hennir; aussi l'Arabe regarde-t-il la castration comme une barbarie.

Nous croyons qu'il ne serait pas impossible de conserver les chevaux entiers pour la cavalerie; il serait toutefois prudent de ne réunir que des chevaux dans un corps, et de placer les juments dans un autre. Un peu de patience, de précautions suffiraient pour familiariser ces animaux, et on s'assurerait des plus grands résultats; car il n'est pas contestable que le cheval entier soit supérieur au cheval hongre.

N'avons-nous pas vu les régiments de chasseurs d'Afrique avoir le premier peloton de leurs escadrons montés en juments, marcher, manœuvrer et bivouaquer à côté des chevaux entiers (*)? Les lanciers et chasseurs à cheval des armées portugaise et espagnole sont aussi montés pour la plupart sur des chevaux entiers et sur des juments.

Mais ne sortons pas de la question.

La castration, qui exerce une grande influence sur la manière d'être des individus, peut être exercée à toutes les époques de la vie; mais l'expérience prouve qu'elle est plus facile et moins dangereuse sur les jeunes sujets que sur ceux qui sont plus âgés.

---

(1) Le 2ᵉ chasseurs d'Afrique a été ainsi organisé il y a quelques années, et certes il ne s'est jamais plaint de cet amalgame.

L'âge le plus favorable à la réussite de l'opération est de trois à cinq ans pour le cheval.

Il est des précautions qu'on ne doit pas négliger avant de procéder à cette opération. L'une des plus générales est le choix de la saison : l'atmosphère doit être à une température à peu près constante et modérée ; aussi on préfère le printemps à l'automne.

On aura soin de ne pas épuiser l'animal par des travaux longs et pénibles ; il a besoin de toute sa force. On le prépare dès la veille en le soumettant au repos, diminuant sa ration ordinaire, lui donnant des aliments faciles à digérer, ou même en lui imposant une diète absolue et lui pratiquant une saignée, s'il est pléthorique.

La castration du cheval s'opère de plusieurs manières, dont quelques-unes sont fort peu usitées dans la pratique. On l'exécute par les *casseaux* ou billots, par la *ligature*, par *torsion et arrachement*, par *raclement*, par la *cautérisation*, par *l'écrasement*, par *l'ablation simple des testicules*, et par *simple division du canal déférent*.

Celle au moyen des billots est la plus usitée. Cette méthode a pour effet de comprimer, d'étrangler fortement le cordon testiculaire de manière à intercepter la communication entre les vaisseaux et les nerfs du tronc et ceux des testicules.

Le cheval étant convenablement disposé à subir

l'opération, tous les instruments et accessoires étant préparés, on abat l'animal sur le côté gauche; le membre postérieur qui se trouve en dessus est porté en avant sur l'avant-bras, et assujetti dans cette position.

L'opérateur se place vers l'origine de la queue, saisit des deux mains le testicule gauche, de manière à embrasser fortement le cordon au-dessus des épididymes; il presse l'organe de devant en arrière, le fait sortir de manière à tendre le scrotum. Quelquefois la contraction du crémastère dérobe le testicule, le fait remonter; quelques coups de verge sur le bout du nez amènent le relâchement nécessaire. L'opérateur incise alors avec le bistouri l'organe d'avant en arrière, suivant son axe et parallèlement au périnée. Le scrotum et le dartos incisés, la main gauche, pressant le testicule, le fait apparaître enveloppé de la tunique péritonéale qu'on incise pareillement; on évite d'inciser le testicule même. L'opérateur saisit alors de la main droite le testicule. Un aide prend un casseau (*), l'ouvre, le place en avant de l'organe, et l'enfonce de ma-

(*) Le casseau est un morceau de sureau du diamètre d'un pouce, et long de six, fendu en deux. On en remplace la moelle par de la farine et du deuto-chlorure de mercure ou du deuto-sulfate de cuivre, délayé dans de l'eau. On pratique une rainure aux deux extrémités pour maintenir les ficelles qui doivent serrer et rapprocher les deux moitiés de bois, qui doivent être fixées d'avance par un bout.

nière à ce qu'il embrasse le cordon au-dessus des épididymes.

L'opérateur s'empare, de la main droite, des deux bouts écartés et postérieurs du casseau, et, avec la main gauche, il dégage les portions du scrotum et du dartos qui pourraient être comprises en même temps, étale le cordon de manière à ce qu'il soit pressé sur son plat, il rapproche ensuite les deux bouts postérieurs du casseau, l'aide les saisit avec une pince en arrière de l'entaille. On fait ensuite un ou deux tours de ficelle, et on assujettit le tout par un nœud droit. On procède de la même manière pour l'autre testicule.

Dès que les deux casseaux sont arrêtés en place, on lave les cuisses et le plat des jambes, on trousse la queue, et on fait relever le cheval.

Plus la castration est exécutée avec promptitude et dextérité, plus le succès de l'opération est assuré.

Une légère tristesse de l'animal et un léger embarras du train de derrière sont les suites les plus simples de la castration. On fait une bonne litière aux chevaux, on les surveille, on les promène quand le temps est beau, et on les laisse sans manger pendant quelques heures. S'ils cherchent à arracher les casseaux avec les dents, on leur met un chapelet ou un bâton pour les en empêcher.

Si les animaux cherchent à se coucher, s'il y a

coliques, on les sort et on les promène. On saigne ceux qui sont trop irritables et qui se sont beaucoup débattus. Pendant les quatre ou cinq premiers jours, le régime doit se composer de bonne paille, de boissons et de barbotages au blanc : on y ajoute ensuite quelques poignées d'avoine, et on en vient peu à peu à la ration ordinaire.

Au bout du troisième ou quatrième jour, les testicules deviennent noirs, se putréfient et se détachent; on enlève alors les casseaux.

A la suite de la castration, la douleur et l'inflammation sont inévitables; elles cèdent facilement aux applications émollientes.

L'engorgement du scrotum et du fourreau précède toujours la suppuration, et ne commence ordinairement que le second jour. Il peut devenir très-considérable, se propager aux parties environnantes, et rendre la région lombaire très-douloureuse; on doit alors avoir recours aux antiphlogistiques généraux et locaux, et à de petites saignées aux parties supérieures des saphènes.

La castration peut donner lieu à des accidents très-graves, et qui réclament généralement les secours de la science; ce sont : l'introduction de l'air dans l'abdomen, l'hémorragie, la hernie, la péritonite et l'entérite, le champignon et le squirrhe, la gangrène, le tétanos, enfin l'amaurose.

CHAPITRE XVIII.

De la saignée (*).

Il est des circonstances où un officier ne doit pas seulement borner sa sollicitude à faire de la médecine préventive, à amuser le mal, pour ainsi dire, en attendant le vétérinaire; mais il doit quelquefois hasarder un traitement, une opération, lorsque, privé de tout secours, un cheval est en danger de mort.

La saignée et la ligature sont des opérations que l'officier de cavalerie doit savoir pratiquer en cas de besoin impérieux; et l'on est en droit de s'étonner qu'à l'École de cavalerie, la seule dans son genre en Europe, on n'apprenne pas aux officiers à pratiquer une saignée, à opérer une ligature, à ferrer un cheval, et à faire quelques petites opérations du pied, qui sont si souvent nécessitées par des accidents survenus dans des localités où les hommes de l'art ne sont pas toujours répandus.

C'est dans cette vue que nous allons traiter les articles qui vont suivre.

Les divers états maladifs du cheval qui réclament la saignée ont été indiqués dans les chapitres précédents. Il ne s'agit plus maintenant que de sa-

____

(1) Hurtrel d'Arboval.

voir comment elle s'opère. Elle a pour but généralement de provoquer une évacuation de sang pour prévenir le développement de certaines maladies.

La saignée s'exécute par l'ouverture d'une artère (*artériotomie*), par l'ouverture d'une veine (*phlébotomie*), ou par l'ouverture d'une veine et d'une artère à la fois (*artério-phlébotomie*).

La phlébotomie ou saignée proprement dite est la plus usitée; on emploie rarement les deux autres modes dans la pratique vétérinaire.

On se sert de la flamme, du bistouri ou de la lancette, d'un bâtonnet; on doit avoir aussi des épingles et un lien pour faire la ligature du vaisseau, une fois l'opération terminée.

La saignée est *générale*, quand elle diminue la masse totale du sang, et *particulière* ou *locale*, quand elle ne soustrait ce liquide qu'à une partie du corps.

Elle se pratique sur les veines qui rampent sous la peau et qui sont les plus apparentes. On saigne le cheval aux jugulaires, aux saphènes, aux veines de la cuisse, à celles des ars, aux sous-cutanées thoraciques ou veines de l'éperon, aux sous-cutanées de l'avant-bras, aux veines latérales du paturon, quelquefois au palais, et en pince.

Pour opérer la saignée, on place le cheval au jour; on le fixe de manière que l'opérateur soit à l'abri d'être blessé, au moyen d'un bridon, de la longe ou du torche-nez, et en levant un pied de derrière ou de devant; on lui cache aussi l'œil du côté du vaisseau que l'on doit piquer, autrement les manœuvres de l'opération pourraient l'effaroucher.

Nous supposons l'opérateur muni de sa flamme et de son bâtonnet, et devant piquer la jugulaire gauche (si le poil est long, on le coupe avec des ciseaux). Il prendra la flamme de la main gauche après l'avoir ouverte de manière à former un angle obtus. On comprime de bas en haut avec la main droite le vaisseau à percer, de manière à voir son trajet; alors, appliquant les derniers doigts de la main gauche sur la veine que l'on comprime, on amène sa distension par l'afflux du sang intercepté; on rapproche la pointe de la lame à une très-petite distance, mais toutefois sans lui faire toucher le poil ou la peau, et on donne sur le dos de la flamme un coup sec avec le bâtonnet. On retire la flamme sans la changer de direction, et on facilite l'évacuation du sang en continuant la compression du canal, et en faisant jouer le bridon dans la bouche, de manière à provoquer le mouvement des mâchoires. Lorsque l'on croit avoir assez extrait de sang, on cesse la compression, et le liquide reprend son cours. Enfin on ferme l'ouverture avec une épingle en prenant le moins de peau possible, et on maintient les deux lèvres de la petite plaie en contact au moyen d'une mèche de crins de la crinière dont on fait un nœud simple, les bouts passant deux fois dans l'anse, on le serre entre les deux extrémités de l'épingle et la peau, et on en coupe les bouts à un ou deux centimètres du nœud.

La lame de la flamme doit couper la veine un peu obliquement, et non suivant sa longueur.

La force du coup qui doit déterminer l'incision doit être proportionnée à l'épaisseur de la peau et à la profondeur présumée du vaisseau. Il est bon, dans ce but, d'avoir des flammes de diverses forces.

La saignée aux autres veines peut s'exécuter sur le cheval au moyen de la flamme. Celles au paturon et au palais se font avec le bistouri ou avec la lancette. Celle en pince se pratique en mettant à nu la partie vive de la sole; c'est une *artério-phlébotomie*.

Il y a contre-indication de la saignée toutes les fois que les caractères précités manquent, toutes les fois que le pouls est faible, facile à déprimer, irrégulier, inégal, accompagné de prostrations, de sueurs. La saignée est encore contre-indiquée dans la plupart des maladies éruptives qui sont accompagnées de phlegmasies cutanées, de boutons, de tumeurs.

Il arrive quelquefois, à la suite d'une saignée mal faite, que le sang s'extravase dans le tissu cellulaire souscutané, et produit à l'endroit de l'opération une tumeur, un durcissement de la partie, qui

amène quelquefois la destruction de la jugulaire.
C'est ce que l'on appelle le *trombus*.

D'autres fois l'instrument glisse sur le vaisseau
et ne l'ouvre pas : c'est une *saignée blanche ;* ou il
le transperce, blesse les parties contiguës, perce la
trachée-artère, et le sang, se répandant bientôt dans
les poumons, asphyxie le cheval en très-peu de
temps.

Les accidents de la saignée, le dernier surtout,
sont très-rares; car l'opération est des plus simples, et ne demande qu'un peu de pratique.

CHAPITRE XIX.

De la ligature (*).

La ligature est l'opération par laquelle on étreint
les tissus vivants au moyen de liens.

Elle s'emploie comme moyen de section pour
faire tomber, par la gangrène, les parties qu'elle
isole; telles sont des tumeurs, des excroissances
que l'instrument tranchant ne peut atteindre. Elle
sert aussi à arrêter les hémorragies artérielles;
c'est à ce point de vue que nous allons l'étudier.

Les liens peuvent être faits de simples fils de soie,
de lin ou de chanvre, formés en cordons cylindri-

(*) Hurtrel d'Arboval.

ques, ou simplement liés entre eux avec de la cire.

Lorsqu'à la suite d'une blessure ou d'un accident quelconque, une artère aura été coupée ou divisée, et que l'hémorragie fera craindre pour la vie de l'animal, il faudra lier l'artère offensée. A cet effet, étant munie d'une pince et d'un bout de fil ou de soie, on lavera la plaie, et, après avoir écarté les saillies, on cherchera à prendre l'extrémité supérieure, celle du côté du cœur. Si la découverte de l'artère était trop difficile, on n'aurait qu'à comprimer la partie supérieure et cesser ensuite la compression, le jet de sang qui s'échapperait ferait assez connaître la nature du vaisseau rompu. Après avoir saisi l'orifice de ce vaisseau, on l'attire légèrement en dehors de la surface de la plaie; un aide chargé de la ligature (lien), la porte sans toucher ni la pince ni la main de l'opérateur sur le côté du vaisseau opposé à celui qui lui fait face; il saisit alors les deux extrémités du lien, les ramène vers lui et forme un nœud lâche dont il entoure la pince: cela fait, il saisit les extrémités du lien près du nœud, les deux pouces tournés l'un vers l'autre; il enfonce, en le rétrécissant, le nœud jusqu'au delà du mors des pinces, embrasse l'extrémité du vaisseau; après quoi il serre fortement, de manière à ne pas tirailler le vaisseau, et il fait un second nœud pour bien assujettir la ligature.

Pour atteindre le but, il faut serrer le plus possi-

ble, sans craindre d'offenser les tuniques artérielles, de manière que l'extrémité du vaisseau qui
dépasse le fil du côté de la plaie forme un renflement composé des trois tuniques épanouies; ce
renflement est un sûr garant de la réussite de l'opération.

On passe ensuite à la ligature de l'autre portion
de l'artère. A la suite de l'opération, la portion de
l'artère comprise entre la ligature et la branche
voisine s'oblitère, se remplit d'un caillot de sang,
se durcit, diminue peu à peu de volume, finit
même par disparaître en se confondant à la longue
avec le tissu cellulaire ambiant.

Il est très-facile, à la suite d'une blessure, de reconnaître si l'hémorragie provient de la solution de
continuité d'une artère ou d'une veine. Dans le cas
de rupture d'une artère, la couleur du sang et les
jets qui s'opèrent à chaque pulsation ne laissent
aucun doute; dans le cas contraire, l'écoulement se
fait d'une manière continue.

CHAPITRE XX.

**Loi du 20 mai 1838, concernant les vices redhibitoires dans les ventes
et échanges d'animaux domestiques.**

ART. 1. Sont réputés vices redhibitoires et donnant seuls ouverture à l'action de l'article 1641 du

Code civil, dans les ventes d'animaux domestiques ci-dessus désignés, sans distinctions de localités où les ventes et échanges auront lieu, les maladies ou défauts ci-après :

Pour le cheval, l'âne et le mulet, fluxion périodique des yeux...................... 30 jours

Épilepsie ou mal caduc........... 30

Morve........................... 9

Farcin........................... 9

Maladies anciennes de poitrine ou vieilles courbatures................. 9

Immobilité...... 9

Pousse......................... 9

Cornage chronique.............. 9

Tic sans usure des dents.......... 9

Hernies inguinales intermittentes.... 9

Boiterie intermittente pour cause de vieux mal....................... 9

Art. 2. L'action en réduction du prix ne pourra être exercée dans les ventes et échanges d'animaux énoncés dans l'article ci-dessus.

Art. 3. Le délai pour intenter l'action redhibitoire sera, non compris le jour fixé pour la livraison.

De trente jours pour les cas de fluxion périodique des yeux et d'épilepsie ou mal caduc;

De neuf jours pour tous les autres cas.

Art. 4. Si la livraison de l'animal a été effectuée,

ou s'il a été conduit dans les délais ci-dessus, hors du lieu du domicile du vendeur, les délais seront augmentés d'un jour par cinq myriamètres de distance du domicile du vendeur au lieu où l'animal se trouve.

ART. 5. Dans tous les cas, l'acheteur, à peine d'être non recevable, sera tenu de provoquer, dans les délais de l'article 3, la nomination d'experts chargés de dresser le procès-verbal : la requête sera présentée au juge de paix du lieu où se trouve l'animal.

Ce juge nommera immédiatement, suivant l'exigence du cas, un ou trois experts qui devront opérer dans le plus bref délai.

ART. 6. La demande sera dispensée du préliminaire de conciliation, et l'affaire instruite et jugée comme matière sommaire.

ART. 7. Si, pendant les délais fixés par l'article 3, l'animal vient à périr, le vendeur ne sera pas tenu de la garantie, à moins que l'acheteur ne prouve que la perte de l'animal provient de l'une des maladies spécifiées dans l'article Iᵉʳ.

ART. 8. Le vendeur sera dispensé de la garantie résultant de la morve et du farcin, pour le cheval, l'âne et le mulet, et de la clavelée pour l'espèce ovine, s'il prouve que l'animal, depuis sa livraison, a été mis en contact avec des animaux atteints de ces maladies.

QUATRIÈME PARTIE.

DES RACES (*).

CHAPITRE I.

Généralités.

Le mot de race s'emploie pour désigner les animaux qui ont entre eux des caractères de ressemblance qu'ils tiennent de leurs père et mère et qu'ils
transmettent à leur descendance.

Les races sont des variétés de l'espèce cheval.
Elles sont formées par une ou plusieurs causes, telles
que les climats, le sol, la nourriture, l'éducation,
les habitudes acquises. Ces caractères se fixent à un
tel point dans l'organisation, qu'ils se transmettent
par voie d'hérédité.

Le cheval primitif a pris naissance, comme nous
l'avons déjà dit, sur le plateau de l'Asie centrale, et
s'est ensuite répandu sur toute la surface du globe.
En quittant son premier berceau, il dut nécessairement subir l'influence de nouveaux agents climaté-

(*) D'après M. de Saint-Ange, pour la plupart des chapitres.

riques des pays dans lesquels il se trouva transplanté.

Sous le ciel du Midi, qui ressemble beaucoup à celui de son pays natal, il conserva sa taille moyenne et ses proportions harmonieuses, ses mouvements souples et élégants; il resta cheval de selle, en perdant toutefois des qualités de premier ordre qui lui sont propres.

Mais, en passant dans les climats froids et humides du Nord, son organisation éprouva des modifications profondes qui s'étendirent jusqu'à ses organes intimes. On vit bientôt sa taille s'élever, ses formes se développer, s'alourdir; il perdit ses lignes élégantes, régulières, bien harmonisées, qui sont un des caractères de beauté les plus accusés. Sa tête devint lourde, massive; ses yeux perdirent leur expression énergique, intelligente; sa peau s'épaissit, ses poils s'allongèrent, son pied s'élargit. Il éprouva une transformation complète en devenant cheval de trait lourd.

Le cheval des montagnes, même dans les pays froids, conserva, tout en dégénérant, le cachet oriental, tandis que, même dans les pays chauds, le cheval des marais, soumis à une nourriture molle et abondante, prit une forte corpulence et des formes arrondies. Dès lors on conçoit quelle prodigieuse variété de types doit se trouver sur la surface de la terre. Il n'est pas une montagne, pas une vallée, pas une portion de rivages des mers, pas un plateau enfoncé dans les terres, qui, soumis à des influences du sol, de végétation, de fécondité, de température, ne donne un cachet particulier aux chevaux qui y naissent.

CHAPITRE II.

ARTICLE I.

Races françaises.

Par sa position géographique, la France participe des climats, de la nature, des productions des pays du Midi et de ceux du Nord. Aussi l'espèce chevaline présente en France plus de variétés que dans aucun autre pays. On y trouve depuis le cheval arabe jusqu'au gros et lourd cheval normand, production monstrueuse d'un pays humide et gras, qui paraît descendre plutôt de l'éléphant que du cheval primitif.

La France était autrefois très-réputée pour ses belles races de chevaux de selle; les races limousine, bretonne, lorraine, du Mellerault, ont encore une réputation européenne; mais, par des causes qu'il est facile de s'expliquer, ces diverses races ont subi une métamorphose presque complète.

Avant la révolution, l'état des routes ne permettait pas d'aller en voiture et à grande vitesse, comme on le fait aujourd'hui ; tout le monde, seigneurs et vassaux, était obligé de se monter ; le notaire, le médecin, le curé, étaient forcés d'avoir écurie et cheval, et les espèces qui étaient résultées du grand nombre de chevaux arabes importés par les croisés satisfaisaient à tous les besoins.

La sobriété, la rusticité, la sûreté de la marche de ces petits chevaux, les faisaient rechercher par tous ; car le peu de dépenses que leur élevage coûtait les mettait au niveau de toutes les bourses.

Mais bientôt la révolution arriva, qui décima tous les chevaux, sans excepter les étalons et les poulinières ; il fallait des chevaux pour l'armée : aucun ne fut épargné.

Pendant les guerres de la république et de l'empire, les races eurent à supporter des influences particulières ; les accouplements ne purent plus se faire avec la même attention. Les besoins constants ordonnaient de grandes commandes aux éleveurs, et ceux-ci durent nécessairement *faire feu de tout bois*.

Une ère nouvelle s'ouvrit ensuite à l'industrie et au commerce. A mesure que les voies de communication s'aplanirent, on quitta la selle pour la voiture ; mais les chevaux d'alors ne pouvaient pas remplir convenablement le but : ils étaient trop petits, trop légers pour servir au trait.

De là naquit la nécessité d'élever la taille, d'augmenter la masse, et les races des chevaux de selle furent mises de côté.

Sous l'influence de nouveaux accouplements, les races, déjà altérées par le peu de soins qu'on leur avait portés depuis un grand nombre d'années, par les fatigues et les privations de toutes sortes, apparurent bientôt sous de nouvelles formes, et les beaux chevaux primitifs ne furent plus que la caricature d'eux-mêmes.

Plus tard, le mélange du sang anglais a produit de très-bons résultats sur nos races normandes. Sous son influence, les races lourdes, molles, lymphatiques du Nord, se sont allégies; la fibre est devenue plus dense, les nerfs ont pris de la vibration; elles ont réuni la force à la légèreté et à la vitesse.

Mais il n'en a pas été de même dans le Midi. Le cheval de pur sang, élevé, svelte, plein de chaleur et d'énergie, ne convenait pas, en effet, aux petites juments de ce pays : gros mangeurs, les produits de pur sang ne trouvaient pas assez de lest, pas assez de nourriture dans les aliments de cette zone, et les races ont souffert du mélange.

On a donc été dans la nécessité d'abandonner le système nouveau pour reprendre l'ancien, c'est-à-dire revenir au cheval arabe.

Nous allons examiner rapidement les caractères que les races présentent en France, caractères qu'elles

tiennent du sol, de l'exposition, du climat, de l'alimentation et des habitudes de chaque pays ; nous
nous attacherons à les bien faire ressortir, de manière à pouvoir en tirer des règles pour l'élève du
poulain.

Les races françaises peuvent être divisées en races
du Midi et races du Nord.

ARTICLE II.

Races du Midi.

Les chevaux du Midi ont conservé le cachet originel, celui du cheval arabe ; le climat, le sol, la
nourriture, peu différents de ceux de la région où
le cheval a pris naissance, lui ont conservé sa
taille, ses formes, et surtout ses qualités morales.

Les races les plus remarquables du Midi de la
France sont : la *race de la Camargue*, qui fournit
des chevaux de très-petite taille, mais auxquels on
ne peut rien reprocher. Le fond, l'énergie, la sobriété, la vigueur, le courage, sont le partage de
cette race de chevaux.

Ils vivent à l'état demi-sauvage, sous la surveillance de quelques gardiens. Bien rarement les saillies sont dirigées. On ne les sort de leur pâturage
qu'au moment du dépiquage des grains.

Pendant ces travaux pénibles seulement, ils reçoivent une ration d'avoine et quelque peu de luzerne sèche.

La *race navarrine* fournit des chevaux de cavalerie légère, connus sous le nom de *chevaux de Tarbes*.

Ils ont plus de taille que les chevaux camargues; mais ils n'ont pas leur fond.

Le cheval de Tarbes est ardent, rempli de courage et d'énergie; mais en général il se dévoie après un court service, et dépérit bientôt. On ne doit attribuer ce défaut qu'à l'élévation qu'on a été obligé de lui donner pour qu'il fût accepté dans les rangs de la cavalerie : car dans cette race, comme dans toutes les autres, d'ailleurs, les chevaux de taille moyenne et ceux de petite taille sont toujours meilleurs et d'un plus long service.

Les fourrages de la plaine de Tarbes ne conviennent nullement aux chevaux de taille élevée; ils ne sont point assez volumineux ou abondants, et n'offrent point assez de lest. C'est en partie à cette cause qu'est due la non-réussite du sang anglais sur cette race.

La *race auvergnate* se compose de chevaux vifs, légers, infatigables, mais qui ont aussi le défaut des chevaux de montagnes : ils sont trop petits.

La race auvergnate a la tête courte, osseuse, le front et le chanfrein déprimés; ils sont camus; ils ont l'encolure souvent renversée, le cou de hache, le garrot saillant, le dos de mulet, la côte ronde, le ventre volumineux, les hanches saillantes, le poitrail étroit, les membres grêles, crochus et panards.

Il n'y a que le sang arabe qui puisse en faire des chevaux de cavalerie légère.

La race limousine. Cette race fut autrefois la plus célèbre; elle fournissait des montures aux seigneurs et aux rois. Abandonnée depuis longtemps, ses restes ont été mêlés au sang anglais, et ont subi la même influence que les chevaux de Tarbes, et même d'une manière encore plus fâcheuse.

Quelques riches éleveurs, en préconisant le cheval anglais dans ce pays, ont fait à sa race un mal irréparable : ils ont séduit les petits propriétaires ignorants par quelques résultats obtenus à grands frais; mais ils ne se doutaient pas qu'avec la maigreur des fourrages dont peuvent disposer les petits particuliers, le peu de soins qu'ils donnent à leurs élèves, des écuries malsaines, enfin les conditions si défavorables dans lesquelles se trouvent la plupart des chevaux, tourneraient en mal ce qu'ils ont voulu faire. La race limousine ne vaut pas même celle de Tarbes, et ne pourra être relevée, comme la première, que par le cheval arabe.

A mesure que l'on gagne le Nord, le terrain devient moins léger, l'atmosphère plus humide; les plantes acquièrent plus de taille et plus d'ampleur.

Les chevaux eux-mêmes sont modifiés par la latitude et par les différentes causes que nous venons d'apercevoir; ils sont plus grands, plus volumineux, plus lourds que dans la zone inférieure; leur construction plus vaste, résultat d'une nourriture plus abondante, réclame une plus grande quantité d'aliments pour occuper ses grandes cavités; et plus on s'éloigne du Midi, plus les mêmes causes et les mêmes effets acquièrent d'intensité.

La race poitevine commence à participer des caractères des chevaux du midi et du nord de la France; il en est de même de celles de l'Anjou et de la Bretagne, que nous classerons dans les races du Nord.

Elle fournit diverses espèces de chevaux, qui sont dues aux variétés du sol. Ceux élevés dans les marais de Luçon et de Saint-Gervais sont d'une taille élevée et d'une forte construction, tandis que ceux du Bocage ont un cachet plus distingué; ils ont plus d'énergie, leur pied est moins volumineux, la corne meilleure, la peau et les poils plus fins, les crins moins gros.

Le département de la Vienne se livre particulièrement à l'élève du mulet.

Le département des Deux-Sèvres possède soixante à soixante et dix ateliers de baudets.

ARTICLE III.

Races du Nord.

Les races du nord de la France comprennent :

Les chevaux de l'Anjou. Avec le cachet des chevaux de Tarbes, les chevaux de cette contrée ont plus de corpulence ; la charpente et les muscles sont plus forts : ils sont capables d'un très-bon service.

La race bretonne. De toutes les races françaises, c'est la race bretonne qui offre le plus de variétés. La cause en est due évidemment à l'influence des localités, qui sont très-variées dans cette contrée.

Dans les Côtes-du-Nord, les chevaux, nourris en été avec du trèfle donné en vert, prennent des formes amples, molles et lourdes ; aussi ne sont-ils propres qu'au service du trait lourd.

Le Finistère fournit des chevaux qui ont plus de distinction que ceux des Côtes-du-Nord.

Dans le pays montagneux de la Bretagne, où le fourrage est maigre et peu abondant, le sol rocheux et très-sec, on trouve l'espèce *bidette*, regardée comme la souche de la race bretonne.

Le cheval bidet manque de taille ; son aspect est chétif et grêle, les formes anguleuses, la tête carrée, osseuse ; ses yeux sont pleins de feu et de vivacité, ses membres nerveux, ses pieds petits, la corne sèche.

Quoi qu'il en soit, ce petit cheval est d'une sobriété et d'une rusticité qui le font rechercher par
les gens du pays. Avec un peu de soins et quelques
étalons arabes, l'espèce bidette pourrait fournir
d'excellents chevaux à la cavalerie légère.

L'arrondissement de Dinan fournit un grand nombre d'excellents chevaux pour les postes et l'artil-
lerie.

La race lorraine fournit des chevaux de petite
taille, pleins de nerfs, mais qui ont les mêmes défauts que les bidets bretons.

La race comtoise n'est composée en grande partie que de chevaux très-lourds, ne pouvant être employés qu'à la charrue ou au charroi en concurrence
avec les bœufs.

La race ardenaise, qui a fourni de tout temps
d'excellents chevaux à la cavalerie légère.

La race percheronne. Le percheron est un type
du cheval de trait; il est recherché pour les postes,
pour les diligences et même pour les attelages. Les
Anglais nous ont souvent envié cette race; ils n'en
possèdent aucune qui puisse lui être comparée dans
son genre.

La race boulonnaise, qui est regardée comme
la meilleure de toutes celles de trait lourd, réunit à
une force extraordinaire une grande énergie.

Le cheval boulonnais est d'une taille élevée; il a
des formes massives, athlétiques; il est court et

même trapu ; son encolure est massive, sa tête petite, son chanfrein droit, le dos affaissé, la croupe double, les cuisses ainsi que les bras et les avant-bras fortement musclés.

Enfin, *la race normande*. La Normandie, par ses riches et vastes pâturages, est la province de la France qui se prête le plus à l'élève des grands animaux domestiques ; aussi la production est-elle une des principales branches de son industrie.

La race normande a joui, de tous les temps, d'une réputation justement méritée. Le cheval de cette contrée, en effet, fabriqué avec une nourriture abondante et très-substantielle, est d'une structure développée et de bonne nature ; il s'acclimate facilement et s'accommode de tous les régimes. Une fois qu'il a acquis tout son développement, il est capable d'un très-long et très-bon service ; ses allures sont vives, régulières sans être brillantes ; il est assez difficile à dresser.

Le département de l'Orne fournit les meilleurs chevaux de l'espèce normande, ce sont les Mille-raults ; ils sont légers, fins, vifs, élégants, et ne semblent pas avoir pris naissance dans cette contrée de la France, tant ils diffèrent des autres normands.

Ceux de la Manche et du Calvados sont plus fortement charpentés, plus massifs, plus lourds ; leur tête, plus ou moins busquée, est attachée à une encolure massive, souvent courte et fausse.

En somme, les chevaux normands sont ceux qui fournissent le plus à toute la cavalerie. Les femelles sont beaucoup recherchées par les Anglais, qui s'en servent très-bien pour obtenir des demi-sang.

CHAPITRE III.

Races étrangères.

ARTICLE I.

Races algériennes. — Races provenant du cheval arabe. — Races russes et allemandes.

Parmi toutes les races de chevaux, celles de l'Algérie méritent le premier rang à cause de leur provenance plus directe du cheval primitif.

La taille et les formes du cheval primitif ont subi des modifications suivant les localités où il a été transporté; mais en Algérie, plus que partout ailleurs, il a conservé son cachet particulier, sa douceur, sa sobriété, sa rusticité, son énergie et son courage; il est toujours resté cheval de selle et le meilleur cheval de guerre.

A l'entrée de l'armée française en Algérie, avant une guerre de vingt-trois ans, qui a non-seulement décimé les plus beaux modèles, mais encore enlevé presque toute ressource de reproduction, on rencontrait sur la côte barbaresque ce cheval tant vanté, aux formes si harmonieuses, aux allures si élégantes, à l'œil si expressif, si énergique et en même temps si ami ; le cheval barbe, dont on ne trouve plus que quelques débris dans les rangs de l'armée d'outre-mer.

A cette époque, chaque contrée, chaque cercle, avait ses étalons de renommée ; ceux-là seuls avaient l'honneur de monter les belles cavales ; les produits étaient choyés comme les enfants de la tente. Aussi chaque tribu avait, pour ainsi dire, son espèce, sa race : les chevaux du Chelif ne ressemblaient pas à ceux de l'Habra ni de la Mina ; ceux d'Oran n'avaient pas le même cachet que ceux d'Alger ni de Constantine ; ils n'étaient pas du même dessin, mais tous étaient beaux.

La guerre vint bientôt apporter la confusion dans ces diverses races : pour mieux se défendre, on dut nécessairement se monter avec les meilleurs chevaux ; la plupart furent tués ou ruinés, et l'on dut avoir recours aux étalons de second ordre pour produire de nouveaux chevaux ; on n'eut plus le temps nécessaire pour soigner l'élève des poulains, et les tribus, repoussées du littoral vers le désert, se confondirent, se réunirent pour mieux résister ; les espèces furent croisées. Toutes ces causes changèrent bientôt le cheval de petite taille, bien musclé, en cheval moins carré, moins étoffé, plus grêle sur ses membres, en un mot le cheval d'aujour-d'hui, semblable en beaucoup de points au cheval de Tarbes.

Les chevaux de races sahariennes ont éprouvé quelques tourments, mais la guerre n'a point porté chez eux la même confusion que sur le Tel (*); aussi sont-ils restés supérieurs à ceux de toutes les autres races. C'est surtout chez eux que l'on devrait aller chercher les étalons pour les haras d'Afrique, plutôt que dans le royaume de Tunis.

Sous le ciel d'Espagne, le cheval primitif a subi des modifications dont il serait difficile de trouver la cause.

Le sol et le climat de ce pays sont très-peu différents de ceux de l'Algérie, et les végétaux doivent être aussi à peu près les mêmes. Est-ce manque de soins dans les accouplements? est-ce mélange de la race?...

Toujours est-il que le cheval espagnol, le cheval andalous, aux mouvements souples et cadencés, au port de tête majestueux, n'a pas le moral ni le fonds que l'on devrait attendre des chevaux de ce pays.

Il existait autrefois en Portugal une race de chevaux fort estimée, nommée *Alter*, provenant des

(*) Le Tel est la zòne cultivable comprise entre le désert et la mer.

croisements du cheval andalous avec le cheval barbe. Cette race, longtemps abandonnée, se voit renaître aujourd'hui, sous les soins incessants qu'y apporte Sa Majesté le roi régent du royaume. La science éclairée de Sa Majesté a su l'allier de nouveau à son sang originel, et, en outre, en a tiré de magnifiques produits avec le pur sang anglais et quelques autres races étrangères (*).

En Corse et dans le royaume de Naples, le cheval est resté petit, mais bien fait et plein de nerfs.

L'espèce chevaline a pullulé en Russie. Elle présente diverses races; la meilleure est celle des montagnes; elle ne le cède guère à celles de l'Orient.

Le cheval allemand a fait une concurrence très-fâcheuse au cheval normand, auquel il ressemble beaucoup; mais s'il, est capable d'entrer plus tôt en service que celui-ci, il ne le vaut pas sous le rapport du fonds, de l'action ni de la durée.

ARTICLE II.

Race anglaise.

L'Angleterre est sans contredit, de toutes les nations qui se sont occupées de production chevaline, celle qui a obtenu les plus brillants résultats.

(*) Nous nous réservons plus tard de traiter en détail cette question dans un opuscule qui fera suite à ce travail.

Les Anglais se sont créé, avec le cheval arabe, une race de chevaux supérieurs à toutes celles d'Europe; c'est leur fait, leur propriété; c'est le résultat de leur savoir et de leur persévérance. Ils ont soumis la matière animale à leur volonté; ils l'ont pétrie et lui ont imprimé les formes, la force, la légèreté que réclamaient les besoins, la mode, les caprices; ils ont fait le cheval de vitesse, le cheval de chasse, le cheval d'attelage, le cheval de gros trait, et jusqu'au petit cheval d'enfant.

Leur science s'est même étendue sur les bœufs de boucherie; elle a modifié l'espèce ovine et sa laine; elle a fabriqué des chiens de toute espèce, même jusqu'à des coqs de combat.

Leur supériorité est, sous ce rapport, incontestable.

Avant d'avoir pris pour améliorateur de leurs races le cheval arabe, les Anglais avaient déjà essayé et abandonné plusieurs fois le sang oriental.

Sous l'influence du sol et du climat britanniques, le cheval arabe ne pouvait que dégénérer. Il fallait abandonner le projet ou s'y prendre d'une autre manière.

C'est ce qui eut lieu en effet. Comme à une plante exotique, on créa au cheval oriental une atmosphère factice; on modifia sa nourriture, et le but fut atteint.

La superbe race de pur sang descend toute en droite ligne de deux chevaux arabes. L'un, Darley-

Arabian, avait été amené d'Alep en Angleterre vers la fin du règne de la reine Anne; le second, Godolphin-Arabian, fut acheté par M. Cofre dans les rues de Paris, attelé à une voiture de porteur d'eau. Employé plus tard comme boute-en-train dans les écuries de lord Godolphin, on lui fit servir un jour une jument d'élite, Roxana, que son étalon avait refusé de saillir. C'est de cet accouplement dû au hasard qu'est sortie cette superbe lignée de chevaux dite de pur sang.

Les Anglais établirent ensuite les courses, afin de se guider dans le choix des reproducteurs. Aucun cheval ne fut plus admis comme étalon qu'après avoir subi les épreuves sévères de l'hippodrome; et bientôt apparurent *Eclipse, King-Harold, Flying-Childer*, les rois des courses, les types du reproducteur. Dès lors la race fut créée; elle eut son cachet indélébile, distinctif de toutes les autres races; elle devint la source de toutes les branches de la production.

Le cheval de pur sang croisé avec les juments distinguées du pays, les poulinières indigènes, donna naissance au cheval de chasse, le hunter, plus fortement charpenté, plus froid que son père. Le cheval demi-sang eut cependant une assez forte somme d'énergie pour surmonter les obstacles et fournir de longues courses; il fut un très-bon cheval de service.

Le race anglaise peut se conserver d'elle-même, sans qu'on ait besoin d'avoir de nouveau recours à la source primitive.

Il est probable cependant que, si elle était privée des soins nombreux qu'on lui prodigue à prix d'or, elle ne tarderait pas à dégénérer.

Et en effet, si le cheval anglais sortait de son écurie parfaitement calfeutrée et si proprement entretenue, s'il quittait ses couvertures de laine qui le préservent de l'humidité de l'atmosphère, la fibre ne tarderait pas à se détremper, son poil deviendrait terne et long, ses crins gros, sa corne volumineuse et épaisse. L'abâtardissement ne tarderait pas à se manifester, si, de plus, on le nourrissait avec du foin de qualité ordinaire, et si on lui supprimait ou diminuait l'avoine (c'est, comme on dit, dans le coffre à avoine que se trouve le secret des Anglais); sous ces diverses influences il deviendrait bientôt cheval du Nord.

Nous l'avons déjà dit ailleurs, le pur sang anglais convient parfaitement aux chevaux du nord de la France, il donne plus d'action à une machine dont il fortifie la matière; mais il ne convient nullement aux chevaux du Midi.

CINQUIEME PARTIE.

TITRE I.

Industrie chevaline (*).

Généralités.

L'industrie chevaline doit satisfaire à tous les besoins, à tous les genres de service, comme à tous les caprices.

Elle reçoit des commandes de l'agriculture, de la guerre et du luxe.

Le cheval est, sous ce rapport, une marchandise comme une autre, qui doit satisfaire à toutes les exigences.

Mais c'est dans l'art de fabriquer le cheval que gît la plus grande difficulté. Il ne suffit pas d'avoir de bons matériaux, c'est-à-dire de bons étalons et de bonnes poulinières, un climat favorable et des aliments de première qualité : il faut savoir encore les pétrir en quelque sorte, leur donner la forme, le caractère, la force convenables.

(*) D'après M. de Saint-Ange.

C'est en cela que consiste la science des accouplements et de l'élevage, dont les principales règles ont été établies par des hommes de la science et de la pratique.

Or, puisque les accouplements et l'élevage sont les deux moyens dont l'art dispose pour produire le cheval, nos études doivent porter principalement sur ces deux sujets.

CHAPITRE I.

Des haras.

Les haras sont des établissements, entretenus par les gouvernements ou par de simples particuliers, dans lesquels on réunit des étalons et des poulinières de choix pour propager leur race et améliorer celles déjà existantes dans les localités.

Peu de particuliers sont assez riches pour avoir des haras. Les étalons d'élite, ceux capables d'améliorer les races, exigent de grands sacrifices, tant pour l'achat que pour l'entretien; aussi en France les haras particuliers sont-ils très-rares.

C'est pour venir en aide à l'industrie chevaline que les gouvernements entretiennent à grands frais des haras et des dépôts d'étalons. Ils se donnent par là les moyens de perpétuer les bonnes espèces, de les augmenter; ils facilitent la production chevaline, qui ne doit pas être le moindre orgueil d'une nation.

Sous le règne de Louis XIV, Colbert amena l'intervention du gouvernement dans cette branche de l'industrie.

Mais les guerres désastreuses des derniers temps de ce règne, en décimant les rangs de la cavalerie, forcèrent le gouvernement de recourir à l'étranger.

L'établissement des haras commença donc à souffrir.

La révolution de 89 lui porta les derniers coups.

Ils furent ensuite réorganisés par un décret du 4 juillet 1806.

Napoléon, dit M. Richard, savait qu'une branche d'industrie ne peut prospérer qu'à la condition d'être étudiée. Il n'oublia pas de créer des écoles d'expériences, en réorganisant l'administration des haras; c'était le seul moyen d'en finir avec les erreurs du passé.

La guerre d'Espagne, les événements de 1812, empêchèrent de donner suite à l'idée féconde de Napoléon.

Ce projet fut repris ensuite et mis à exécution.

C'est sur les actes et les faits d'expériences qui sont résultés de l'administration des haras jusqu'à ce jour, que les règles suivantes sont établies.

Mais l'administration des haras n'a-t-elle pas

commis des erreurs? Qu'on nous permette de nous abstenir.

Voici une opinion de M. le comte d'Aure, écuyer en chef à l'École de cavalerie :

« La restauration, dit-il, était dans des conditions excellentes pour travailler à l'amélioration de nos races indigènes. La cour et les princes, longtemps exilés en Angleterre, avaient pu apprécier la supériorité des moyens de reproduction et d'éducation en usage dans ce pays ; rien n'était plus simple que d'importer ces moyens et de les appliquer aux provinces chevalines. Il eût été d'une sage politique d'en agir ainsi ; mais on aima mieux importer des chevaux tout faits.

« Les princes donnèrent l'exemple, et la mode des chevaux anglais se répandit plus que jamais, au détriment de nos espèces de luxe du Limousin et de la Normandie (*). »

______

(*) M. le comte d'Aure déplorait alors le mal que le sang anglais faisait à nos races : on l'employa sans aucun discernement dans la fureur de la mode ; mais aujourd'hui que la progression de son emploi avec les races communes est établie, M. le comte d'Aure ne saurait plus nier la bonté du sang anglais pour la reproduction. Du reste, les résultats sont là, pour les races du Nord.

CHAPITRE II.

Influence du mâle et de la femelle dans la production.

On établit généralement, comme fait d'observation, que le mâle exerce une prépondérance marquée sur les femelles dans la production : il donne ordinairement son cachet particulier dans les formes extérieures, ou plutôt modifie celles du moule donné par la jument ; il transmet ses qualités morales et son caractère.

Cette part d'influence du mâle dans la reproduction est frappante dans les mulets. (On sait que le mulet est le produit de l'âne et de la jument.) Or, n'est-il pas évident que le mulet a pris les formes de son père, qu'il a sa tête, ses longues oreilles, l'arcure de son dos, ses jambes, ses pieds, et sa queue dénuée de poils, et qu'il a hérité surtout de son caractère entêté.

La mère influe sur la taille et donne le tempérament. Une jument fécondée par un âne met au monde un mulet aussi grand qu'elle ; mais le bardeau, produit de l'ânesse et du cheval, est tout aussi petit que sa mère ; il n'en offre pas moins les caractères les plus saillants du père : conformation très-rapprochée, tête petite, oreilles courtes, et la présence des crins sur toute la queue, que les zoologistes considèrent comme l'un des attributs essentiels de l'espèce cheval. Il hennit, tandis que le premier brait.

La physiologie peut donner raison de cette prépondérance.

La femelle donne le germe et joue un rôle passif, en quelque sorte, tandis que le mâle exerce une fonction active; il féconde le germe, lui donne l'étincelle de vie; d'où il ressort qu'il modifie les formes du moule, qu'il lui donne son cachet propre; qu'il dote le produit de la conception de ses qualités morales.

Il ne faut pas cependant accepter d'une manière absolue des règles qui ne sont établies que comme données générales; car tous les jours on observe des faits qui, s'ils n'infirment pas complétement ces théories, prouvent qu'ils sont des exceptions aux règles qu'elles établissent.

CHAPITRE III.

Choix de l'étalon et de la jument.

D'après la loi générale de la nature, qui établit que les enfants ressemblent à leurs père et mère, on doit chercher à tirer race des animaux qui offrent les qualités physiques et morales qu'on veut reproduire dans leurs descendants : de là toute l'impor-

tance de choisir de bons étalons et de bonnes poulinières.

Il existe deux qualités distinctes à tout reproducteur ; elles sont générales ou relatives.

Les qualités générales que l'on demande à l'étalon
sont une constitution saine et robuste, un bon caractère, une poitrine vaste et profonde, des flancs
courts et pleins, des articulations fortes et bien
trempées, une bonne tête avec le front large, les
ganaches ouvertes, une physionomie expressive.
qui indique l'énergie, la vigueur jointe à la bonté
du caractère.

Le choix de l'étalon peut quelquefois induire en
erreur le meilleur connaisseur. Il faut avoir vu le
cheval en action, l'avoir vu tirer, porter, courir
sur l'hippodrome, en sorte qu'il ait fait preuve des
qualités dont on veut hériter.

Le degré d'ancienneté des races mérite encore de
fixer l'attention des éleveurs. Évidemment une race
très-ancienne, par cela même qu'elle a des caractères fixes, inaltérables, qui ont pénétré jusque dans
la dernière fibre de l'organisation, sera susceptible
de les transmettre plus sûrement à sa descendance.
Ceci est tellement vrai, que la race arabe, la race
primitive, imprime son cachet à ses produits dès la
première génération, tandis que la race anglaise,
toute nouvelle, demande, d'après M. le général de
Lamoricière, trois ou quatre générations.

Il faut rigoureusement que les producteurs aient acquis leur complet développement. Il est facile de comprendre les graves inconvénients qui résultent des accouplements faits entre des animaux trop jeunes ; un étalon qui n'a pas acquis toute sa force n'a pas cette qualité prolifique qui met le sceau à son organisation, il ne peut faire que des produits rachitiques. Une jument dont l'organisation n'est pas achevée ne peut donner à son fœtus l'espace nécessaire à son développement ; son lait sera insuffisant en qualité et en quantité pour bien nourrir son poulain, attendu qu'elle a besoin de se bien nourrir pour s'entretenir et compléter son organisation, avant de se nourrir pour faire vivre son produit.

M. Grognier veut que l'on n'emploie pas à la saillie les étalons de selle avant six et même sept ans, et ceux de trait avant cinq ans.

Les femelles, plus précoces, peuvent être mises en fonction une année plus tôt.

Les producteurs, ou tout au moins le père, doivent être exempts de tares, quelles qu'elles soient, ainsi que de maladies organiques, telles que la pousse, l'immobilité, le cornage, la fluxion périodique, la mélanose (*), les tics.

____

(*) La mélanose est une maladie qui consiste en des tumeurs noires qui viennent principalement aux ouvertures naturelles, et qui vont toujours en se multipliant et augmentant de volume. Elle est héréditaire et incurable. Elle affecte particulièrement les chevaux gris.

Les qualités et les défauts naturels ou acquis sont aussi soumis à la loi de l'hérédité. Les producteurs d'un caractère méchant, irascible, ont des enfants qui héritent de leurs défauts ; mais ces défauts peuvent être modifiés par l'éducation : on peut même leur substituer les qualités les plus opposées. L'instinct carnassier du chien a été tellement détruit, qu'on le voit s'arrêter sur le gibier et le rapporter à son maître.

La femelle est par rapport au produit ce que la terre est relativement à la graine, puisque, de même que celle-ci, elle le fait naître, le nourrit plus ou moins efficacement en raison de ses qualités propres.

C'est pour avoir trop longtemps méconnu ce rôle de la femelle dans la production que nous avons vu de si fâcheux résultats dans les essais tentés pour relever l'abâtardissement de nos races. On s'était figuré qu'il suffirait d'avoir de bons étalons pour obtenir de bons produits, et on leur faisait servir des juments tarées, défectueuses, usées, manquant de tempérament, comme si l'étalon pouvait tout faire.

La poulinière doit avoir une forte constitution, une belle charpente, des hanches bien couvertes, un bassin large pour loger facilement le produit de la conception.

Il est encore une règle importante à observer ; c'est la progression dans les appareillements. L'expérience a démontré que lorsqu'on voulait verser un sang trop noble dans les veines d'une race trop commune, on obtenait des produits qui manquaient d'homogénéité et d'harmonie, tant au physique qu'au moral. On ne doit infuser le pur sang anglais qu'à de très-petites doses.

On observera également que le pur sang tendant toujours à raffiner, c'est-à-dire à faire mince et enlevé, on ne doit pas l'employer avec une jument commune dont la charpente est grêle et d'une faible constitution; on serait exposé à voir sortir de ces accouplements des produits dont la frêle charpente serait bientôt détraquée et usée par un moteur dont elle ne saurait supporter la puissance; ce serait alors la lame qui userait le fourreau.

❦

CHAPITRE IV.

Amélioration des races par croisement et par progression.

Il existe deux modes d'améliorer les races: l'une par croisement, l'autre par progression.

Si on veut améliorer une race par croisement, on choisit par exemple un étalon anglais ou un étalon arabe que l'on accouple avec une jument de race indigène. Les métis qui résultent de cette alliance ressemblent moitié au père, moitié à la mère; ils seront demi-sang. Les mâles de la première, deuxième et troisième génération seront écartés comme impropres à améliorer leur espèce; mais les juments qui en proviendront pourront être couvertes par leur père, car la consanguinité n'a pas d'inconvénients dans les premières générations. En continuant ces alliances, on obtiendra des métis de 3/4, 7/8, 15/16 de sang, et ainsi de suite.

Il faudrait multiplier beaucoup les générations pour arriver à opérer la fusion complète des deux races; mais, au lieu de chercher à atteindre ce résultat, on se contente d'obtenir des métis de 1/2 et de 3/4 sang.

Le 1/2 sang offre souvent des qualités qui le font préférer au pur sang pour les différents services; son prix est moins élevé, et répond mieux aux petites fortunes; il est moins irritable, et par cela même plus facile à employer à la selle et à l'attelage. Enfin, il produit des femelles qui, ayant déjà un certain degré de sang dans les veines, sont très-propres à recevoir le pur sang.

Si on accouple des mâles et des femelles d'une même race, on opérera par progression ou en dedans. Le but qu'on se propose alors est d'améliorer une race par elle-même, en choisissant les individus les plus distingués pour l'ennoblir. Mais, encore ici, il faut éviter la consanguinité.

CHAPITRE V.

De la multiplication.

De la monte.

Le printemps est la saison marquée par la nature pour la reproduction des animaux, et même des végétaux.

Dans l'état de domesticité, les animaux sont moins soumis à cette influence qu'à l'état sauvage; aussi est-il besoin souvent d'employer le *boute-en-train* pour préparer les juments à recevoir l'étalon.

La jument en feu dilate la vulve et lance des jets d'urine.

Les juments qui sont échauffées ou dans un état de grande susceptibilité nerveuse refusent ordinairement l'étalon. On corrige cette disposition en les rafraîchissant; on peut même recourir à la saignée.

Les juments grasses conçoivent difficilement. Il est bon de diminuer leur embonpoint par un travail prolongé; avant la saison de la monte, on leur fait subir une espèce d'entraînement.

L'étalon a besoin d'une grande puissance au moment de la monte. On doit la lui procurer par un bon régime et par l'exercice, et ne jamais avoir recours à une alimentation échauffante, comme cela se pratique quelquefois.

Lorsqu'il est trop excitable, il est bon de le rafraîchir par un demi-vert.

La monte peut se faire en liberté et à la main. Celle-ci est préférable, et n'expose pas, comme la première, l'étalon à être blessé.

On entrave les extrémités postérieures de la jument, et on les porte sous le centre de gravité, de manière à prévenir toute ruade. On entoure ensuite les crins de la queue avec une lanière de cuir, qui sert à la maintenir de côté et empêche que les crins ne blessent les parties génitales du mâle et de la femelle.

L'étalon est conduit à la jument à la longe sans que l'on cherche trop à réprimer ses sauts ou ses cabrioles, ce qui ne manquerait pas de réagir sur les jarrets et aussi de refroidir son ardeur.

Le palefrenier doit aider l'introduction du pénis, pour empêcher l'étalon de faire fausse route. L'acte terminé, on laisse le cheval descendre de lui-même. On le ramène ensuite à l'écurie, et on lui jette une couverture sur le dos.

Il faut se garder de faire saillir aussitôt après le repas. Un cheval peut couvrir, pendant tout le temps de la monte, une jument par jour ; toutefois il vaudrait mieux ne le faire saillir que tous les deux jours.

On fait généralement deux saillies. Sept jours après la première, on présente de nouveau la jument à l'étalon : si elle refuse, c'est une preuve qu'elle aura été fécondée; mais on ne peut guère en avoir la certitude qu'après cinq ou six mois. Le signe le plus certain est le mouvement du fœtus lorsque la jument vient de boire.

Pendant la durée de la gestation, qui est de onze mois, on doit faire travailler la poulinière comme avant; à mesure que le terme avance, on diminue le travail, et, en dernier lieu, on ne lui fait plus faire que des promenades sans être montée.

La mise bas s'annonce par les sillons transversaux de la croupe, par l'affaissement du ventre et le gonflement des mamelles, qui laissent échapper quelques gouttes de lait.

Du reste, on peut toujours savoir, à peu de jours près, le moment de la parturition, pour commencer une surveillance qui garantisse de tout accident.

La parturition s'accomplit toujours bien quand le fœtus se présente la tête la première, les extrémités antérieures placées de chaque côté des joues, les pieds vers le bout du nez.

Le premier produit éprouve toujours plus de difficulté à voir le jour. On doit laisser faire la nature, et ne chercher à accoucher la jument que dans les cas graves.

Il arrive quelquefois que le fœtus se présente le front en avant, ou de côté, qu'il est complétement renversé et présente l'arrière-train le premier, ou qu'il n'engage qu'un membre avec la tête, l'autre étant ou replié en arrière, ou dans une direction trop élevée ou trop basse; il faut alors avoir recours à un vétérinaire.

Si l'on était dans la nécessité d'opérer soi-même, voici comment on s'y prendrait.

On introduit dans la matrice la main allongée, le pouce placé dans la face palmaire; on apprécie la position du fœtus, et on le ramène à la position normale en le renversant ou le redressant, selon le cas; on place la tête et les deux entrémités en face du col de l'utérus, on attend ensuite un effort naturel de la mère pour qu'il soit chassé au dehors. Il est des cas très-difficiles où l'on est obligé d'aider l'expulsion en tirant le fœtus à soi au moment des contractions de la mère.

On doit avoir soin de s'oindre le bras et la main avec de l'huile pour faciliter l'introduction, et ne pas exposer les parois du canal à une inflammation qui pourrait être amenée par un frottement trop dur.

On n'attend pas ordinairement que l'arrièrc-faix soit expulsé naturellement au dehors; quelques minutes après la mise bas, avant que la mère se relève, on le tire au dehors peu à peu et sans secousse.

Le cordon ombilical se rompt quelquefois de lui-même; dans le cas contraire, on le coupe avec des ciseaux à quelques pouces du nombril, dès que le fœtus est sorti, et on en fait la ligature.

Aussitôt que le jeune sujet se trouve plongé dans l'air au sortir des eaux de l'amnios, il fait une forte inspiration, qui est ordinairement très-pénible. Quelquefois il faut lui faciliter cette fonction, en lui insufflant de l'air par les naseaux.

On laisse la mère et son poulain à l'écurie pendant un ou deux jours; on continue son régime, en y ajoutant quelque peu de vert de luzerne ou d'orge.

TITRE II.

CHAPITRE I.

De l'élevage (*).

Généralités.

L'élevage du cheval comprend l'alimentation, les soins hygiéniques et l'éducation.

Nous nous bornerons ici à rappeler les principes généraux de l'alimentation et des soins hygiéniques

(*) D'après M. de Saint-Ange, pour la plupart des chapitres.

à donner aux chevaux, ces différentes matières ayant été traitées déjà à l'article *Hygiène*.

C'est dans les premiers moments de la vie que l'application de ces principes produit ses plus grands effets, car alors les organes du jeune poulain sont comme une cire molle, malléable, susceptibles de recevoir l'empreinte qu'on voudra leur donner.

Le choix et l'appropriation des aliments joue un grand rôle dans l'élevage du cheval. On ne perdra pas de vue que les herbes des prairies humides sont, comme celles du Nord, grandes et nutritives, qu'elles poussent au gros et à la taille.

Lorsqu'on combinera l'emploi des fourrages très-nutritifs avec les grains, on produira des constitutions fortes, robustes, capables d'un très-bon service.

La luzerne sèche est un excellent aliment, et nourrit plus que le foin. Elle donne du lait aux poulinières, et fortifie beaucoup les poulains.

Les herbes des prairies naturelles de première qualité sont aussi une très-bonne nourriture.

On aura soin de confier les jeunes poulains à des hommes d'un caractère doux, patients, et ayant de plus l'amour du cheval. Ils les habitueront à se laisser toucher, attacher, panser ; leur lèveront souvent les pieds et frapperont sur la corne pour les préparer à se laisser ferrer ; en un mot, ils les habitueront peu à peu, et à mesure qu'ils avanceront en âge, à supporter les instruments qu'ils devront porter plus tard, de façon que le cheval puisse porter, courir et tirer, dès que le moment sera venu , sans qu'il s'inquiète du harnachement ou du harnais.

ARTICLE I.

Élevage pendant les quatre années de la vie du poulain.

Première année.

Pendant les premiers jours qui suivent la naissance , le poulain trouve dans le lait de sa mère toute la nourriture qui lui est nécessaire. On lui donne ensuite quelques poignées d'avoine concassée, ou ramollie par la vapeur d'eau.

La saison dans laquelle les poulains viennent au monde, le commencement du printemps, leur est parfaitement favorable; elle leur fournit de petites herbes fines, tendres, qui sont facilement digérées par leur estomac délicat.

Comme c'est dans la première année que le poulain fait sa plus grande croissance, il faudra le nourrir abondamment avec des aliments de première qualité. On augmentera progressivement la ration d'avoine et celle du fourrage vert, de manière qu'à six ou sept mois (époque du sevrage) le poulain puisse se passer de sa mère.

Il ne faut pas craindre de nourrir les poulains de première année au vert, lorsqu'il est combiné avec les grains. On doit employer particulièrement les herbes des prairies naturelles ; car, à mesure que le poulain se développe et prend plus de force, ces herbes changent aussi de nature ; elles deviennent de plus en plus fortes, plus dures, moins aqueuses et plus nutritives. On doit aussi donner du fourrage sec de première qualité, et l'alterner avec le vert.

On fera travailler le moins possible la jument poulinière, surtout lorsqu'elle sera pleine ; on lui fera faire des promenades d'autant plus longues, que le poulain sera plus près d'être sevré. Ces promenades se feront au pas et lentement, les mères ayant à nourrir deux sujets et à s'entretenir. Les poulains suivront leur mère en liberté, lorsque les localités le permettront.

Ces promenades ont l'avantage de laisser respirer aux animaux un air plus pur que celui des écuries, de les faire jouir des bienfaits de la lumière, et de laisser les jeunes animaux s'ébattre entre eux, courir, sauter, bondir à volonté, toutes choses qui favorisent puissamment leur accroissement. Le moment de la rentrée est indiqué par le calme des poulains : lorsqu'ils sont fatigués, ils se rapprochent de leur mère, et s'arrètent de temps à autre pour se reposer.

Si le temps le permet, on les placera dans un ou plusieurs parcours, et on leur donnera leur second repas dehors. On aura soin de les rentrer avant l'humidité du soir, de les panser, de leur faire une bonne litière, et enfin de leur distribuer leur dernier repas.

Nous sommes amenés naturellement à faire ressortir ici l'influence que peuvent avoir sur l'organisation des animaux les différents modes d'élevage.

L'élevage en liberté ne peut guère se pratiquer en France; dans le Nord, les chevaux deviennent trop communs, lourds et massifs; dans le Midi, ils auraient à souffrir de la maigreur des fourrages : ils resteraient petits, grêles, chétifs.

L'élevage absolu à l'écurie ne s'emploie que pour les chevaux de pur sang anglais; et encore, pour qu'il leur soit favorable, faut-il que les écuries remplissent toutes les meilleures conditions possibles; que rien ne soit épargné, pas même le luxe.

Sans ces conditions expresses, le cheval de service ferait fausse route dans son élevage. Une écurie mal construite est presque toujours malsaine, et partant contraire à l'organisation animale; de plus, le cheval privé de mouvement s'empâterait; sa fibre musculaire resterait lâche, et les agents de la locomotion seraient sans résistance, sans force.

Le mode d'élevage le plus favorable au cheval de selle est donc celui qu'on appelle *élevage mixte*, et dans lequel nous venons de faire débuter le poulain. Il réunit les avantages de l'élevage en liberté et de celui à l'écurie, sans en avoir tous les inconvénients.

On laissera donc dehors et on fera travailler le poulain toutes les fois que l'état de l'atmosphère le permettra; on le rentrera dès que l'on aura à craindre une influence fâcheuse ou contraire à son organisation. On se procurera par là les moyens d'avoir toujours l'élève sous la main, de venir à son secours toutes les fois que son état le réclamera, et aussi de le familiariser au joug de l'homme, chose que l'on ne doit jamais négliger.

Après le sevrage, on réunira tous les poulains dans une ou plusieurs écuries, plaçant dans chaque troupeau un cheval ou une jument tranquille, qui servira de conducteur pour les mener à la promenade ou au pâturage.

La nourriture de la poulinière sera, dans le commencement, à peu près celle du poulain, c'est-à-dire du vert de prairie naturelle ou de luzerne et de l'avoine.

Lorsqu'on manquera de vert, on aura recours aux mâches pour les nourrices et les poulains. On peut encore donner de la carotte.

Deuxième année.

La seconde année, on nourrira les poulains comme

pendant la première, au vert et à l'avoine pendant le printemps et l'été. Aux approches de l'automne, on commencera à substituer le fourrage sec au vert, en continuant de donner des racines ou des mâches.

Les promenades seront progressivement plus longues, et on finira l'année en commençant à façonner les produits au genre de travail qu'ils devront faire. Ceux destinés au trait pourront être attelés à la herse ou employés aux travaux légers d'agriculture; ceux de selle continueront à être exercés en promenade.

Troisième année.

On donnera un peu de vert du printemps, comme rafraîchissant et pour faire diversion. On n'épargnera pas les grains; on donnera de la paille.

On continuera les promenades et les exercices en prolongeant leur durée.

A trois ans, les mâles commencent à devenir turbulents. Il faut alors les isoler des femelles, en former un troupeau à part; on les conduira en main.

Quatrième année.

Lorsque le cheval de trait entre dans sa quatrième année, il peut être livré au commerce et apporter des bénéfices à son maître. Mais il n'en est pas de même du cheval de selle, qui n'est susceptible à cet âge que d'entrer en dressage.

En admettant que toutes les conditions aient été remplies, il faudra soumettre le cheval au dressage avec beaucoup de mesure, en se pénétrant bien qu'il n'a acquis son complet développement qu'à cinq ans, et que jusque-là il faut le faire travailler pour lui plutôt que pour le profit qu'on pourrait en tirer.

Pour que les exercices du cheval aient toute leur efficacité sur l'organisation, il faut qu'ils soient combinés avec l'alimentation; on lui donnera plus d'avoine, en diminuant proportionnellement la ration de foin. Ce régime est indiqué par l'influence que reçoivent les organes de la part du travail. En effet, il arrive alors que la poitrine se développe aux dépens de l'abdomen, qui se rétrécit par le refoulement du diaphragme du côté de cette dernière cavité.

Ainsi, par l'action combinée du travail et du régime des grains, on verra le ventre des poulains diminuer, leurs facultés respiratoires augmenter; ils gagneront du fond, de l'haleine, qualités d'où procèdent toutes celles de l'économie.

TITRE III.

CHAPITRE I.

Des courses.

ARTICLE I.

Tant que les courses n'ont été employées que comme épreuve des qualités des chevaux de haute lignée, tant qu'elles n'ont eu pour but que de mettre en évidence ceux des concurrents qui étaient les plus dignes des fonctions d'étalons, de régénérateurs, d'améliorateurs des races, l'espèce chevaline n'a eu qu'à gagner.

Mais lorsque les grands vainqueurs d'hippodromes eurent excité la cupidité, on ne vit plus dans les chevaux coureurs que des moyens de s'enrichir; oubliant le but de l'institution, on ne chercha plus qu'à gagner des prix, des paris.

On éleva la taille du cheval, on allongea les instruments de la locomotion, on le rétrécit pour le faire plus léger, en un mot on obtint de la vitesse et de la légèreté aux dépens de la force et de la résistance.

S'étant ensuite aperçu que les chevaux à deux

ans et demi et trois ans avaient une fougue, une impétuosité dont on pouvait tirer parti, on raccourcit les distances à parcourir, on diminua le poids à porter; l'hippodrome eut alors en spectacle des chevaux de deux ans montés par des jockeys étiques.

Et ce sont de pareils chevaux, encore à deux ans de leur complet accroissement, ayant subi des épreuves de ce genre, qui furent livrés à la reproduction ?

Il n'y a que la vile cupidité qui puisse expliquer de pareils écarts.

Mais les moyens ne s'arrêtèrent pas là. Un travail suivi, progressif, une alimentation tonique et bien appropriée, entretiennent le cheval dans un état de santé qui le rend capable de supporter de fortes épreuves.

On eut recours encore à l'excès de ces moyens. L'exercice fut poussé au point de ne laisser au cheval que la fibre et les os; des purgations, des suées provoquées par d'épaisses couvertures de laine, hâtèrent encore la disparition de la graisse et des fluides aqueux; on ne laissa plus au cheval qu'un sang bouillant et un système nerveux dont l'irritation fut portée à son paroxysme. C'est ce qu'on a appelé *entraînement*.

Un cheval dans cet état doit avoir la fièvre!

Les courses sont, pour un gouvernement, un moyen sûr de connaître les bons producteurs;

mais, s'il n'y prend garde, elles peuvent influer d'une manière fâcheuse sur les races chevalines.

Aucun cheval ou jument ne devrait être admis à courir qu'à l'âge de cinq ans. L'épreuve faite, ils devraient ne plus courir.

Les chevaux se présentant aux épreuves de la lice devraient ne pas avoir de tares, être bien conformés, réunir, en un mot, toutes les qualités requises pour un bon producteur.

Ils devraient franchir un espace de trois lieues (douze kilomètres) dans un temps donné, qui ne serait jamais moindre.

Indépendamment de la vitesse et du fond requis, ils devraient aussi, au départ, franchir un obstacle de quatre pieds, pour que l'on pût apprécier leur puissance, etc.

Enfin, tout ce qui est spéculation pouvant être défavorable aux races, devrait être sévèrement interdit.

———

ARTICLE II.

Règlement des courses.

Les chevaux doivent porter, suivant leur âge, les poids suivants, d'après l'arrêté du 2 mars 1846 ; le règlement des courses a subi quelques modifications depuis 1846 :

> A 3 ans, pour les chevaux entiers. . 51 kil. »
> —   pour les juments. 49   12

A 4 ans, pour les chevaux entiers.. 60 12
— pour les juments.......... 58 »
A 5 ans, pour les chevaux entiers.. 63 12
— pour les juments........ 61 12
A 6 ans, pour les chevaux entiers.. 64 »
— pour les juments......... 62 12

Tout jockey devra se faire peser avec sa selle avant de monter à cheval, et compléter le poids prescrit, s'il se trouve au-dessous; la bride, le collier et la martingale ne comptent pas pour le poids et ne seront pas pesés.

Les chevaux d'un âge déterminé ne pourront être admis à courir pour les prix affectés à des chevaux d'un autre âge.

Le grand prix royal de 14,000 francs ne peut être gagné qu'une fois par le même cheval.

Nul cheval ne pourra disputer un prix d'une classe inférieure à celui qu'il aura déjà obtenu, quelle que soit la somme affectée à ce prix; mais il peut être admis à courir un prix de même classe, en portant, outre le poids de son âge, une surcharge fixée ainsi qu'il suit:

Cheval ou jument ayant déjà gagné un prix, et courant pour un prix de même classe, 3 kil.

Cheval ou jument ayant gagné deux prix, et courant pour la troisième fois un prix de même classe, 4 kil.

Dans les courses et parties liées, si deux épreuves sont gagnées par deux chevaux différents, il y aura une troisième épreuve, mais seulement entre les deux gagnants.

Le premier cheval dont la tête dépasse le but gagne la course; s'il y a incertitude de la part du juge, les deux chevaux arrivés les premiers au but devront courir seuls l'un contre l'autre.

Le règlement des courses a été arrêté le 15 mars 1842; il a reçu depuis de trop nombreuses modifications pour qu'on puisse les indiquer ici; nous nous bornerons à faire connaître les principales dispositions :

Article 1. Les courses seront classées en huit arrondissements.

Les prix sont classés dans l'ordre suivant :
1ʳᵉ classe : grand prix royal;
2ᵉ classe : prix royal;
3ᵉ classe : prix principaux;
4ᵉ classe : prix d'arrondissement.
Aucun prix ne pourra être couru que par les chevaux entiers ou juments nés et élevés en France.

Les prix royaux et le grand prix royal ne seront courus que par des chevaux de pur sang, nés et élevés en France, et dont la généalogie est tracée au Stuud-Boock français (*).

(*) Stuud-boock signifie livre d'écurie, de réunion de chevaux : c'est un registre sur lequel sont inscrits tous les chevaux de pur sang et toute leur généalogie.

Les prix de l'arrondissement ne seront disputés que par les chevaux de l'arrondissement.

Ceux de tous les arrondissements pourront concourir pour les prix principaux, pour les prix royaux et pour le grand prix royal.

Le maximum de temps accordé pour les épreuves est déterminé ainsi qu'il suit :

Pour chaque épreuve de deux kilomètres, deux minutes quarante secondes;

Pour chaque épreuve de quatre kilomètres, cinq minutes vingt secondes.

Toutefois le grand prix devra être couru en cinq minutes cinq secondes pour les deux premières épreuves seulement.

Dans les courses à quatre kilomètres à plusieurs épreuves, tout cheval qui, dans la première ou dans la seconde épreuve, n'aura pas atteint le but, dix secondes au plus tard, après le vainqueur, sera déclaré distancé, et ne sera plus admis à courir l'épreuve ou les épreuves suivantes.

Si le cheval arrivé n'a pas parcouru la distance dans le temps fixé, la course sera déclarée nulle et ne pourra pas être recommencée.

ARTICLE III.

Courses au trot. — Courses au clocher.

Les courses au trot sont celles, de l'avis de plusieurs personnes très-compétentes, qui prouvent le mieux les services dont le cheval est capable; car c'est au trot qu'on peut franchir les plus grandes distances; on rencontre des chevaux qui font jusqu'à vingt et vingt-cinq kilomètres à l'heure.

Après avoir rapporté que la Société d'agriculture de Caen a fondé des prix pour les chevaux châtrés, sellés et montés, qu'elle a institué des courses au trot, le *Journal d'Agriculture pratique* ajoute :

« C'est ainsi qu'on pousse l'éleveur dans la bonne voie, et qu'on lui apprend à créer des races d'animaux utiles. Si l'administration, au lieu de sacrifier ses 140,000 francs aux coureurs des cirques, qui tombent épuisés après un galop de cinq minutes, voulait essayer de les offrir en prix, pendant quelques années, aux chevaux capables de transporter un cavalier rapidement pendant plusieurs jours de suite, on verrait bientôt se multiplier nos races indigènes, légères et dures à la fatigue, en quantité suffisante pour monter notre cavalerie beaucoup mieux peut-être qu'aucune des armées européennes. »

Les courses au clocher (ou *steeple-chase*) sont des

courses qui se font à travers champs, et sur un terrain ordinairement aussi difficile et accidenté que possible. Les coureurs doivent parcourir douze à quinze kilomètres au grand galop en franchissant monts et vallons, murs et fossés.

On pourrait désirer voir les courses au clocher se multiplier en France, si surtout elles étaient exécutées de manière à éviter autant que possible les accidents; car elles serviraient à exciter le goût des exercices équestres, qui tend tous les jours à s'étendre.

TITRE IV.

Des remontes.

La remonte est une administration établie par le département de la guerre pour remplacer les chevaux morts ou usés dans la cavalerie.

Elle fut organisée en France par le maréchal Gouvion Saint-Cyr, et reçut depuis son extension du maréchal Soult.

Les établissements de remonte comprennent cinq dépôts et vingt succursales, les premiers commandés par des lieutenants-colonels ou des chefs d'escadron, les seconds par des capitaines. On leur adjoint le nombre d'officiers subalternes nécessaire pour assurer le service des établissements, conduire les détachements dans les différents corps, ou pour effectuer les achats.

La mission des officiers de remonte est d'une haute importance.

L'officier acheteur doit posséder toutes les connaissances qui se rapportent au cheval, à son élevage, à son éducation ; l'agriculture ne doit pas lui être étrangère ; car, s'il doit connaître le cheval de manière à ne pas se laisser tromper dans ses achats, il doit être à même de guider les éleveurs qui fabriquent des chevaux de cavalerie, dans la manière d'élever et de nourrir leurs jeunes chevaux.

Les officiers du dépôt ou de la succursale prennent, auprès des officiers acheteurs, tous les renseignements relatifs à la localité dans laquelle a été élevé le cheval, et à la nature des aliments qui lui ont été fournis, afin de pouvoir se guider dans l'alimentation progressive par laquelle on doit l'amener au régime réglementaire des corps de cavalerie.

Les officiers chargés de la conduite des détachements doivent posséder toutes les notions d'hygiène relatives aux habitations, aux éléments, aux localités, etc., etc. ; ils doivent aussi savoir pratiquer une petite chirurgie et une médecine relatives aux blessures, aux gourmes, aux rhumes, car les lieux

qu'ils traversent n'ont pas toujours des vétérinaires.

Le choix des officiers de remonte doit porter sur
des hommes accomplis, sages, bienveillants, pos-
sédant toutes les notions hippologiques et d'équitation qui font un bon officier de cavalerie.

Un décret récent vient de prescrire qu'à l'avenir
les officiers de remonte seraient choisis parmi ceux
ayant suivi un cours d'officier d'instruction à l'École
de cavalerie de Saumur, et qui joindraient à l'amour
du cheval l'intelligence nécessaire à cette administration particulière de l'armée.

Les commandants des corps ont tout intérêt à dé-
tacher de leur régiment les officiers les plus ins-
truits, les plus méritants sous tous les rapports, et
à leur assurer le choix pour l'avancement, choix
qui doit être la juste récompense et l'encourage-
ment d'un aussi éminent service.

NOMS DES HARAS,

Des dépôts d'étalons, des dépôts et des succursales de remonte de France.

HARAS ET DÉPÔTS D'ÉTALONS.

Haras du Pin, contenant 112 étalons, dont :

    10 pur sang anglais.
    2 pur sang anglo-arabe.
    30 demi-sang légers.
    55 demi-sang carrossiers.
    7 de trait améliorés.
    Plus 11 poulinières.

Haras de Pompadour, contenant 67 étalons, dont :

    10 pur sang anglais.
    15 pur sang arabe.
    11 pur sang anglo-arabe.
    17 demi-sang légers.

    14 demi-sang carrossiers.
Plus 48 juments poulinières, en partie de pur sang arabe et de pur sang anglo-arabe.

Les dépôts d'étalons, sont :
Abbeville, Angers, Arles, Aurillac, Blois, Braisnes, Cluny, Jussey, Lamballe, Langonnet, Libourne, Monter-en-Der, Napoléon-Ville, Pau, Rhodez, Rosières, Saintes, Saint-Lô, Saint-Maixent, Strasbourg, Tarbes, Villeneuve.

DÉPÔTS ET SUCCURSALES DE REMONTE.

1ᵉʳ DÉPÔT. *Caen.*	Caen, Saint-Lô, Le Bec-Helloin, Alençon, Angers,	succursales du 1ᵉʳ dépôt.
IIᵉ DÉPÔT. *Guingamp.*	Guingamp, Morlaix,	succursales du 2ᵉ dépôt.
IIIᵉ DÉPÔT. *Saint-Maixent.*	Saint-Maixent, Fontenay, Saint-Jean-d'Angely, Guéret,	succursales du 3ᵉ dépôt.
4ᵉ DÉPÔT. *Auch.*	Auch, Tarbes, Castres, Agen, Mérignac, Aurillac,	succursales du 4ᵉ dépôt.
5ᵉ DÉPÔT. *Villers.*	Villers, Sampigny, Hesdin,	succursales du 5ᵉ dépôt.

——

TROISIÈME PARTIE.

HYGIÈNE DU CHEVAL.

TITRE I.

QUATRIÈME PARTIE.

DES RACES.

CINQUIÈME PARTIE.

TITRE I.

INDUSTRIE CHEVALINE.

TITRE II.

TITRE III.

TITRE IV.

MEMBRES ANTÉRIEURS.

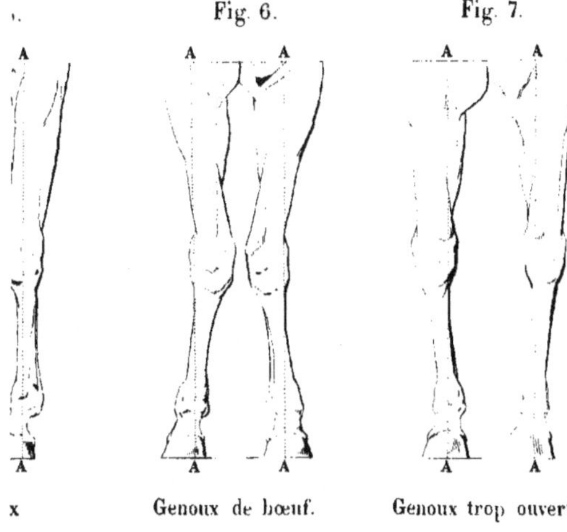
Fig. 6.
Fig. 7.
A
A
A
A
A
A
A
A
A
A
A
x
Genoux de bœuf.
Genoux trop ouverts.

MEMBRES POSTÉRIEURS.

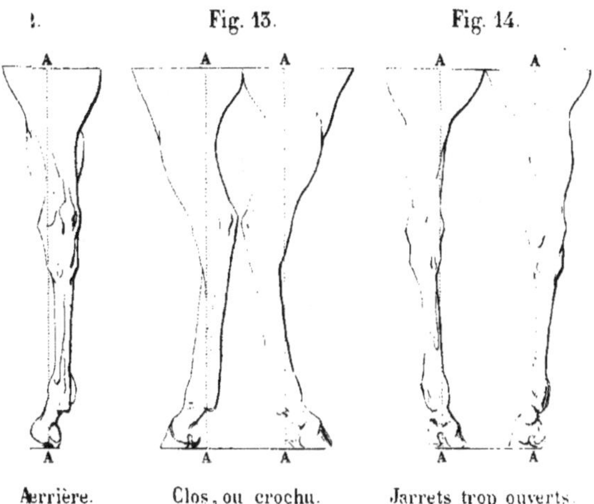
Fig. 13.
Fig. 14.
A
A
A
A
A
A
A
A
A
A
A
Arrière.
Clos, ou crochu.
Jarrets trop ouverts.

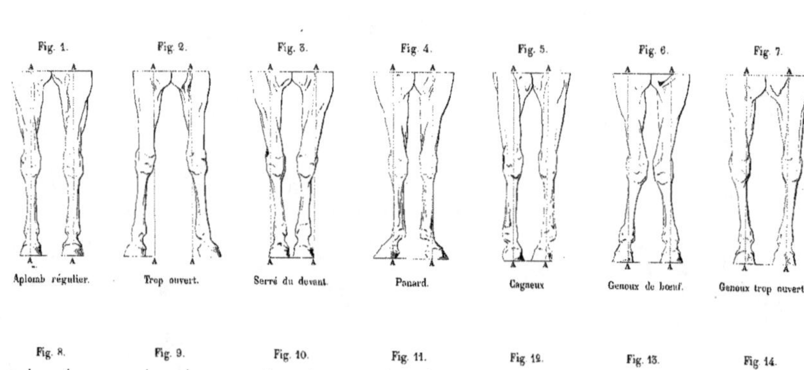

MEMBRES ANTÉRIEURS.
MEMBRES POSTÉRIEURS.
Fig. 1.
Fig. 2.
Fig. 3.
Fig. 4.
Fig. 5.
Fig. 6.
Fig. 7.
Aplomb régulier.
Trop ouvert.
Serré du devant.
Panard.
Cagneux
Genoux de bœuf.
Genoux trop ouverts.
Fig. 8.
Fig. 9.
Fig. 10.
Fig. 11.
Fig. 12.
Fig. 13.
Fig. 14.
Aplomb régulier.
Trop ouvert.
Serré du derrière.
Panard du derrière.
Cagneux du derrière.
Clos, ou crochu.
Jarrets trop ouverts.

Fig. 1.

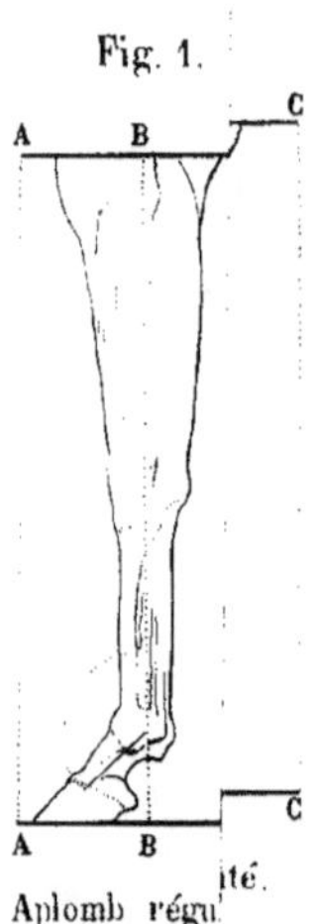

Aplomb régulier.

Fig. 6.

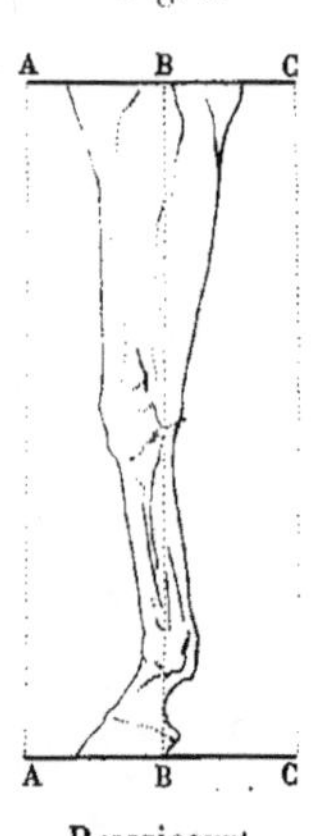

Brassicourt.

Fig. 7.

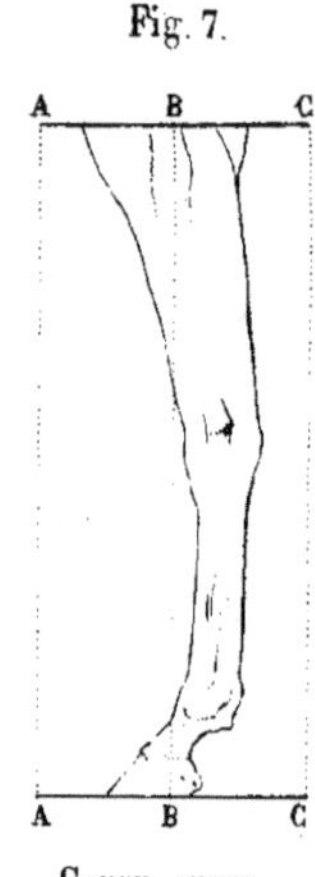

Genou creux.

Fig. 8.

Aplomb régulier.

Pl. III bis.

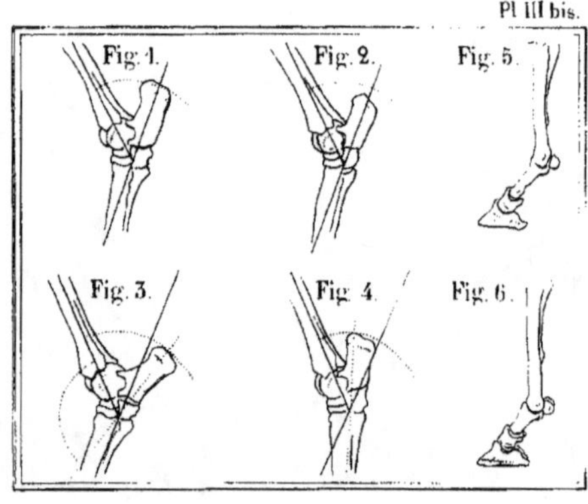

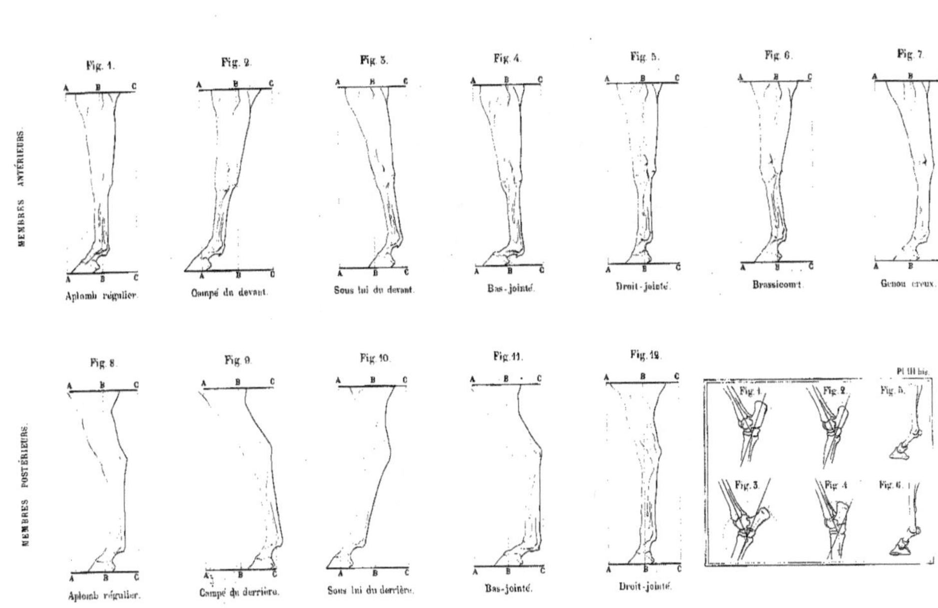

MEMBRES ANTÉRIEURS.
MEMBRES POSTÉRIEURS.
Fig. 1.
Fig. 2.
Fig. 3.
Fig. 4.
Fig. 5.
Fig. 6.
Fig. 7.
Aplomb régulier.
Campé du devant.
Sous lui du devant.
Bas-jointé.
Droit-jointé.
Brassicourt.
Genou creux.
Fig. 8.
Fig. 9.
Fig. 10.
Fig. 11.
Fig. 12.
Aplomb régulier.
Campé du derrière.
Sous lui du derrière.
Bas-jointé.
Droit-jointé.
Pl. III bis.
Fig. 1.
Fig. 2.
Fig. 3.
Fig. 4.
Fig. 5.
Fig. 6.

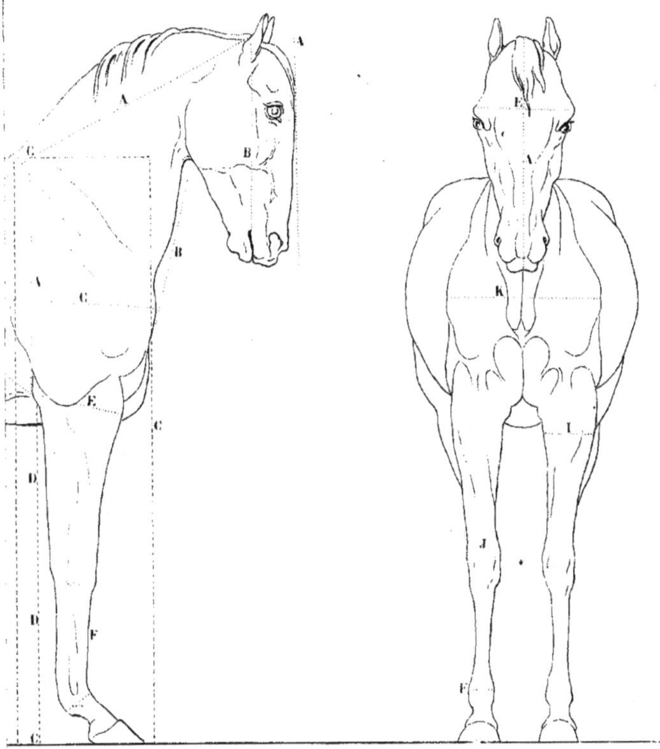

DU CHEVAL.

de 616mill		Lettres indiquant les parties correspondantes	ÉTENDUE DE CHAQUE PARTIE	Estimation en				Réduction pour un cheval de 5 pieds, ou 1m 624mill					4 pieds 8 p. ou 646mill				
Mètres	Millim.			Têtes	Primes	Secondes	Points	Pieds	Pouces	Lignes	Mètres	Millim.	Pieds	Pouces	Lignes	Mètres	Millim.
			Figure 2.														
"	103	A	Longueur de la tête.	1	"	"	"	2	"	"	"	650	1	50	5	"	607
"	077	E	Epaisseur de la tête, au niveau des orbites.	"	4	"	"	"	8	"	"	217	"	7	6	"	203
		F	.... du boulet, d'un côté à l'autre.	"	"	1	3	"	3	"	"	061	"	2	10	"	077
"	083	l	.... de l'avant-bras.	"	"	1	15	"	4	4	"	117	"	4	"	"	108
"	167	J	.... du genou.	"	"	1	12	"	4	"	"	108	"	3	9	"	102
		K	.... d'une pointe du bras à l'autre.	"	2	"	"	1	4	"	"	433	1	3	"	"	406
"	108	·	Espace entre les genoux	"	"	1	14	"	4	2	"	118	"	3	11	"	106
"	102																
1	426																
			Figure 5.														
1	380	A	Epaisseur du corps.	1	"	"	"	2	"	"	"	650	1	10	5	"	607
"	149	B'	.... de la croupe au niveau des hanches	"	2	1	9	1	7	8	"	532	1	6	4	"	496
		B''	.... des cuisses au niveau des grassets.	"	2	1	6	1	7	4	"	523	1	6	"	"	487
		F	.... du boulet.	"	"	1	3	"	3	"	"	081	"	2	10	"	077
		H	.... de l'encolure à peu près à son milieu	"	"	2	12	"	6	8	"	180	"	6	2	"	167
		J	.... du jarret.	"	"	1	12	"	4	"	"	108	"	3	9	"	102
			Espace entre les jarrets														

OBSERVATIONS.

Les lignes ponctuées font connaître les *aplombs* d'après Bourgelat.

Les mêmes lettres sur les diverses mesures du dessin, indiquent des proportions égales: il n'y a pas de lettres pour les proportions particulières.

Une tête A contient 3 *primes*, une prime 3 *secondes*, une seconde 3 *points*.

Pour un cheval de 5 pieds	1 Prime répond à	10 —	ou 0. 217
	1 Seconde	3 2 8	ou 0. 072
	1 Point	1 — 1 ou 0. 002
Pour un cheval de 4 pieds 8 p	1 Prime	8 . 7 6	ou 0. 207
	1 Seconde	2 1 6	ou 0. 069
	1 Point	1 — ou 0. 002

Pour les proportions du pied voyez article 6, chap 2, titre 2 de la 1.re partie.

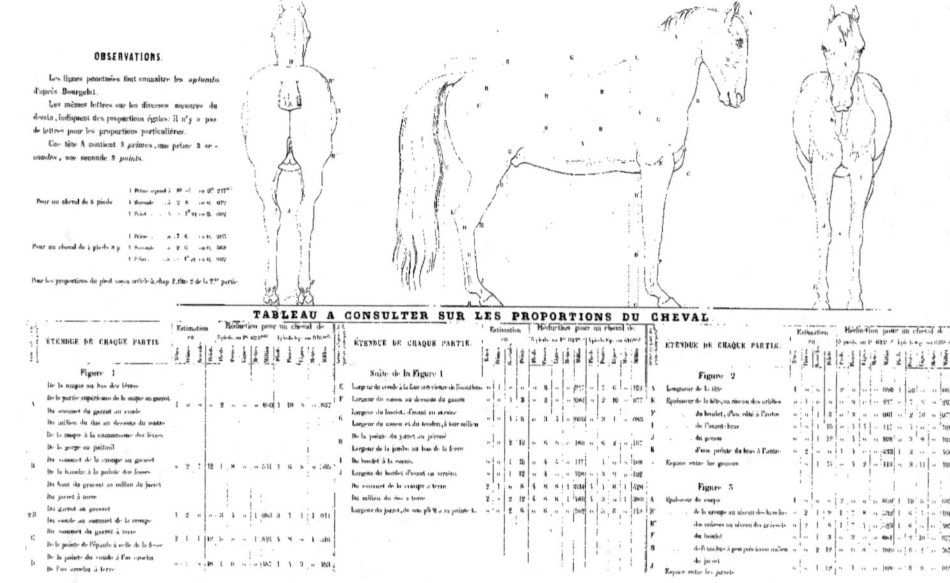

TABLEAU A CONSULTER SUR LES PROPORTIONS DU CHEVAL

ÉTENDUE DE CHAQUE PARTIE.	Estimation en	Réduction pour un cheval de 5 pieds ou 1m 625	Réduction pour un cheval de 4 pieds 8 p ou 0m 624
Figure 1			
De la nuque au bas des lèvres			
De la partie supérieure de la nuque au garrot			
Du sommet du garrot au coude			
Du milieu du dos au dessous du ventre			
De la nuque à la naissance des lèvres			
De la nuque au poitrail			
Du sommet de la croupe au grasset			
De la hanche à la pointe des fesses			
Du haut du grasset au milieu du jarret			
Du jarret à terre			
Du garrot au grasset			
Du coude au sommet de la croupe			
Du sommet du garrot à terre			
De la pointe de l'épaule à celle de la fesse			
De la pointe du coude à l'os crochu			
De l'os crochu à terre			

ÉTENDUE DE CHAQUE PARTIE.	Estimation en	Réduction pour un cheval de 5 pieds ou 1m 625	Réduction pour un cheval de 4 pieds 8 p ou 0m 624
Suite de la Figure 1			
Largeur du coude à la face antérieure de l'avant-bras			
Largeur du canon au dessous du genou			
Largeur du boulet, d'avant en arrière			
Largeur du canon et du tendon, à leur milieu			
De la pointe du jarret au périné			
Largeur de la jambe au bas de la fesse			
Du boulet à la corne			
Largeur du boulet d'avant en arrière			
Du sommet de la croupe à terre			
Du milieu du dos à terre			
Largeur du jarret, de son plus à sa pointe			

ÉTENDUE DE CHAQUE PARTIE.	Estimation en	Réduction pour un cheval de 5 pieds ou 1m 625	Réduction pour un cheval de 4 pieds 8 p ou 0m 624
Figure 2			
Longueur de la tête			
Épaisseur de la tête, au niveau des orbites			
du boulet, d'un côté à l'autre			
de l'avant-bras			
du genou			
d'une pointe du bras à l'autre			
Espace entre les genoux			
Figure 3			
Épaisseur du corps			
de la croupe au niveau des hanches			
des cuisses au niveau des grassets			
du boulet			
de l'os crochu à peu près leur milieu			
du jarret			
Espace entre les jarrets			

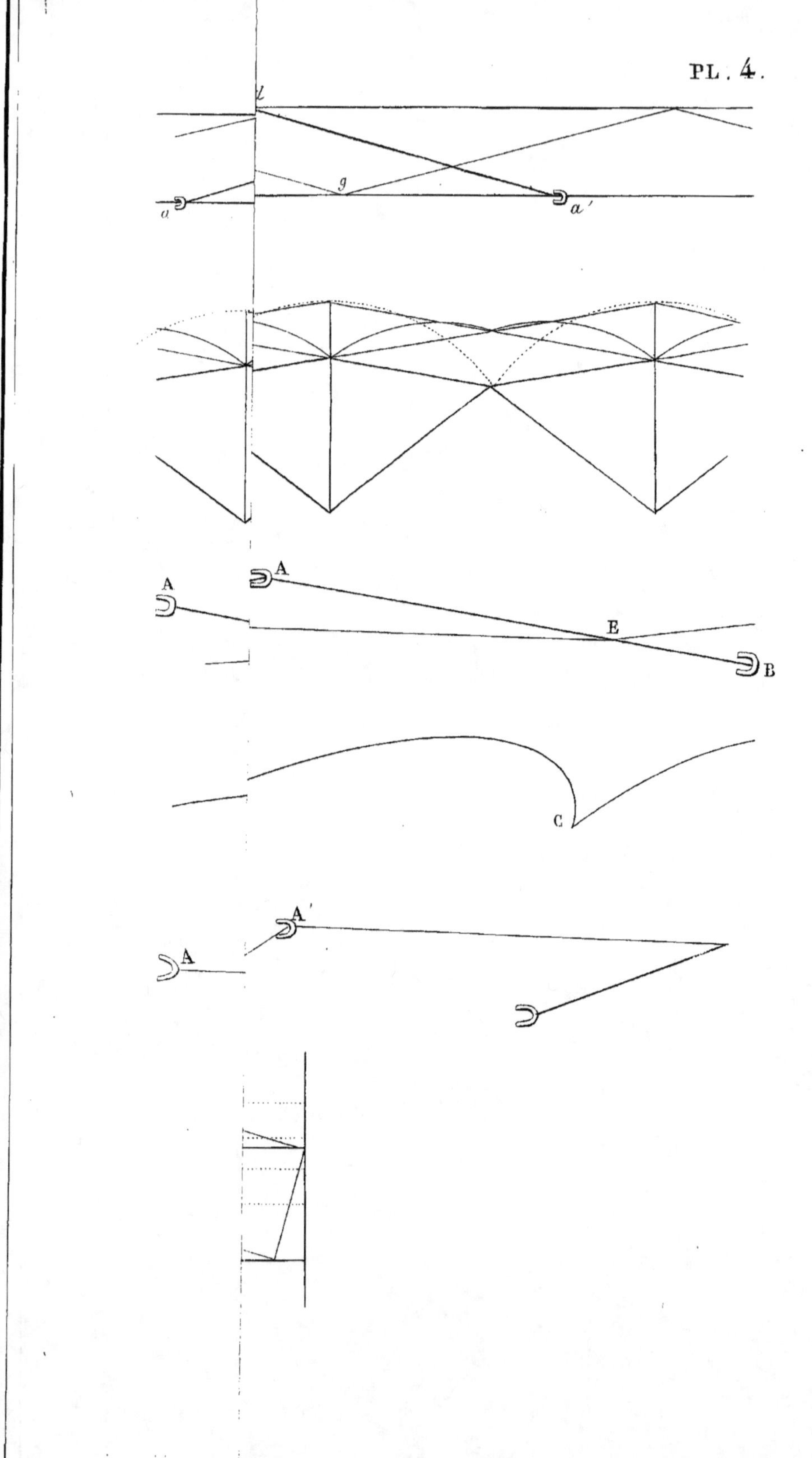
a
g
a'
A
A
A
E
B
C
A'
A

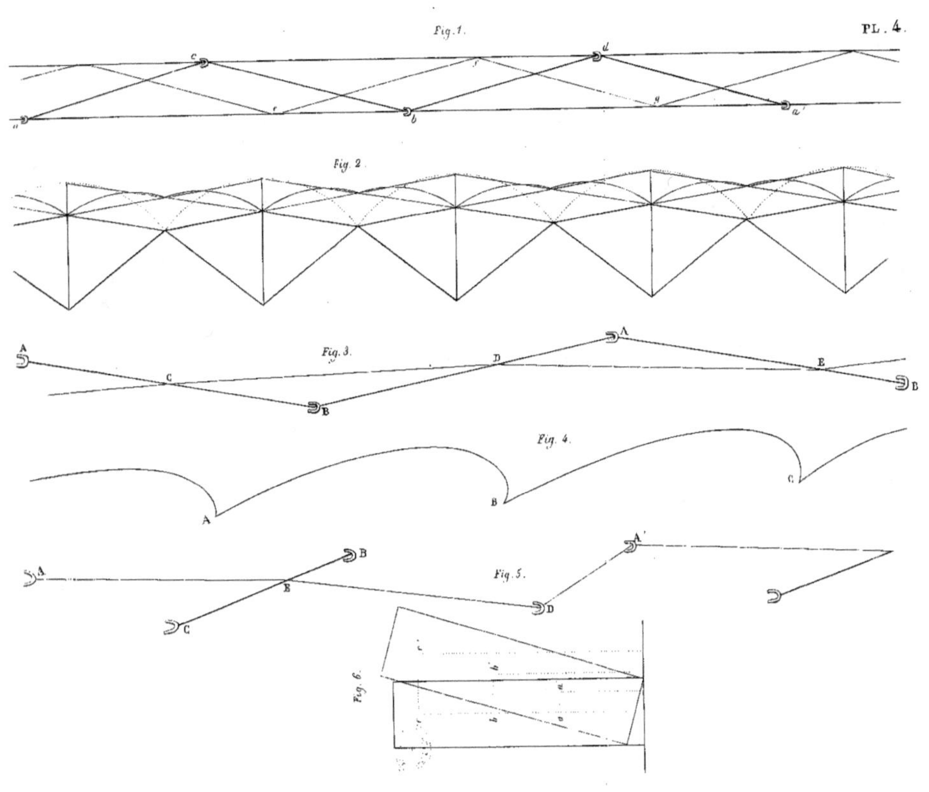

Fig.1.
PL. 4.
Fig. 2.
Fig. 3.
Fig. 4.
Fig. 5.
Fig. 6.

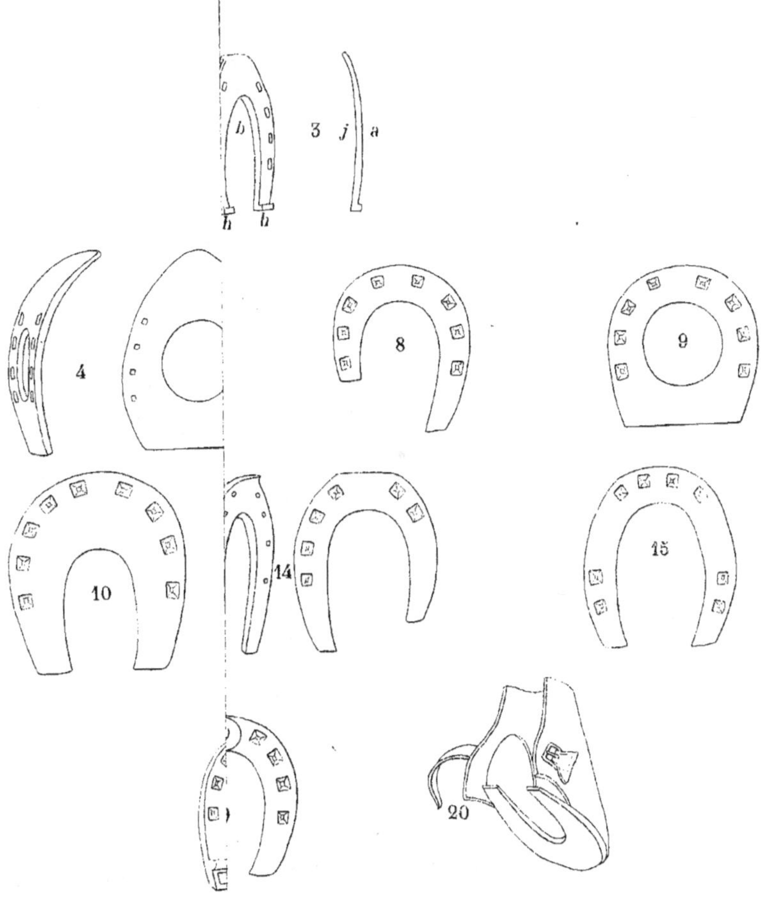

1 Fer ordinaire antérieur
2 Fer ordinaire postérieur
3 Fer ordinaire vu de 3/
a Rive externe.
b Rive interne.
c Pince.
d Voûte.
e Branches.
f Eponges.
g Etampures.
h Crampons.
i Pinçon.
j Disposition de l'ajus

Fer à une branche couverte.
Fer à branches couvertes.
Fer à demi-branche, dit à la turque.
Fer à étampures irrégulières.

FERS DIVERS.

Fer à bosses. K. Bosses.
Fer à long bec.
Fer à étampures doubles.
Fer brisé, ou à charnière.
Soulier ferré.

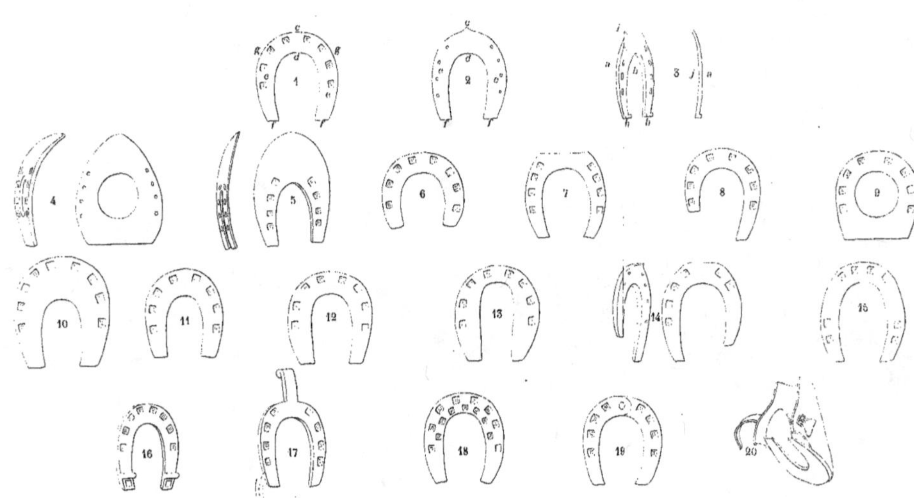

EXPLICATION DES FIGURES.

1   Fer ordinaire antérieur présentant sa face inférieure.
2   Fer ordinaire postérieur   id.   id.   supérieure.
3   Fer ordinaire vu de $\frac{3}{4}$ et de profil, indiquant l'ajusture j
a   Rive externe.
b   Rive interne.
c   Pince.
d   Voûte.
e   Branches.
f   Éponges.
g   Étampures.
h   Crampons.
i   Pinçon.
j   Disposition de l'ajusture.

FERS VARIABLES DANS LEUR LONGUEUR.

4   Fer à pince prolongée.
5   Fer à la florentine.
6   Fer à éponges tronquées ou à lunette.
7   Fer à pince tronquée.
8   Fer à une seule éponge tronquée, ou demi-lunette.
9   Fer à éponges réunies, ou à planche.

FERS VARIABLES DANS LEUR LARGEUR.

10   Fer couvert.
11   Fer mi-couvert.
12   Fer à une branche couverte.
13   Fer à branches couvertes.
14   Fer à demi-branche, dit à la turque.
15   Fer à étampures irrégulières.

FERS DIVERS.

16   Fer à bosses.   K. Bosses.
17   Fer à long bec.
18   Fer à étampures doubles.
19   Fer brisé, ou à charnière.
20   Soulier ferré.

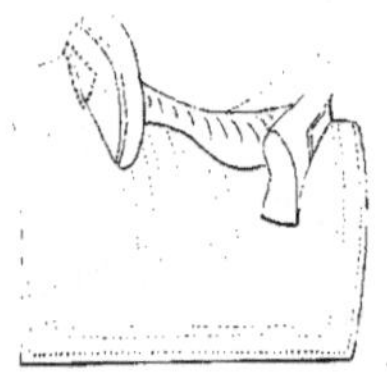

Fig. E.

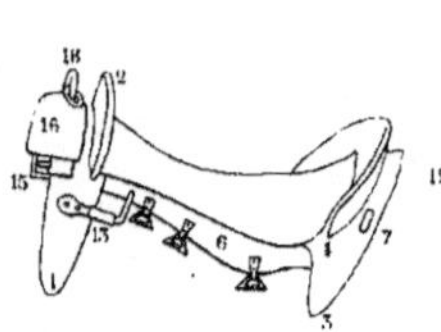

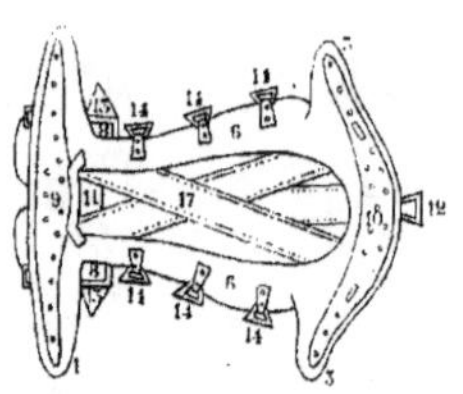

Fig. F.

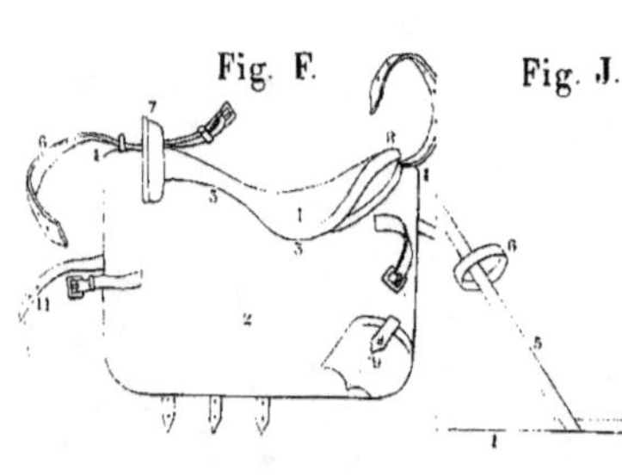

Fig. J.

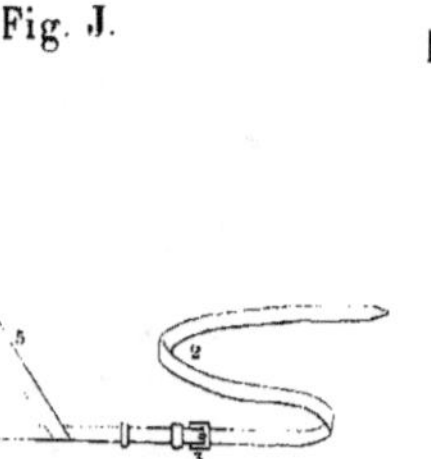

Fig. K.

Fig. L.

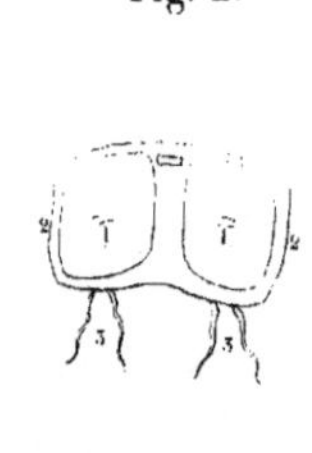

Fig. O.

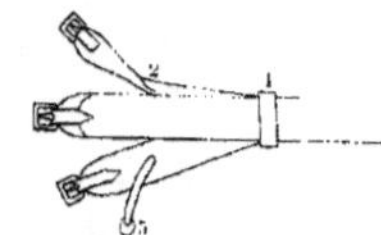

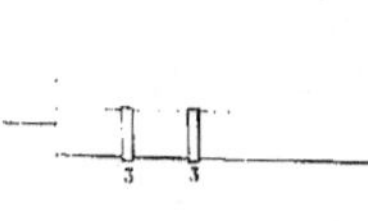

Fig. Q.

Fig. D.^{bis}

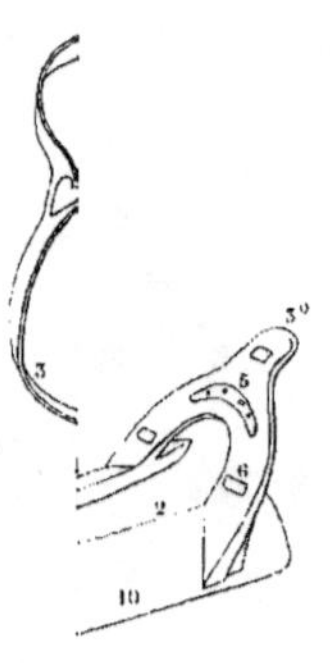

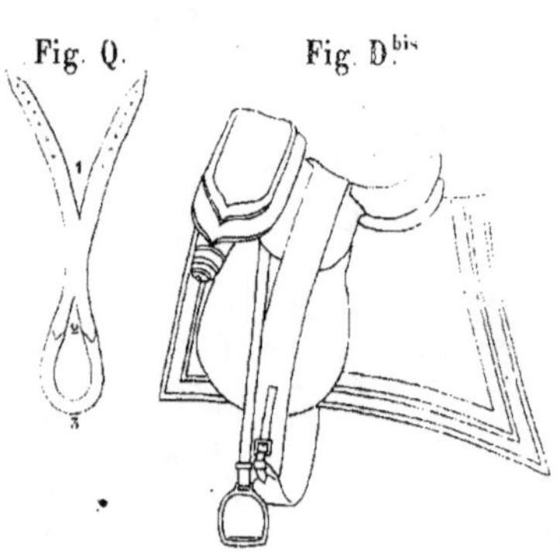

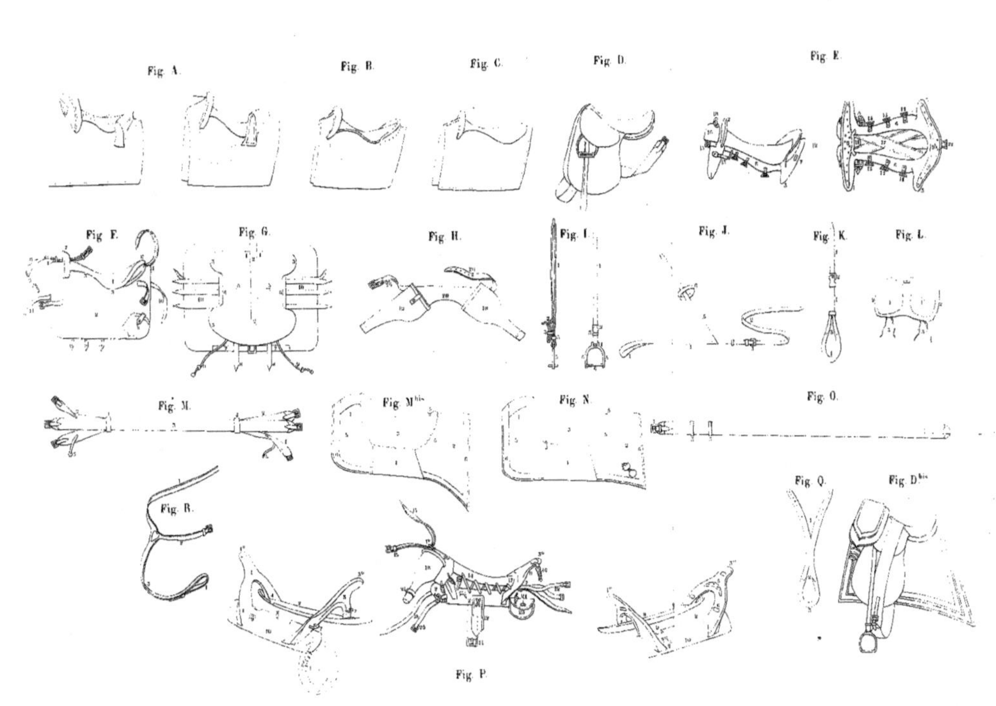

Fig. A.
Fig. B.
Fig. C.
Fig. D.
Fig. E.
Fig. F.
Fig. G.
Fig. H.
Fig. I.
Fig. J.
Fig. K.
Fig. L.
Fig. M.
Fig. M bis.
Fig. N.
Fig. O.
Fig. Q.
Fig. D bis.
Fig. R.
Fig. P.

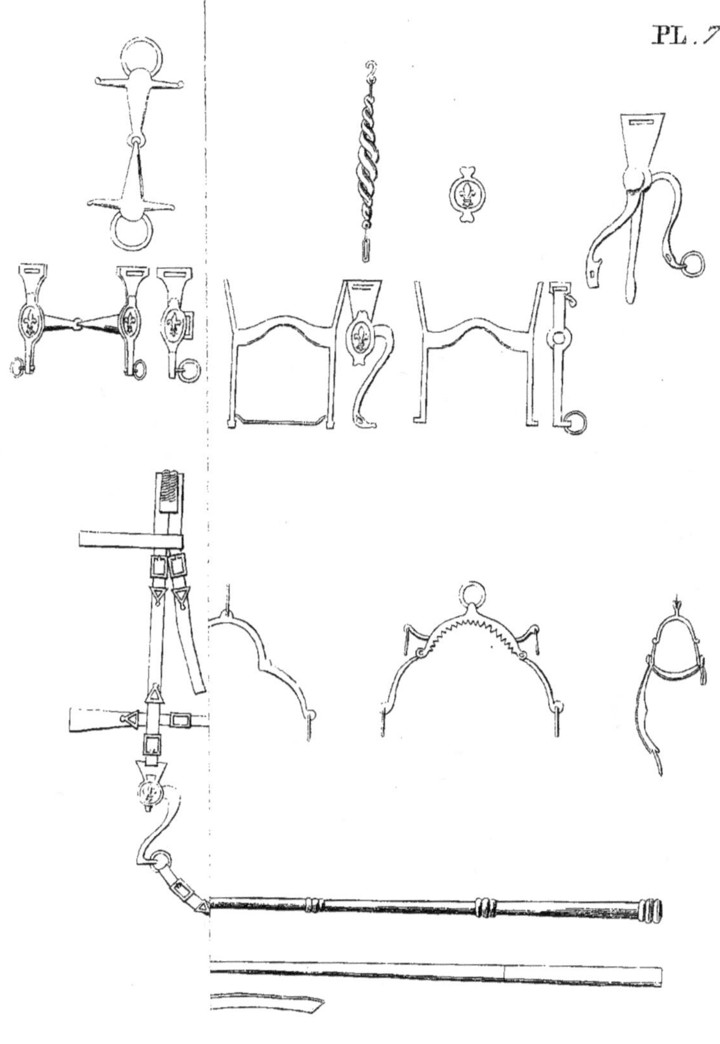

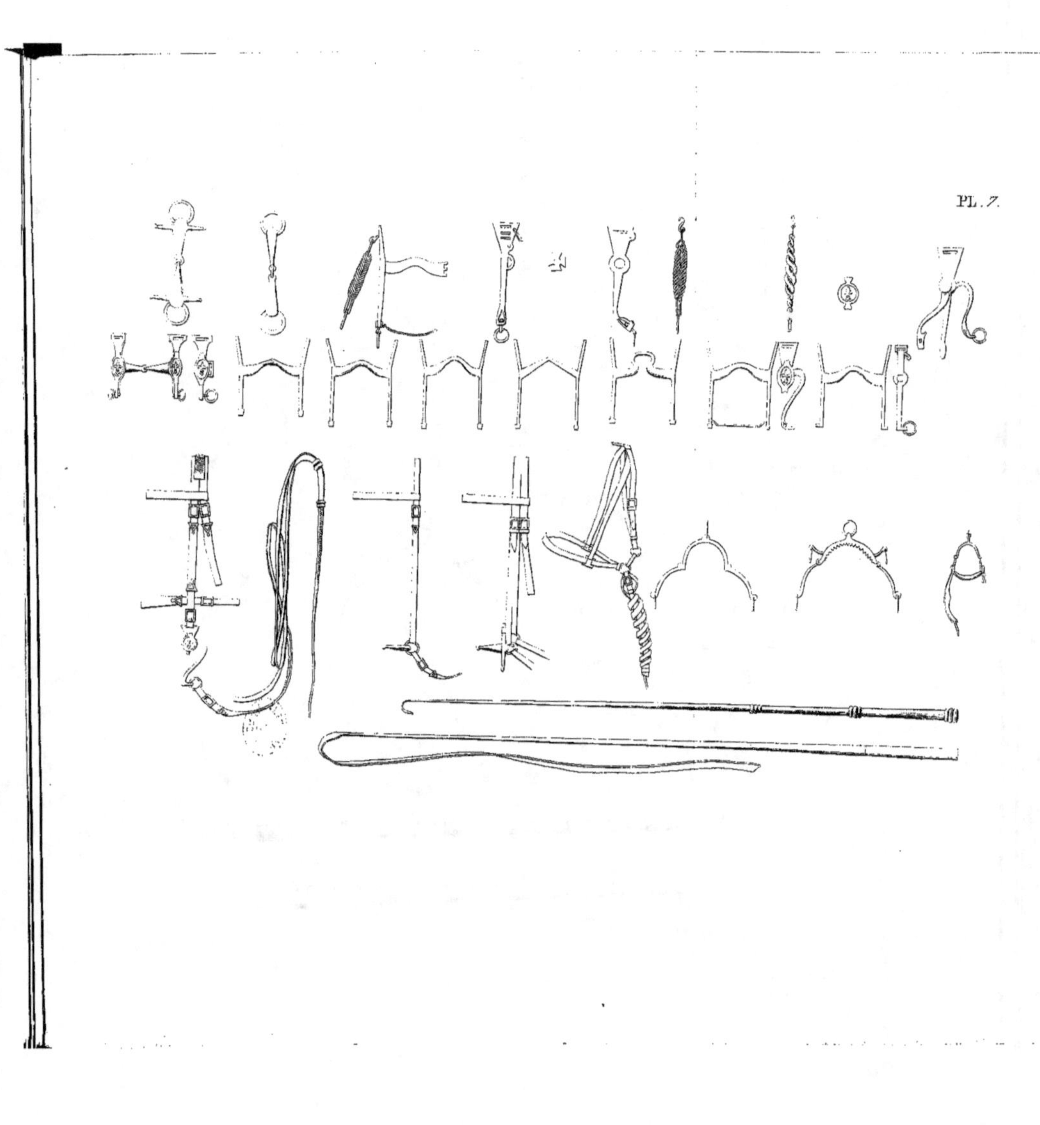

PL. 7.